# PEVR 虚拟现实编辑平台设计与实现精析

浙江优创信息技术有限公司　著

机 械 工 业 出 版 社

本书以浙江优创信息技术有限公司研发的PEVR编辑平台为例，详细介绍设计和实现一款三维可视化虚拟现实工具的全部过程，具体从预备知识、三维资源管理、三维场景管理、业务逻辑功能实现等四大方面对PEVR平台进行庖丁解牛，最终帮助读者全方位地掌握VR编辑平台的设计和实现流程。

本书适合VR游戏开发爱好者、VR游戏研发人员、在校大学生以及对VR研发和设计感兴趣的读者。

**图书在版编目（CIP）数据**

PEVR虚拟现实编辑平台设计与实现精析/浙江优创信息技术有限公司著.
—北京：机械工业出版社，2019.12

ISBN 978-7-111-64254-1

Ⅰ. ①P… Ⅱ. ①浙… Ⅲ. ①虚拟现实 Ⅳ. ①TP391.98

中国版本图书馆CIP数据核字（2019）第266660号

机械工业出版社（北京市百万庄大街22号 邮政编码100037）
策划编辑：周国萍 责任编辑：周国萍 刘本明
责任校对：陈 越 张 征 封面设计：马精明
责任印制：张 博
三河市国英印务有限公司印刷
2020年1月第1版第1次印刷
184mm×260mm · 20印张 · 470千字
0 001—2 500册
标准书号：ISBN 978-7-111-64254-1
定价：89.00元

电话服务
客服电话：010-88361066
010-88379833
010-68326294

网络服务
机 工 官 网：www.cmpbook.com
机 工 官 博：weibo.com/cmp1952
金 书 网：www.golden-book.com
机工教育服务网：www.cmpedu.com

# 前　言
## FOREWORD

浙江优创信息技术有限公司研发的PEVR（Power Engineering Virtual Reality）引擎是一款非常优秀的VR编辑工具，它的特点是完全可视化、易于使用以及跨平台发布，开发者无须掌握任何一门编程语言，通过几天的简单培训即可进行VR仿真软件的开发。本书以PEVR编辑平台为例，详细介绍设计和实现一款三维可视化虚拟现实工具的全部过程，具体从预备知识、三维资源管理、三维场景管理、业务逻辑功能实现等四大方面对PEVR平台进行庖丁解牛，最终帮助读者全方位地掌握VR编辑平台的设计和实现流程。在编写过程中，注重与实际开发相结合，使读者能够在较短时间内快速掌握VR编辑器的开发技巧，并且应用于实践。

本书讲解通俗易懂、循序渐进、图文并茂，对于PEVR编辑器的技术特点讲解全面、完整、深入，是值得读者长期珍藏的书籍。

本书由浙江优创信息技术有限公司PEVR编辑平台引擎研发项目组组织编写，主要参编人员有浙江优创信息技术有限公司副总经理兼虚拟现实研发总监蒋宁，以及蒯光耀、王梓亦、潘晓峰等，同时感谢马青浙总经理的大力支持。

本书适合VR游戏开发爱好者、VR游戏研发人员、在校大学生以及对VR研发和设计感兴趣的读者。

# 目 录

CONTENTS

# 第 1 章

# PEVR 概述

虚拟现实应用的设计开发通常要求开发人员具备一定的编程能力，这限制了没有编程技能但对设计虚拟现实应用感兴趣的群体的创造能力，因此如何实现一个能够使开发者无须掌握任何一门编程语言，仅仅通过鼠标拖拽等“傻瓜”式操作，在所见即所得的场景中，方便地完成各种专业级虚拟现实应用搭建的编辑器已经成为当前虚拟现实市场的研究热点之一。目前虚拟现实开发工具市场份额最大的是 Unity3D，但是基于 Unity3D 工具开发的应用也是需要写大量代码的。国外最为著名的可以通过鼠标拖拽就能完成一款虚拟现实应用的编辑器是 PlayMaker，但是它有几个不足之处：①完全基于英文，没有汉化版，不方便国人使用；②它本质上属于插件，不能单独使用，必须嵌入 Unity3D 里才能使用。国内目前也有几家公司致力于可视化的编辑器设计，这几款编辑器中，要么就是当用户使用时仍需要编写脚本代码，要么就是实现的功能太简单，难以满足商业应用。本书研究的可视化编辑引擎是浙江优创信息技术有限公司出品的一款三维编辑引擎——PEVR（全称 Power Engineering Virtual Reality），这款三维编辑引擎工具在一定程度上弥补了上述几款编辑器的不足。PEVR 引擎是专门针对教育和培训、演练等各类 VR 应用而设计的一款快速开发工具。一般虚拟仿真软件的开发需要开发者必须掌握基本的编程知识，并使用相应的程序开发语言进行开发，对开发人员的技能水平要求较高。而优创 PEVR 引擎则可以使开发者无须掌握任何一门编程语言，通过鼠标拖拽即可方便地完成各种专业级虚拟现实应用的搭建，极大地降低了 VR 仿真软件的开发门槛和开发成本。该编辑引擎具有如下四大特点：

1）采用完全可视化的“拖拽”设计方式，开发者无须掌握任何一门编程语言，通过几天的简单培训即可进行 VR 仿真软件的开发。

2）与传统的编程开发相比，开发效率可提升数十倍。

3）客户随时随地修改，无须编译直接运行。

4）发布后的程序既可以在 PC 上运行，也可以在 VR 设备上运行。

优创 PEVR 的框架是基于有限状态机（Finite State Machine，FSM）的思想进行设计开发的。一个有限状态机可以将行为组织成一些离散的状态，比如开启、关闭、行走、空闲、攻击、防御等。每一个状态由一个或者多个行为组成，然后通过事件驱动不同状态之间的转换。优创 PEVR 主要包括场景编辑、行为管理、事件管理、状态管理等功能模块，其系统架构如图 1-1 所示。

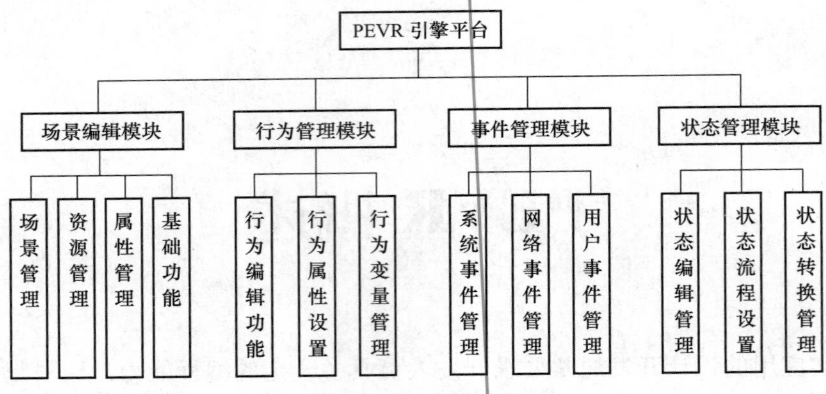


图 1-1　PEVR 系统架构图

# 1.1　PEVR 编辑器安装环境

## 1.1.1　操作系统

PEVR 编辑器适配的操作系统为 Windows 7 SP1 以上版本，向上支持 Windows 8、Windows 10。

## 1.1.2　输入设备

PEVR 编辑器可以在普通的 PC 上以虚拟仿真方式运行，同时也支持目前最为流行的 VR 输出设备：HTC Vive VR 设备套装以及基于 Windows 10 的 DELL VISION 设备。

# 1.2　硬件要求

PEVR 编辑器的硬件要求见表 1-1。

表 1-1　PEVR 编辑器的硬件要求

| | 最低配置 | 推荐配置 |
|---|---|---|
| 硬件要求 | CPU：Intel(R) Core(TM)i5-3470<br>3.20 ～ 3.60GHz | CPU：Intel(R) Core(TM) i7-4790<br>3.60 ～ 3.80GHz |
| | 内存：4GB RAM | 内存：8GB RAM |
| | 显卡：NVIDIA GeForce GTX 760 | 显卡：NVIDIA GeForce GTX 970 |
| | 容量：2048MB　显存位宽：128bit | 容量：4095MB　显存位宽：256bit |
| | 显示器：无要求，推荐 20in | 显示器：无要求，推荐 24in |
| | 网络环境：联网 | 网络环境：联网 |

注：1in=0.0254m。

# 1.3　主界面

主界面如图 1-2 所示，包括资源列表、编辑菜单、场景界面、对象列表、转换工具、任务编辑面板以及状态编辑面板等七大部分，下面分别介绍。

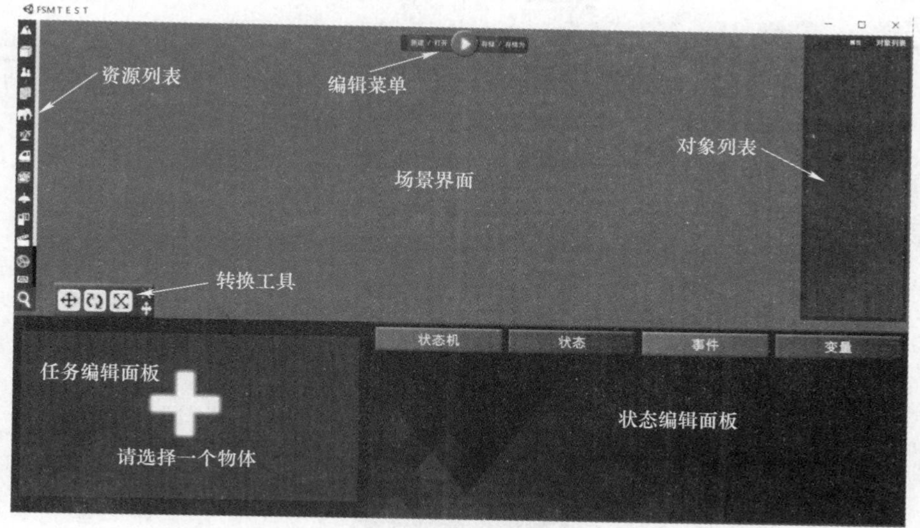


图 1-2　主界面

## 1.3.1　资源列表

资源列表按照面板的方式分布在主面板的左侧（见图 1-3），其按照类型划分为环境、建筑、人物、动物、植物、交通工具、天空盒、灯具、动画、辅助设施、电力设施、特效以及基本形状等。每一种类型的资源又可以进一步细分为具体的模型。当单击人物类型的图标时，则显示具体的多个人物角色三维模型。可按住鼠标左键将某个具体模型拖拽到场景中，如图 1-4 所示。

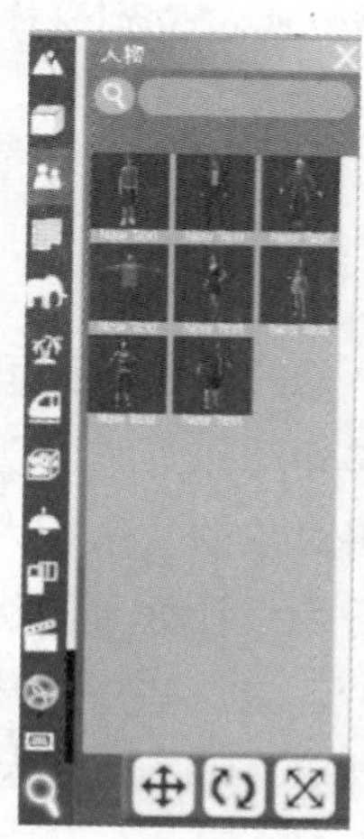

图 1-3　资源列表

图 1-4　将模型拖拽到场景中

## 1.3.2 对象列表

对象列表包含场景里面的各个物件，位于操作界面的右方，如图 1-5 所示。具体操作情况如下：

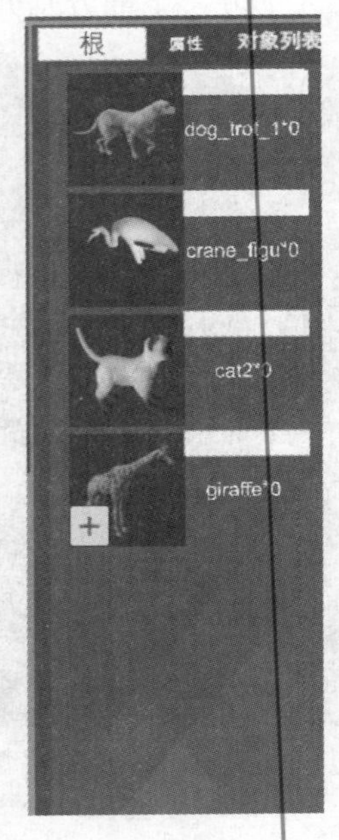


图 1-5 对象列表

（1）对象名称 记录模板列表里面对象的名称以及对象的 ID。（若物件的名称太长，可以将鼠标移动至对应的物件上方，就能显示出对象的 ID。）

（2）对象父子关系 如果要将一个物件作为另一个物件的子节点，只要在对象列表上面将该物件移动到相应的物件节点上面即可。如果需要显示子物件，可单击父物件图标左下角的加号。

（3）模型快速定位 在对象列表选中了一个对象模型，需要快速定位到该模型上，只需按下键盘上的“F”键或者直接双击鼠标左键，即可完成快速定位。

## 1.3.3 任务编辑面板

任务编辑面板用于确定每个状态之间的交互设计。PEVR 编辑器的核心设计思路是基于有限状态机的思想，即通过有限个状态以及在这些状态之间的转移和动作等来表现一系列的逻辑行为，进而构筑一个游戏任务，具体操作是通过有限状态机将对象的复杂行为特征归纳为有限个不同的“状态”，然后在每个状态中分别指定一系列“行为”让处于该状态的对象来执行，同时设置一些“条件”（在有限状态机中称作“事件”），当这些条件被满足（或者说事件被触发）时，对象从当前状态变换为另一个状态，由此带来其所执行“行为”的变化。一个典型的状态编辑流程如图 1-6 所示。

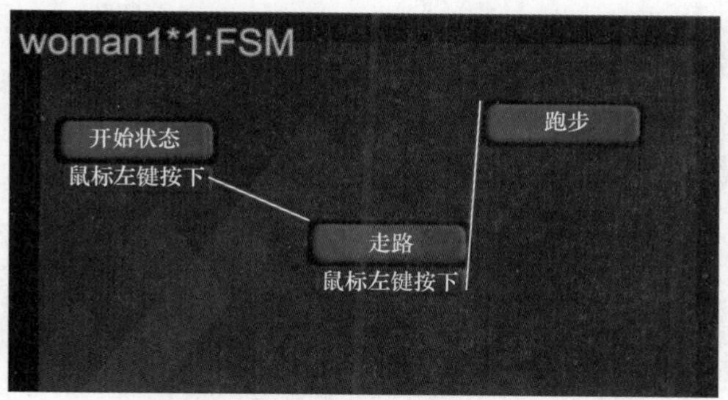


图 1-6　典型的状态编辑流程

## 1.4　状态编辑面板

状态编辑面板如图 1-7 所示。

图 1-7　状态编辑面板

状态编辑面板的主要作用是编辑构成状态的最重要的成分——动作（Action）以及构成动作的一系列属性的操作。状态编辑面板包括四个标签，分别是状态机、状态、事件以及变量。

# 第 2 章

# 预 备 知 识

为了能够更好地掌握 PEVR 引擎的脚本知识，我们需要补充一些有关 C# 的预备知识，主要包括以下的语法内容：

## 2.1 流程控制

程序有时只能按照编写的顺序执行，中途不能发生任何变化。然而实际生活中并非所有的事情都是按部就班地进行，程序也是一样。为了适应需要，经常必须转移或者改变程序执行的顺序，达到这些目的的语句叫作流程控制语句。和大多数编程语言相似，在程序模块中，C# 可以通过条件语句控制程序的流程，从而形成程序的分支和循环。C# 中提供了以下控制关键字：

1）选择控制：if else、switch

2）循环控制：while、do-while、for、foreach

3）跳转语句：break、continue

4）编译控制：#if、#elif、#else、#endif

5）异常处理：try、catch、finally

### 2.1.1 条件语句

当程序中需要进行两个或两个以上的选择时，可以根据条件判断来选择将要执行的一组语句，C# 提供的选择语句有 if 语句和 switch 语句。

#### 2.1.1.1 if 语句

if 语句是最常用的选择语句，它根据布尔表达式的值来判断是否执行后面的内嵌语句格式，其形式为

if (boolean-expression) embedded-statement

或 if (boolean-expression) embedded-statement

else embedded-statement

当布尔表达式的值为真，则执行 if 后面的内嵌语句 embedded-statement；当布尔表达式的值为假，则程序继续执行。如果有 else 语句，则执行 else 后面的内嵌语句，否则继续执行下一条语句。

例如下面的例子用来对一个浮点数 x 进行四舍五入，结果保存到一个整数 i 中：

```
if (x – int(x) > = 0.5)
{
i = int(x)+ 1;
}
else
{
i = int(x);
}
```

如果 if 或 else 之后的嵌套语句只包含一条执行语句，则嵌套部分的大括号可以省略；如果包含了两条以上的执行语句，对嵌套部分一定要加上大括号；如果程序的逻辑判断关系比较复杂，通常会采用条件判断嵌套语句，if 语句可以嵌套使用，即在判断之中又有判断，具体形式如下：

```
if (boolean-expression)
{
if (boolean-expression)
{ };
else
{ };
}
else
{
if (boolean-expression)
{ };
else
{ };
}
```

此时应该注意每一条 else 与离它最近且没有其他 else 与之对应的 if 相搭配，比如有下面一条语句：

```
if(x)if(y)F();else G();
```

它实际上应该等价于下面的写法：

```
if(x){
if(y){
F();
}
else{
G();
}
}
```

注意 C# 的 if 语句与 C、C++ 不同，即 if 后的逻辑表达式必须是布尔类型的。

请看一个判断是否往应用程序传送参数的例子：

程序清单 2-1：

```
using System;
class Test
{
static void Main(string[] args) {
开始
x>0?
x=0?
结束
if (args.Length == 0)
Console.WriteLine("No arguments were provided");
else Console.WriteLine("Arguments were provided");
}
}
```

其中 args.Length == 0 是一个布尔表达式，但是 C 或者 C++ 程序员可能会习惯编写像这样的代码：

```
if (args.Length)
{ }
```

这在 C# 中是不允许的，因为 if 语句仅允许布尔类型的结果，而字符串的 Length 属性对象返回一个整型（integer），编译器将报告错误信息。

#### 2.1.1.2 switch 语句

if 语句每次判断只能实现两条分支，如果要实现多种选择的功能，那么可以采用 switch 语句。switch 语句根据一个控制表达式的值选择一个内嵌语句分支来执行。它的一般格式为

```
switch(controlling-expression)
{
case constant-expression:
embedded-statements
default:
embedded-statements
}
```

switch 语句的控制类型，即其中控制表达式（controlling-expression）的数据类型可以是 sbyte、byte、short、ushort、uint、long、ulong、char、string 或枚举类型（enum-type）。每个 case 标签中的常量表达式（constant-expression）必须属于或能隐式转换成控制类型，如果有两个或两个以上 case 标签中的常量表达式值相同，编译时将会报错。switch 语句中最多只能有一个 default 标签。我们举一个例子来说明 switch 语句是如何实现程序的多路分支的：假设考查课的成绩按优秀、良好、中等、及格和不及格分为五等，分别用 4、3、2、1、0 来表示，但实际的考卷为百分制，对应的分数分别为 90 ～ 100、80 ～ 89、70 ～ 79、60 ～ 69、60 分以下。下面的程序将考卷成绩 x 转换为考查课成绩 y，代码如下：

```
int x = int(x/10);
```

```
switch(x)
{
case 10: y=4;break;
case 9: y=4;break;
case 8: y=3;break;
case 7: y=2;break;
case 6: y=1;break;
default: y=0;
}
```

下面的例子判断传递给应用程序的参数的有无及位数：

**程序清单 2-2：**

```
using System;
class Test
{
public static void Main(string[] args) {
switch (args.Length) {
case 0:
Console.WriteLine("No arguments were provided");
break;
case 1:
Console.WriteLine("One argument was provided");
break;
default:
Console.WriteLine("{0} arguments were provided");
break;
}
}
}
```

使用 switch 语句时需注意以下两点：

### 1. 不准遍历

C 和 C++ 语言允许 switch 语句中 case 标签后不出现 break 语句，但 C# 不允许这样，它要求每个标签项后使用 break 语句或跳转语句 goto，即不允许从一个 case 自动遍历到其他 case，否则编译时将报错。

一个程序用于计算一年中已度过的天数，month 表示月份，day 表示日期，计算结果保存在 total 中。为简便起见把闰年的情况排除在外，C 和 C++ 程序员会利用一点技巧来实现这个程序：

```
total=365;
switch(month){
case 1: total-=31;
case 2: total-=28;
```

```
case 3: total-=31;
case 4: total-=30;
case 5: total-=31;
case 6: total-=30;
case 7: total-=31;
case 8: total-=31;
case 9: total-=30;
case 10: total-=31;
case 11: total-=30;
case 12: total-=31;
default: total+=day;
}
```

然而这种写法在 C# 中是不允许的。很难保证任何人在编程时都不会忘记在 case 后加上 break 语句，这时往往会造成一些不易察觉的错误，所以在 C# 中如果标签项没有出现 break 语句或跳转语句 goto，编译器将会要求程序员加上。

如果想像 C、C++ 那样，执行完后继续遍历其他的语句，那也不难，只需要明确地加入这两条跳转语句即可：

- goto case label：跳至标签语句执行
- goto default：跳至 default 标签执行

那样上面的程序可以改写为

```
total=365;
switch(month){
case 1: total-=31; goto case 2;
case 2: total-=28; goto case 3;
case 3: total-=30; goto case 4;
case 4: total-=31; goto case 5;
case 5: total-=30; goto case 6;
case 6: total-=31; goto case 7;
case 7: total-=30; goto case 8;
case 8: total-=31; goto case 9;
case 9: total-=30; goto case 10;
case 10: total-=31; goto case 11;
case 11: total-=30; goto case 12;
case 12: total-=31; goto default;
default: total+=day;
}
```

在避免了 C、C++ 中常出现的由于漏写 break 而造成的错误的同时不准遍历的原则，还使得我们可以任意排列 switch 语句中的 case 项而不会影响 switch 语句的功能。另外，一般说来每个 switch 项都以 break、goto、case 或 goto、default 结束，但实际上任何一种不导致遍历的结构都是允许的，例如 throw 和 return 语句同样可以跳出控制之外，因而下例是正确的：

```
switch(i){
case 0:
while(true) F();
case 1:
throw new ArgumentException();
case 2:
return;
}
```

2. **把字符串当成常量表达式**

VB 的程序员可能已经习惯把字符串当成常量表达式来使用，但 C 和 C++ 却不支持这一点，C# 的 switch 语句与 C、C++ 的另一个不同点是：C# 可以把字符串当成常量表达式来使用，所以 switch 语句的控制类型可以是 string 类型。

下面的例子实现浮动窗口提示。在 Windows 操作系统中，把鼠标移到某一个控件上停留几秒，将会出现一个浮动提示，说明该控件的作用。例子中的 GetButtonCaption 用于获得按钮上的文字，ShowMessage 表示在浮动提示窗口中显示信息：

```
string text = GetButtonCaption();
switch(text)
{
case “OK”: ShowMessage save the change and exit break;
case “Retry”: ShowMessage return and retry break;
case “Abort”: ShowMessage abort the change and exit break;
case “HELP”: ShowMessage get help from system break;

}
```

## 2.1.2　循环语句

循环语句可以实现一个程序模块的重复执行，它对于简化程序、更好地组织算法有着重要的意义。C# 提供了四种循环语句，分别适用于不同的情形：while 语句、do-while 语句、for 语句、foreach 语句。

### 2.1.2.1　while 语句

while 语句有条件地将内嵌语句执行 0 遍或若干遍，语句的格式为

```
while (boolean-expression) embedded-statement
```

它的执行顺序是：

1）计算布尔表达式 boolean-expression 的值。

2）当布尔表达式的值为真时，执行内嵌语句 embedded-statement 一遍，程序转至第 1）步。

3）当布尔表达式的值为假时，while 循环结束。

下面来看一个简单的例子，该例在数组中查找一个指定的值，如找到就返回数组下标，

否则返回并报告。

程序清单 2-3：

```
using System;
class Test
{
static int Find(int value, int[] array)
{
int i = 0;
while (array[i] != value) {
if (++i > array.Length)
Console.WriteLine( Can not find");
}
return i;
}
static void Main(){
Console.WriteLine(Find(3, new int[] {5, 4, 3, 2, 1}));
}
}
```

while 语句中允许使用 break 语句结束循环，执行后续语句；也可以用 continue 语句来停止内嵌语句的执行，继续进行 while 循环。

我们使用下面的程序片段来计算一个整数 x 的阶乘值：

```
long y = 1;
while(true)
{
y *= x;
x--;
if(x==0){
break;
}
}
```

#### 2.1.2.2 do-while 语句

do-while 语句与 while 语句不同的是：它将内嵌语句执行至少一遍。语句的格式为

do embedded-statement while(boolean-expression)

它按如下顺序执行：

1）执行内嵌语句 embedded-statement 一遍。

2）计算布尔表达式 boolean-expression 的值，为 true 则回到第 1）步，为 false 则终止 do 循环。在 do-while 循环语句同样允许用 break 语句和 continue 语句实现与 while 语句中相同的功能。

我们看一下如何使用 do-while 循环来实现求整数的阶乘：

```
long y = 1;
do{
y *= x;
x--;
}
while(x>0)
```

### 2.1.2.3　for 语句

for 语句是 C# 中使用频率最高的循环语句，在事先知道循环次数的情况下使用 for 语句是比较方便的。for 语句的格式为

for(initializer;condition;iterator) embedded-statement

其中，initializer、condition、iterator 这三项都是可选项：initializer 为循环控制变量做初始化，循环控制变量可以有一个或多个（用逗号隔开）；condition 为循环控制条件，也可以有一个或多个语句；iterator 按规律改变循环控制变量的值。应注意初始化循环控制条件和循环控制都是可选的。如果忽略了条件，就会产生死循环，要用跳转语句 break 或 goto 才能退出。

```
for (;;){
break; // 由于某些原因
}
```

for 语句执行顺序如下：

1）按书写顺序将 initializer 部分（如果有的话）执行一遍，为循环控制变量赋初值。

2）测试 condition（如果有的话）中的条件是否满足。

3）若没有 condition 项或条件满足，则执行内嵌语句一遍，按 iterator 改变循环控制变量的值回到第 2）步执行。

4）若条件不满足则 for 循环终止。

下面的例子非常简单，打印数字 1 到 9，但它却清楚地显示出了 for 语句是怎样工作的：

```
for (int i = 0; i < 10; i++)
Console.WriteLine(i);
```

for 语句可以嵌套使用，帮助我们完成大量重复性、规律性的工作。

下面的例子用于打印杨辉三角形：

**程序清单 2-4：**

```
using System;
class Test
{
public static void Main()
{
int[,] a = new int[5,5];
a[0,0] = 1;
for(int i=1;i<=5;i++){
```

```
a[i,0] = 1;
a[i,i] = 1;
for(int j=1;j<i;j++){
a[i,j]=a[i-1,j-1]+a[i-1,j];
}
}
for(int i=0;i<5;i++){
for(int j=0;j<i;j++){
Console.WriteLine("{0} ",a[i][j])
}
Console.WriteLine();
}
}
}
```

运行程序的结果为

```
1
1 1
1 2 1
1 3 3 1
1 4 6 4 1
1 5 10 10 5 1
```

还以求整数的阶乘为例，代码可以这样写：

```
for(long y=1;x>0;x--)
y *= x;
```

同样可以用 break 和 continue 语句来和循环判断符合语句中的逻辑表达式配合使用达到控制循环的目的。仍然以打印数字为例，如果要求打印除 7 以外的 0 到 9 之间的数字，只要在 for 循环执行到 7 时，跳过打印语句就可以了。

```
for (int i = 0; i < 10; i++) {
if (i==7) continue;
Console.WriteLine(i);
}
}
```

#### 2.1.2.4 foreach 语句

foreach 语句是在 C# 中新引入的，C 和 C++ 中没有这个语句，而 Visual Basic 的程序员应该对它不会陌生，它表示收集一个集合中的各元素，并针对各个元素执行内嵌语句。语句的格式为

```
foreach(type identifier in expression) embedded-statement
```

其中，类型（type）和标识符（identifier）用来声明循环变量表达式（expression）对应集合，每执行一次内嵌语句，循环变量就依次取集合中的一个元素，代入其中。在这里，循环变

量是一个只读型局部变量，如果试图改变它的值或将它作为一个 ref 或 out 类型的参数传递，都将引发编译时错误。

foreach 语句中的 expression 必须是集合类型，如果该集合的元素类型与循环变量类型不一致，则必须将集合中的元素类型显式转换为循环变量元素类型。

集合表示一组相同或相似的数据项总的描述。那么在 C# 中究竟什么样的类型算是集合类型呢？我们从语法上给出集合类型的定义：

1）该类型必须支持一个形为 GetEnumerator 的公有的非静态方法，该方法的返回类型为结构类或接口。

2）形为 GetEnumerator 的方法，返回的结构类或接口应当包含一个公有的非静态的方法 MoveNext，该方法的返回类型为布尔型。

3）形为 GetEnumerator 的方法，返回的结构类或接口应当包含一个公有的非静态的属性 Current，该属性可以读出。

如果一个类型同时满足以上三个条件，该类型称为集合类型，Current 属性的类型叫作该集合类型的元素类型。

我们姑且不论集合类型的具体形式，只从 foreach 语句的使用角度举一个例子。假设 Prime 是一个满足条件的集合类型，它的元素类型为 1000 以内的质数，MyInt 是我们自定义的一个类型，其范围为 200 到 300 之间的整数。下面这段程序用于在屏幕上显示出从 200 到 300 之间的所有质数：

程序清单 2-5：

```
using System;
using System.Collections;
class Test()
{
public static void Main()
{
Console.WriteLine("See the prime number:");
foreach(MyInt x in Prime)
Console.WriteLine("{0} ",x);
}
}
```

顺便说一句，数组类型是支持 foreach 语句的。对于一维数组执行顺序是从下标为 0 的元素开始，一直到数组的最后一个元素。对于多维数组元素，下标的递增是从最右边那一维开始的，依此类推。同样 break 和 continue 可以出现在 foreach 语句中，功能不变。

## 2.2　类

类是面向对象的程序设计的基本构成模块。从定义上讲，类是一种数据结构，这种数据结构可能包含数据成员、函数成员以及其他的嵌套类型，其中数据成员类型有常量域和事件函数、成员类型、方法属性、索引指示器、操作符、构造函数和析构函数。

### 2.2.1 类的声明

类的声明格式如下：

attributes class-modifiers class identifier class-base class-body;

其中，attributes、class-modifiers、class-base 和 class-body 为可选项，attributes 为属性集，class-modifiers 为类的修饰符，关键词 class 后跟随类的名称，identifier class-base 和 class-body 表示继承方式和基类名类的修饰符。

类的修饰符可以是以下几种之一或它们的组合，在类的声明中同一修饰符不允许出现多次：

1）new 仅允许在嵌套类声明时使用，表明类中隐藏了由基类中继承而来的与基类中同名的成员。

2）public 表示不限制对该类的访问。

3）protected 表示只能从所在类和所在类派生的子类进行访问。

4）internal 只有其所在类才能访问。

5）private 只有 .Net 包中的应用程序或库才能访问。

6）abstract 抽象类不允许建立类的实例。

7）sealed 密封类不允许被继承。

使用 new 关键字可以建立类的一个实例，代码如下：

```
class A {}
class B {
void F{
A a = new A();
}
}
```

在类 B 的方法 F 中创建了一个类 A 的实例、类的继承声明。

我们使用如下代码表示类 B 从类 A 中继承：

```
class A {}
class B: A {}
```

有关 C# 中的继承机制，我们放在 2.5 节中进行详细讨论，在这里要事先声明的一点是 C# 中的类只支持单继承。

### 2.2.2 类的成员

类的成员可以分为类本身所声明的成员以及从基类中继承而来的类的成员，有以下类型：

1）成员常量：代表与类相关联的常量值。

2）域：即类中的变量。

3）成员方法：复杂执行类中的计算和其他操作。

4）属性：用于定义类中的值并对它们进行读写。

5）事件：用于说明发生了什么事情。

6）索引指示器：允许像使用数组那样为类添加路径列表。

7）操作符：定义类中特有的操作。

8）构造函数和析构函数：分别用于对类的实例进行初始化和销毁，包含可执行代码的成员被认为是类中的函数成员，这些函数成员有方法属性、索引指示器、构造函数和析构函数。

#### 2.2.2.1 对类的成员的访问

在编写程序时，可以对类的成员使用不同的访问修饰符，从而定义它们的访问级别。

1. **公有成员**

C# 中的公有成员提供了类的外部界面，允许类的使用者从外部进行访问。公有成员的修饰符为 public，这是限制最少的一种访问方式。

2. **私有成员**

C# 中的私有成员仅限于类中的成员可以访问。从类的外部访问私有成员是不合法的，如果在声明中没有出现成员的访问修饰符，按照默认方式成员为私有的。私有成员的修饰符为 private。

3. **保护成员**

为了方便派生类的访问，又希望成员对于外界是隐藏的，这时可以使用 protected 修饰符声明成员为保护成员。

4. **内部成员**

使用 internal 修饰符的类的成员是一种特殊的成员，这种成员对于同一包中的应用程序或库是透明的，而在包 .Net 之外是禁止访问的。

使用下面的例子说明一下类的成员的访问修饰符的用法：

**程序清单 2-6：**

```
using System;
class Vehicle// 定义汽车类
{
public int wheels; // 公有成员车轮个数
protected float weight; // 保护成员重量
public void F(){
wheels = 4;// 正确，允许访问自身成员
weight = 10; // 正确，允许访问自身成员
}
};
class train // 定义火车类
{
public int num; // 公有成员车厢数目
```

```
private int passengers; // 私有成员乘客数
private float weight; // 私有成员重量
public void F(){
num = 5; // 正确，允许访问自身成员
weight = 100; // 正确，允许访问自身成员
Vehicle v1 = new Vehicle();
v1.wheels = 4; // 正确，允许访问 v1 的公有成员
//v1.weight = 6; 错误，不允许访问 v1 的保护成员，可改为 weight = 6;
}
}
class Car:Vehicle // 定义轿车类


{
int passengers; // 私有成员乘客数
public void F(){
Vehicle v1 = new Vehicle();
V1.wheels = 4; // 正确，允许访问 v1 的公有成员
V1.weight = 6; // 正确，允许访问 v1 的保护成员
}
}
```

#### 2.2.2.2 this 保留字

保留字 this 仅限于在构造函数类的方法和类的实例中使用，它有以下含义：

1）在类的构造函数中出现的 this：作为一个值类型，它表示对正在构造的对象本身的引用。

2）在类的方法中出现的 this：作为一个值类型，它表示对调用该方法的对象的引用。

3）在结构的构造函数中出现的 this：作为一个变量类型，它表示对正在构造的结构的引用。

4）在结构的方法中出现的 this：作为一个变量类型，它表示对调用该方法的结构的引用，除此以外，在其他地方使用 this 保留字都是不合法的。

下面的代码演示了如何使用 this 保留字：

程序清单 2-7：

```
using System;
class A
{
public int x;
public void Main()
{
x = 5;
Console.WriteLine("The value of x is: {0}",x);
Console.WriteLine("The value of this.x is: {0}", this.x);
```

```
}
}
```

程序运行的结果应该是

```
The value of x is: 5
The value of this.x is: 5
```

下面再举一个例子来说明 this 的用法：

程序清单 2-8：

```
using System;
class Fact
{
int x;
public int GetFact()
{
float temp;
int save = x;
int a = 1;
while(x>a)
{
a++;
temp = this.x / a;
x /= a;
if((float)x != temp){
return -1;
}
}
swap(this.x,save);
return save;
}
}
```

程序用于求某个整数是否为另一个整数的阶乘，如果是，类 Fact 的方法 GetFact 返回该整数，否则 GetFact 返回 -1。实际上在 C# 内部，this 被定义为一个常量，因此使用 this++、this-- 这样的语句都是不合法的，但是 this 可以作为返回值来使用。我们知道在 Windows 操作系统中，当前窗口总是被加亮显示，我们称该窗口被激活。例如在 Word 中，我们可以同时打开多个文档，每个文档窗口作为 Word 主窗口的一个子窗口，其中只有一个子窗口是当前激活的窗口。如果 Word 没有打开任何文档，则主窗口作为当前激活的窗口。

下面的例子中，我们声明了一个窗口类 Window。假设类 Window 一次最多可以同时打开五个子窗口，Window 的方法 GetActiveWindow 用于返回当前激活的窗口。如果打开了子窗口，则返回该子窗口的实例，否则返回主窗口本身。

程序清单 2-9：

```
using System;
class Window
```

```
{

public Window[] m_ChildWindow = new Window[5]; // 子窗口
public bool IsHaveChild = false; // 是否拥有子窗口
public bool IsActive; // 窗口是否被激活
public Window GetActiveWindow()
{
if(IsHaveChild == false){
IsActive = true;
return this; // 返回窗口自身
}
else{
for(int i=0;i<5;i++){
if(m_ChildWindow[i].IsActive == true){
return m_ChildWindow[i];
// 返回激活的子窗口
}
}
}
return this;
}
}
```

#### 2.2.2.3 静态成员和非静态成员

若将类中的某个成员声明为 static，该成员称为静态成员。类中的成员要么是静态的要么是非静态的，一般静态成员是属于类所有的，非静态成员则属于类的实例对象。

以下示例代码演示了如何声明静态和非静态成员：

程序清单 2-10：

```
using System;
class Test
{
int x;
static int y;
void F() {
x = 1; // 正确 , 等价于 this.x = 1
y = 1; // 正确 , 等价于 Test.y = 1
}
static void G() {
x = 1; // 错误，不能访问 this.x
y = 1; // 正确 , 等价于 Test.y = 1
}
static void Main() {
```

```
Test t = new Test();
t.x = 1; // 正确
t.y = 1; // 错误，不能在类的实例中访问静态成员
Test.x = 1; // 错误，不能按类访问非静态成员
Test.y = 1; // 正确
}
}
```

类的非静态成员属于类的实例，每创建一个类的实例都在内存中为非静态成员开辟了一块区域；而类的静态成员属于类，为这个类的所有实例所共享，无论这个类创建了多少个副本，一个静态成员在内存中只占有一块区域。

#### 2.2.2.4 成员常量

再看一个成员常量的声明例子：

```
class A
{
public const double X = 1.0;
public const double Y = 2.0;
public const double Z = 3.0;
}
```

关键字 const 用于声明后跟数据类型的常量，可以加上 new、public、protected、internal、private 修饰符。

可以用一条语句同时声明多个常量，比如上例可以写成：

```
class A
{
public const double X = 1.0, Y = 2.0, Z = 3.0;
}
```

### 2.2.3 构造函数和析构函数

#### 2.2.3.1 构造函数

构造函数用于执行类的实例的初始化。每个类都有构造函数，即使没有声明它，编译器也会自动提供一个默认的构造函数，在访问一个类时将最先执行构造函数中的语句，实际上任何构造函数的执行都隐式地调用了系统提供的默认的构造函数 base()。

如果在类中声明了如下的构造函数：

```
C(…) {…}
```

它等价于

```
C(…): base() {…}
```

使用构造函数请注意以下几个问题：

1）一个类的构造函数通常与类名相同。

2）构造函数不声明返回类型。

3）构造函数一般是 public 类型的，如果是 private 类型的，表明类不能被实例化，这通常用于只含有静态成员的类。

4）在构造函数中，不要对类的实例做初始化以外的事情，也不要尝试显式地调用构造函数。

下面的例子示范了构造函数的使用：

```
class A
{
int x = 0, y = 0, count;
public A() {
count = 0;
}
public A(int vx,int vy) {
x = vx;
y = vy;
}
}
```

上面的例子中，类 A 同时提供了不带参数和带参数的构造函数。构造函数可以是不带参数的，这样对类的实例的初始化是固定的。有时在对类进行实例化时，需要传递一定的数据来对其中的各种数据进行初始化，使得初始化不再是一成不变的，这时可以使用带参数的构造函数来实现对类的不同实例的初始化。在带有参数的构造函数中，类在实例化时必须传递参数，否则该构造函数不被执行。

让我们回顾一下程序清单 2-6 中关于车辆的类的代码示例，我们在这里添加构造函数，验证一下构造函数中参数的传递。

**程序清单 2-11：**

```
using System;
class Vehicle// 定义汽车类
{
public int wheels; // 公有成员车轮个数
protected float weight; // 保护成员重量
public Vehicle(){;}
public Vehicle(int w,float g){
wheels = w;
weight = g;
}
public void Show(){
Console.WriteLine("the wheel of vehicle is:{0}",wheels);
Console.WriteLine("the weight of vehicle is:{0}",weight);
}
};
class train // 定义火车类
```

```
{
public int num; // 公有成员车厢数目
private int passengers; // 私有成员乘客数
private float weight; // 私有成员重量
public Train(){;}
public Train(int n,int p,float w){
num = n;
passengers = p;
weight = w;
}
public void Show(){
Console.WriteLine("the num of train is:{0}",num);
Console.WriteLine("the weight of train is:{0}",weight);
Console.WriteLine("the passengers of train is:{0}", passengers);
}
}

class Car:Vehicle // 定义轿车类
{
int passengers; // 私有成员乘客数
public Car(int w,float g,int p) : base(w,g)
{
wheels = w;
weight = g;
passengers = p;
}
new public void Show(){
Console.WriteLine("the wheel of car is:{0}",wheels);
Console.WriteLine("the weight of car is:{0}",weight);
Console.WriteLine("the passengers of car is:{0}", passengers);
}
}
class Test
{
public static void Main(){
Vehicle v1 = new Vehicle(4,5);
Train t1 = new Train();
Train t2 = new Train(10,100,100);
Car c1 = new Car(4,2,4);
v1.show();
t1.show();
t2.show();
c1.show();
```

```
}
}
```

程序的运行结果为

```
the wheel of vehicle is:0
the weight of vehicle is: 0
the num of train is:0
the weight of train is:0
the passengers of train is:0
the num of train is:10
the weight of train is:100
the passengers of train is:100
the wheel of car is:4
the weight of car is:2
the passengers of car is:4
```

#### 2.2.3.2 析构函数

在类的实例超出范围时，我们希望确保它所占的系统资源能被收回，C# 中提供了析构函数，用于专门释放被占用的系统资源。

析构函数的名字与类名相同，只是在前面加了一个符号 ~。析构函数不接受任何参数，也不返回任何值。如果你试图声明其他任何一个以符号 ~ 开头而不与类名相同的方法，和试图让析构函数返回一个值一样，编译器都会产生一个错误。

析构函数不能是继承而来的，也不能显式地调用。当某个类的实例被认为不再有效符合析构的条件，析构函数就可能在某个时刻被执行。C++ 的程序员常常需要在析构函数中写上一系列 delete 语句来释放存储，而在 C# 中我们不必再为此担心了，垃圾收集器会帮助我们完成这些易被遗忘的工作。

## 2.3 方法

在面向过程的语言如 C 语言中，数据和对数据的操作通常分为两部分；在 C++ 语言中，大多数数据成为类的数据成员，而大多数对数据的操作放在了类的成员方法中。C# 实现了完全意义上的面向对象，任何事物都必须封装在类中或者作为类的实例成员，没有全局常数、全局变量，也没有全局方法。

我们在上一节中学习了类的基本概念，并掌握了如何对类进行实例化，这一节将利用类的方法为类添加功能。

### 2.3.1 方法的声明

方法是类中用于执行计算或其他行为的成员，我们看一下方法的声明格式：

```
method-header method-body
```

其中，方法头 method-header 的格式为

attributes method-modifiers return-type member-name ( formalparameter-list )

传递给方法的参数在方法的形式化参数表 formal-parameter-list 中声明，我们随后将进行详细论述。

在方法的声明中至少应包括方法名称、修饰符和参数类型，返回值和参数名则不是必需的。

注意方法名 member-name 不应与同一个类中的其他方法同名，也不能与类中的其他成员名称相同。

方法的修饰符 method-modifier 可以是 new、public、protected、internal、private、static、virtual、sealed、override、abstract、extern。

对于使用了 abstract 和 extern 修饰符的方法，方法的执行体 method-body 只有一个简单的分号，其他所有的方法执行体中应包含调用该方法所要执行的语句返回值。

方法返回值的类型可以是合法的 C# 的数据类型，C# 在方法的执行部分通过 return 语句得到返回值，可见程序清单 2-12。

程序清单 2-12：

```
using System;
class Test
{
public int max(int x,int y){
if(x>y)
return x;
else
return y;
}
public void Main(){
Console.WriteLine("the max of 6 and 8 is:{0}",max(6,8));
}
}
```

程序的输出是

the max of 6 and 8 is:8

如果在 return 后不跟随任何值，方法返回值是 void 型的。

## 2.3.2 方法中的参数

C# 中方法的参数有四种类型：

1）值参数：不含任何修饰符。

2）引用型参数：以 ref 修饰符声明。

3）输出参数：以 out 修饰符声明。

4）数组型参数：以 params 修饰符声明。

### 2.3.2.1 值参数

当利用值向方法传递参数时，编译程序给实参的值做一份拷贝并且将此拷贝传递给该方法。被调用的方法不会修改内存中实参的值，所以使用值参数时可以保证实际值是安全的，在调用方法时，如果形式化参数的类型是值参数，调用的实参的表达式必须保证是正确的值表达式。在下面的例子中程序员并没有实现他希望交换值的目的。

程序清单 2-13：

```
using System;
class Test
{
static void Swap(int x, int y) {
int temp = x;
x = y;
y = temp;
}
static void Main() {
int i = 1, j = 2;
Swap(i, j);
Console.WriteLine("i = {0}, j = {1}", i, j);
}
}
```

编译上述代码程序将输出：

```
i = 1, j = 2
```

### 2.3.2.2 引用型参数

和值参数不同的是，引用型参数并不开辟新的内存区域。当利用引用型参数向方法传递形参时，编译程序将把实际值在内存中的地址传递给方法。在方法中引用型参数通常已经初始化，再看下面的例子：

程序清单 2-14：

```
using System;
class Test
{
static void Swap(ref int x, ref int y) {
int temp = x;
x = y;
y = temp;
}
static void Main() {
int i = 1, j = 2;
```

```
Swap(ref i, ref j);
Console.WriteLine("i = {0}, j = {1}", i, j);

}
```

编译上述代码程序将输出：

i = 2, j = 1

Main 函数中调用了 Swap 函数，x 代表 i，y 代表 j，这样调用成功地实现了 i 和 j 的值交换。在方法中使用引用型参数可能会导致多个变量名指向同一处内存地址，见示例：

```
class A
{
string s;
void F(ref string a, ref string b) {
s = "One";
a = "Two";
b = "Three";
}
void G() {
F(ref s, ref s);
}
}
```

在方法 G 对 F 的调用过程中，s 的引用被同时传递给 a 和 b，此时 s、a、b 指向同一块内存区域。

#### 2.3.2.3　输出参数

与引用型参数类似，输出型参数也不开辟新的内存区域，它与引用型参数的差别在于调用方法前无须对变量进行初始化。输出型参数用于传递方法返回的数据。out 修饰符后应跟随与形参的类型相同的类型，声明在方法返回后传递的变量被认为经过了初始化。

程序清单 2-15：

```
using System;
class Test
{
static void SplitPath(string path, out string dir, out string name) {
int i = path.Length;
while (i > 0) {
char ch = path[i – 1];
if (ch == '\\' || ch == '/' || ch == ':') break;
i--;
}
dir = path.Substring(0, i);
name = path.Substring(i);
```

```
}
static void Main() {
string dir, name;
SplitPath("c:\\Windows\\System\\hello.txt", out dir, out name);
Console.WriteLine(dir);
Console.WriteLine(name);
}
}
```

可以预计程序的输出将会是

```
c:\Windows\System\
hello.txt
```

我们注意到变量 dir 和 name 在传递给 SplitPath 之前并未初始化，在调用之后它们则有了明确的值。

### 2.3.2.4 数组型参数

如果形参表中包含了数组型参数，那么它必须在参数表中位于最后。另外，参数只允许是一维数组，比如 string[] 和 string[][] 类型都可以作为数组型参数，而 string[,] 则不能。最后，数组型参数不能再有 ref 和 out 修饰符。

程序清单 2-16：

```
using System;
class Test
{
static void F(params int[] args) {
Console.WriteLine(″Array contains {0} elements:″, args.Length);
foreach (int i in args) Console.Write(″ {0}″, i);
Console.WriteLine();
}
public static void Main() {
int[] a = {1, 2, 3};
F(a);
F(10, 20, 30, 40);
F();
}
}
```

程序输出

```
Array contains 3 elements: 1 2 3
Array contains 4 elements: 10 20 30 40
Array contains 0 elements:
```

在上例中第一次调用 F 是简单地把数组 a 作为值参数传递，第二次调用把已给出数值

的数组传递给了 F，而在第三次调用中 F 创建了含有 0 个元素的整型数组作为参数传递。后两次调用完整的写法应该是

```
F(new int[] {10, 20, 30, 40});
F(new int[] {});
```

## 2.3.3　静态和非静态的方法

C# 的类定义中可以包含两种方法：静态的和非静态的。使用了 static 修饰符的方法为静态方法，反之则是非静态的。静态方法是一种特殊的成员方法，它不属于类的某一个具体的实例。非静态方法可以访问类中的任何成员，而静态方法只能访问类中的静态成员。看这个例子：

```
class A
{
int x;
static int y;
static int F() {
x = 1; // 错误，不允许访问
y = 2; // 正确，允许访问
}
```

在这个类定义中，静态方法 F() 可以访问类中静态成员 y，但不能访问非静态的成员 x，这是因为 x 作为非静态成员，在类的每个实例中都占有一个地址或者说具有一个副本。而静态方法是类所共享的，它无法判断出当前的 x 属于哪个类的实例，所以不知道应该到内存的哪个地址去读取当前 x 的值，而 y 是非静态成员，所有类的实例都公用一个副本，静态方法 F 使用它就不存在问题。

那么是不是静态方法就无法识别类的实例了呢？在 C# 中可以灵活地采用传递参数的办法。之前提到一个 Window 窗口程序的例子，这里再对这个例子进行一些改变：

程序清单 2-17：

```
using System;
class Window
{
public string m_caption; // 窗口的标题
public bool IsActive; // 窗口是否被激活
public handle m_handle; // 窗口的句柄
public static int m_total; // 当前打开的窗口数目
public handle Window(){
m_total++; // 窗口总数加 1
// 创建窗口的一些执行代码
return m_handle;// 窗口的返回值作为句柄
}
~Window(){
```

```
m_total--;// 窗口总数减 1
// 撤销窗口的一些执行代码
}
public static string GetWindowCaption(Window w)
{
return w.m_caption;
}
// 窗口的其他成员
}
```

分析一下上面例子中的代码，每个窗口都有窗口标题 m_caption、窗口句柄 m_handle，以及窗口激活状态 IsActive。三个非静态的数据成员，窗口句柄是 Windows 操作系统中保存窗口相关信息的一种数据结构，我们在这个例子中简化了对句柄的使用。

系统中打开的窗口总数为 m_total。作为一个静态成员，每个窗口调用构造函数创建时 m_total 的值加 1，窗口关闭或因为其他行为撤销时析构函数 m_total 的值减 1，窗口类的静态方法 GetWindowCaption(Window w) 通过参数 w 将对象传递给方法执行，这样它就可以通过具体的类的实例指明调用的对象，这时它可以访问具体实例中的成员，无论是静态成员还是非静态成员。

## 2.3.4 方法的重载

在前面的例子中，我们实际上已经看到了构造函数的重载。

程序清单 2-18：

```
using System;
class Vehicle// 定义汽车类
{
public int wheels; // 公有成员车轮个数
protected float weight; // 保护成员重量
public Vehicle(){;}
public Vehicle(int w,float g){
wheels = w;
weight = g;
}
public void Show(){
Console.WriteLine("the wheel of vehicle is:{0}",wheels);
Console.WriteLine("the weight of vehicle is:{0}",weight);
}
};
```

类的成员方法的重载也是类似的，类中两个以上的方法可以取相同的名字，只要使用的参数类型或者参数个数不同，编译器便知道在何种情况下，应该调用哪个方法，这就叫作方法的重载。

其实我们非常熟悉的 Console 类之所以能够实现对字符串进行格式化的功能，就是因为它定义了多个重载的成员方法：

```
public static void WriteLine();
public static void WriteLine(int);
public static void WriteLine(float);
public static void WriteLine(long);
public static void WriteLine(uint);
public static void WriteLine(char);
public static void WriteLine(bool);
public static void WriteLine(double);
public static void WriteLine(char[]);
public static void WriteLine(string);
public static void WriteLine(Object);
public static void WriteLine(ulong);
public static void WriteLine(string, Object[]);
public static void WriteLine(string, Object);
public static void WriteLine(char[], int, int);
public static void WriteLine(string, Object, Object);
public static void WriteLine(string, Object, Object, Object);
```

由于 C# 支持重载，可以给两个比较大小的方法取同一个名字 max，程序员在调用方法时，只需在其中带入实参，编译器就会根据实参类型来决定到底调用哪个重载方法。代码可以改写为

**程序清单 2-19：**

```
using System;
class Student// 定义学生类
{
public string s_name;
public int s_age;
public float s_weight;
public Student(string n,int a,float w){
s_name = n;
s_age = a;
s_weight =w;
}
public int max (int x,int y){
if(x>y) return x;
else return y;
}
public float max (float x, float y){
if(x>y) return x;
else return y;
}
```

```
}
class Test
{
public static void Main(){
Student s1 = new Student("Mike",21,70);
Student s2 = new Student("John",21,70);
if(s1.max (s1.s_age,s2.s_age)==s1.s_age)
Console.WriteLine("{0}'s age is bigger than {1}'s", s1.s_name,s2.s_name);
else
Console.WriteLine("{0}'s age is smaller than {1}'s", s1.s_name,s2.s_name);
if(s1.max (s1.s_weight,s2.s_weight)==s1.s_weight)
Console.WriteLine("{0}'s weight is bigger than {1}'s",
s1.s_name,s2.s_name);
else
Console.WriteLine("{0}'s weight is smaller than {1}'s", s1.s_name,s2.s_name);
}
}
```

## 2.3.5 操作符重载

### 2.3.5.1 问题的提出

在面向对象的程序设计中，自己定义一个类就等于创建了一个新类型。类的实例和变量一样可以作为参数传递，也可以作为返回类型。

我们知道对于两个整型变量使用算术操作符可以简便地进行算术运算：

```
class A
{
public int x;
public int y;
public int Plus{
return x+y;
}
}
```

再比如我们希望将属于不同类的两个实例的数据内容相加：

```
class B
{
public int x;
}
class Test
{
public int z;
```

```
public static void Main{
A a = new A();
B b = new B();
z = a.x + b.x;
}
}
```

使用 a.x+b.x 这种写法不够简洁，也不够直观，更为严重的问题是如果类的成员在声明时使用的不是 public 修饰符，这种访问就是非法的。

我们知道，在 C# 中所有数据要么属于某个类，要么属于某个类的实例，充分体现了面向对象的思想，因此为了表达上的方便，人们希望可以重新给已定义的操作符赋予新的含义，在特定的类的实例上进行新的解释，这就需要通过操作符重载来解决。

#### 2.3.5.2　使用成员方法重载操作符

C# 中操作符重载总是在类中进行声明，并且通过调用类的成员方法来实现操作符重载。声明的格式为

type operator operator-name (formal-param-list)

C# 中下列操作符都是可以重载的：

+, -, !, ~, ++, --, true, false

*, /, %, &, |, ^, <<, >>, ==, !=, >, <, >=, <=

但也有一些操作符是不允许进行重载的，如：

=, &&, ||, ?:, new, typeof, sizeof, is

1. **一元操作符重载**

顾名思义，一元操作符重载时，操作符只作用于一个对象，此时参数表为空，当前对象作为操作符的单操作数。

下面举一个角色类游戏中经常遇到的例子：扮演的角色具有内力、体力、经验值、剩余体力、剩余内力五个属性，每当经验值达到一定程度时，角色便会升级。我们使用重载操作符 ++ 来实现：

**程序清单 2-20：**

```
using System;
class Player
{
public int neili;
public int tili;
public int jingyan;
public int neili_r;
public int tili_r;
public Player()
{
neili = 10;
```

```
tili = 50;
jingyan = 0;
neili_r = 50;
tili_r = 50;
}
public static Player operator ++(Player p){
p.neili = p.neili + 50;
p.tili = p.tili + 100;
p.neili_r = p.neili;
p.tili_r = p.tili;

return p;
}
public void Show()
{
Console.WriteLine("Tili: {0}",tili);
Console.WriteLine("Jingyan: {0}",jingyan);
Console.WriteLine("Neili: {0}",neili);
Console.WriteLine("Tili_full: {0}",tili_r);
Console.WriteLine("Neili_full: {0}",neili_r);
}
}
class Test
{
public static void Main(){
Player man = new Player();
man.Show();
man++;
Console.WriteLine("Now upgrading...:");
man.Show();
}
}
```

**2. 二元操作符重载**

大多数情况下，我们使用二元操作符重载。这时参数表中有一个参数。当前对象作为该操作符的左操作数，参数作为操作符的右操作数。

下面给出二元操作符重载的一个简单例子，即笛卡儿坐标相加。

**程序清单 2-21：**

```
Using system;
class DKR
{
public int x,y,z;
```

```
public DKR(int vx,int vy,int vz){
x = vx;
y = vy;
z = vz;
}
public static DKR operator +(DKR d1,DKR d2)
{

DKR dkr = new DKR(0,0,0);
dkr.x = d1.x + d2.x;
dkr.y = d1.y + d2.y;
dkr.z = d1.z + d2.z;
return dkr;
}
}
class Test
{
public static void Main(){
DKR d1 = new DKR(3,2,1);
DKR d2 = new DKR(0,6,5);
DKR d3 = d1+d2;
Console.WriteLine("The 3d location of d3 is:{0},{1},{2}",d3.x,d3.y,d3.z);
}
}
```

试着编译运行该程序，看结果是否与预期的一致。

## 2.4　事件和索引指示器

事件为类和类的实例提供了向外界发送通知的能力，而索引指示器则可以像数组那样对对象进行索引访问。在 C 和 C++ 中没有事件和索引指示器的概念，它们是在 C# 中首次提出的。

### 2.4.1　事件

形象地说，事件（event）就是类或对象用来发出通知的成员，通过提供事件的句柄，客户能够把事件和可执行代码联系在一起。让我们一起先来看一个事件的例子，如果熟悉 MFC 的话理解这个例子应该不会很难。

程序清单 2-22：

```
public delegate void EventHandler(object sender, EventArgs e);
public class Button: Control
{
public event EventHandler Click;
```

```
protected void OnClick(EventArgs e) {
if (Click != null) Click(this, e);
}
public void Reset() {
Click = null;
}
}
```

在这个例子中，Click 是类 Button 的一个域，可以获得它的值并进行修改，OnClick 方法用于触发 Click 事件。

### 2.4.1.1 事件的声明

事件的声明格式：

```
attributes event-modifiers event type variable-declarators ;
attributes event-modifiers event type member-name
{ event-accessor-declarations }
```

事件的修饰符 event-modifier 可以是 new、public、protected、internal、private、static、virtual、sealed、override、abstract。

static、virtual、override 和 abstract 修饰符同一时刻只能出现在一个事件的声明中，可以包含事件访问说明或者依靠编译器自动提供一个访问器，它也可以省略事件访问说明，一次定义一个或多个事件。上面的例子中就省略了这个说明。

注意：使用了 abstract 修饰符的抽象事件必须省略事件访问说明，否则编译器会提示错误。

事件所声明的类型必须是一个代表（delegate）类型，代表类型应预先声明，如上例中的 public delegate void EventHandler。

### 2.4.1.2 事件的预订和撤销

在下面的例子中，声明了一个使用 Button 类的登录对话框类，对话框类含有两个按钮：OK 和 Cancel 按钮。

程序清单 2-23：

```
public class LoginDialog: Form
{
Button OkButton;
Button CancelButton;
public LoginDialog() {
OkButton = new Button(...);
OkButton.Click += new EventHandler(OkButtonClick);
CancelButton = new Button(...);
CancelButton.Click += new EventHandler(CancelButtonClick);
}
```

```
void OkButtonClick(object sender, EventArgs e) {
// 处理 OkButton.Click 事件
}
void CancelButtonClick(object sender, EventArgs e) {
// 处理 CancelButton.Click 事件
}
}
```

在例子中使用了 Button 类的两个实例，事件的预订是通过为事件加上左操作符 += 来实现的，即

```
OkButton.Click += new EventHandler(OkButtonClick);
```

这样只要事件被触发，方法就会被调用。事件的撤销则采用左操作符 -= 来实现，即

```
OkButton.Click -= new EventHandler(OkButtonClick);
```

如果在类中声明了事件，又希望像使用域那样使用事件，那么这个事件就不能是抽象的，也不能显式地包含事件。访问声明满足了这两个条件后，在任何可以使用域的场合都同样可以使用事件。

注意：对事件的触发相当于调用事件所表示的原型 delegate，所以对 delegate 型原型的调用必须先经过检查，确保 delegate 不是 null 型的。

#### 2.4.1.3　事件访问器

如 Button 的例子所示，大多数情况下，事件的声明都省略了事件访问。声明什么情况下使用事件访问声明呢？答案是如果每个事件的存储开销太大，就可以在类中包含事件访问声明，按私有成员的规则存放事件句柄列表。

访问器的声明包括添加访问器声明 add-accessor-declaration 和删除访问器声明 remove-accessor-declaration。访问器声明之后跟随相关执行代码的语句块，在添加访问器声明后的代码需要执行添加事件句柄的操作；在删除访问器声明后的代码需要执行删除事件句柄的操作。不管是哪种事件访问器，都对应相应的一个方法，这个方法只有一个事件类型的值参数并且返回值为 void。

在执行预订操作时，使用添加型访问器；在执行撤销操作时，使用删除型访问器。访问器中实际上还包含了一个名为 value 的隐藏参数，因而访问器在使用局部变量时不能再使用这个名字。

下面给出使用访问器的例子：

程序清单 2-24：

```
class Control: Component
{
// Unique keys for events
static readonly object mouseDownEventKey = new object();
static readonly object mouseUpEventKey = new object();
// Return event handler associated with key
protected Delegate GetEventHandler(object key) {...}
// Add event handler associated with key
```

```
protected void AddEventHandler(object key, Delegate handler) {...}
// Remove event handler associated with key
protected void RemoveEventHandler(object key, Delegate handler) {...}
// MouseDown event
public event MouseEventHandler MouseDown {
add { AddEventHandler(mouseDownEventKey, value); }
remove { AddEventHandler(mouseDownEventKey, value); }
}
// MouseUp event
public event MouseEventHandler MouseUp {
add { AddEventHandler(mouseUpEventKey, value); }
remove { AddEventHandler(mouseUpEventKey, value); }
}
}
```

#### 2.4.1.4 静态事件

和域方法等一样，在声明中使用了修饰符的事件称为静态事件。静态事件不与具体的实例相关联，因此不能在静态事件的访问器中引用 this 关键字，此外在静态事件声明时又加上 virtual、abstract 或 override 修饰符也都是不合法的，而对于非静态的事件可以在事件的访问器中使用 this 来指代类的实例。

### 2.4.2 索引指示器

索引指示器 indexer 使得可以像数组那样对对象使用下标，它提供了通过索引方式方便地访问类的数据信息的方法。

1. **声明**

索引指示器的声明格式：

```
attributes indexer-modifiers indexer-declarator { accessordeclarations
}
```

索引指示器可以使用的修饰符 indexer-modifier 有 new、public、protected、internal、private、virtual、sealed、override、abstract。

一对大括号 {} 之间是索引指示器的访问声明，使用 get 关键字和 set 关键字定义了对被索引的元素的读写权限。

例如，下面的例子用于打印出小组人员的名单：

**程序清单 2-25：**

```
using System
class Team
{
string s_name = new string[8];
public string this[int nIndex]
```

```
{
get{
return s_name[nIndex];
}
set{
s_name[nIndex] = value;
}
}
}
class Test
{
public static void Main(){
Team t1 = new Team();
for(int i=0; i<6 ;i++)
Console.WriteLine(t1[i]);
}
}
```

在许多情况下，某些数据信息应该是属于类或类的实例所私有的，需要限制对这些信息的访问，而有时又不希望这类数据对外界完全封闭，和属性一样，索引指示器为我们提供了控制访问权限的另一种办法。

2. **实例**

本实例给出运用索引指示器的一个简单例子，例子是一个网络应用程序，根据域名解析 IP 地址：

**程序清单 2-26：**

```
using System;
using System.Net;
class ResolveDNS
{
IPAddress[] m_arrayIPs;
Public void Resolve(string s_host){
IPHostEntry ip = DNS.GetHostByName(s_host);
m_arrayIPs = ip.AddressList;
}
public IPAddress this[int nIndex]{
get{
return m_arrayIPs[nIndex];
}
}
public int IPLength{
get{
return m_arrayIPs.Length;
}
```

```
}
}
class TestApp
{
public static void Main()
{
ResolveDNS resolver1 = new ResolveDNS();
resolver1.Resolve(www.sohu.com);
int n = resolver1.IPLength;
Console.WriteLine("Get the IP Address of the host");
Console.WriteLine();
for(int i=0;i<n;i++)
Console.WriteLine(resolver1[i]);
}
}
```

程序的几点说明：

1）使用 System.Net 名字空间中的 DNS 类可以解析主机名，DNS 类中提供了一个静态方法 GetHostByName，这个方法返回一个 IPHostEntry 的对象，这个对象中含有 IP 地址列表。在编译该程序时，必须在编译器中声明包含 System.Net 名字空间：

```
csc/r: System.Net.dll /out: resolver.exe resolver.cs
```

2）有关 csc 的编译参数可以使用 csc/? 来浏览。

## 2.5 继承

为了提高软件模块的可复用性和可扩充性，以便提高软件的开发效率，我们总是希望不仅能够利用前人或自己以前的开发成果，而且希望在自己的开发过程中能够有足够的灵活性，不拘泥于复用的模块。今天任何面向对象的程序设计语言都必须提供两个重要的特性：继承性（inheritance）和多态性（polymorphism）。

如果所有的类都处在同一级别上，这种没有相互关系的平坦结构就会限制系统面向对象的特性。继承的引入就是在类之间建立一种相交关系，使得新定义的派生类的实例可以继承已有的基类的特征和能力，而且可以加入新的特性或者修改已有的特性建立起类的层次。

同一操作作用于不同的对象可以有不同的解释，产生不同的执行结果，这就是多态性。多态性通过派生类重载基类中的虚函数型方法来实现。

### 2.5.1 C# 的继承机制

#### 2.5.1.1 概述

现实世界中的许多实体之间不是相互孤立的，它们往往具有共同的特征，也存在内在的差别，人们可以采用层次结构来描述这些实体之间的相似之处和不同之处。

为了用软件语言对现实世界中的层次结构进行模型化，面向对象的程序设计技术引入了继承的概念：一个类从另一个类派生出来时，派生类从基类那里继承特性，派生类也可以作为其他类的基类从一个基类派生出来。多层类形成了类的层次结构。注意：C# 中派生类只能从一个类中继承，这是因为在 C++ 中，人们在大多数情况下不需要一个从多个类中派生的类，从多个基类中派生一个类往往会带来许多问题，从而抵消了这种灵活性带来的优势。

C# 中派生类从它的直接基类中继承成员、方法、域、属性、事件、索引指示器，除了构造函数和析构函数，派生类隐式地继承了直接基类的所有成员。

**程序清单 2-27：**

```
using System;
class Vehicle // 定义汽车类
{
int wheels; // 公有成员车轮个数
protected float weight; // 保护成员重量
public Vehicle(){;}
public Vehicle(int w,float g){
wheels = w;
weight = g;
}
public void Speak(){
Console.WriteLine("the w vehicle is speaking!");
}
};
class Car:Vehicle // 定义轿车类从汽车类中继承
{
int passengers; // 私有成员乘客数
public Car(int w,float g,int p) : base(w,g)
{
wheels = w;
weight = g;
passengers = p;
}
}
```

Vehicle 作为基类，体现了汽车这个实体具有的公共性质：汽车都有车轮和重量。Car 类继承了 Vehicle 的这些性质，并且添加了自身的特性：可以搭载乘客。C# 中的继承符合下列规则：

1）继承是可传递的，如果 C 从 B 中派生，B 又从 A 中派生，那么 C 不仅继承了 B 中声明的成员，同样也继承了 A 中的成员。Object 类作为所有类的基类。

2）派生类应当是对基类的扩展，派生类可以添加新的成员但不能除去已经继承的成员的定义。

3）构造函数和析构函数不能被继承，除此以外的其他成员不论对它们定义了怎样的访问方式，都能被继承。基类中成员的访问方式只能决定派生类能否访问它们。

4）派生类如果定义了与继承而来的成员同名的新成员，就可以覆盖已继承的成员，但这并不意味着派生类删除了这些成员，只是不能再访问这些成员。

5）类可以定义虚方法、虚属性以及虚索引指示器，它的派生类能够重载这些成员，因此类可以展示出多态性。

### 2.5.1.2 覆盖

我们上面提到类的成员，声明中可以声明与继承而来的成员同名的成员，这时称派生类的成员覆盖了基类的成员，这种情况下编译器不会报告错误，但会给出一个警告。对派生类的成员使用 new 关键字，可以关闭这个警告。前面汽车类的例子中，类 Car 继承了 Vehicle 的 Speak 方法，可以给 Car 类也声明一个 Speak 方法，覆盖 Vehicle 中的 Speak，见下面的代码：

程序清单 2-28：

```
using System;
class Vehicle// 定义汽车类
{
public int wheels; // 公有成员车轮个数
protected float weight; // 保护成员重量
public Vehicle(){;};
public Vehicle(int w,float g){
wheels = w;
weight = g;
}
public void Speak(){
Console.WriteLine("the w vehicle is speaking!");
}
}
class Car:Vehicle // 定义轿车类
{
int passengers; // 私有成员乘客数
public Car(int w,float g,int p)
wheels = w;
weight = g;
passengers = p;
}
new public void Speak(){
Console.WriteLine("Di-di!");
}
}
```

注意：如果在成员声明中加上了 new 关键字修饰，而该成员事实上并没有覆盖继承的成员，编译器将会给出警告。在一个成员声明同时使用 new 和 override，则编译器会报告错误。

#### 2.5.1.3 base 保留字

base 关键字主要是为派生类调用基类成员提供一个简写的方法。我们先看一个例子，程序代码如下：

```
class A
{
public void F(){
//F 的具体执行代码
}
public int this[int nIndex]{
get{};
set{};
}
}
class B
{
public void G(){
int x = base[0];
base.F();
}
}
```

类 B 从类 A 中继承 B 的方法，G 中调用了 A 的方法、F 和索引指示器方法。F 在进行编译时等价于

```
public void G(){
int x = (A this )[0];
(A this ).F();
}
```

使用 base 关键字对基类成员的访问格式为

```
base . identifier
base [ expression-list ]
```

### 2.5.2 多态性

在面向对象的系统中，多态性是一个非常重要的概念，它允许客户对一个对象进行操作，由对象来完成一系列的动作，具体实现哪个动作、如何实现由系统负责解释。

#### 2.5.2.1 C# 中的多态性

多态性一词最早用于生物学，指同一种族的生物体具有相同的特性。在 C# 中多态性的

定义是：同一操作作用于不同的类的实例，不同的类将进行不同的解释，最后产生不同的执行结果。C# 支持两种类型的多态性：

1. **编译时的多态性**

编译时的多态性是通过重载来实现的，我们在 2.3 节中介绍了方法的重载和操作符重载，它们都实现了编译时的多态性。对于非虚的成员来说，系统在编译时根据传递的参数、返回的类型等信息决定实现何种操作。

2. **运行时的多态性**

运行时的多态性就是指直到系统运行时才根据实际情况决定实现何种操作，C# 中运行时的多态性通过虚成员实现。编译时的多态性具有运行速度快的特点，而运行时的多态性则具有高度灵活和抽象的特点。

### 2.5.2.2 虚方法

类中的方法声明前加上 virtual 修饰符称为虚方法，反之称为非虚方法。使用了 virtual 修饰符后不允许再有 static、abstract 或 override 修饰符。对于非虚的方法，无论被其所在类的实例调用还是被这个类的派生类的实例调用，方法的执行方式不变；而对于虚方法，它的执行方式可以被派生类改变。这种改变是通过方法的重载来实现的。下面的例子说明了虚方法与非虚方法的区别。

**程序清单 2-29：**

```
using System;
class A
{
public void F() { Console.WriteLine("A.F"); }
public virtual void G() { Console.WriteLine("A.G"); }
}
class B: A
{
new public void F() { Console.WriteLine("B.F"); }
public override void G() { Console.WriteLine("B.G"); }
}
class Test
{
static void Main() {
B b = new B();
A a = b;
a.F();
b.F();
a.G();
b.G();
```

```
}
}
```

例子中类 A 提供了两个方法：非虚方法 F 和虚方法 G。类 B 则提供了一个新的非虚方法 F，从而覆盖了继承的类 F，B 同时还重载了继承的方法 G，那么输出应该是

```
A.F
B.F
B.G
B.G
```

注意到本例中方法 a.G() 实际调用了 B.G 而不是 A.G，这是因为编译时值为 A 但运行时值为 B，所以 B 完成了对方法的实际调用。

### 2.5.2.3 在派生类中对虚方法进行重载

先让我们回顾一下普通的方法重载。普通的方法重载指的是类中两个以上的方法（包括隐藏的继承而来的方法）取的名字相同，只要使用的参数类型或者参数个数不同，编译器便知道在何种情况下应该调用哪个方法。而对基类虚方法的重载是函数重载的另一种特殊形式，在派生类中重新定义此虚函数时，要求方法名称、返回值类型、参数表中的参数个数、类型顺序都必须与基类中的虚函数完全一致，在派生类中声明对虚方法的重载要求在声明中加上 override 关键字，而且不能有 new、static 或 virtual 修饰符。

还是用汽车类的例子来说明多态性的实现：

```
using System;
class Vehicle// 定义汽车类
{
public int wheels; // 公有成员车轮个数
protected float weight; // 保护成员重量
public Vehicle(int w,float g){
wheels = w;
weight = g;
}
public virtual void Speak(){
Console.WriteLine("The vehicle is speaking!");
}
};
class Car:Vehicle // 定义轿车类
{
int passengers; // 私有成员乘客数
public Car(int w,float g,int p) : base(w,g)
{
wheels = w;
weight = g;
passengers = p;
```

```
}
public override void Speak(){
Console.WriteLine("The car is speaking:Di-di!");
}
}
class Truck:Vehicle // 定义卡车类
{
int passengers; // 私有成员乘客数
float load; // 私有成员载重量
public Truck (int w,float g,int p, float l) : base(w,g)
{
wheels = w;
weight = g;
passengers = p;
load = l;
}
public override void Speak(){
Console.WriteLine("The truck is speaking:Ba-ba!");
}
}
class Test
{
public static void Main(){
Vehicle v1 = new Vehicle();
Car c1 = new Car(4,2,5);
Truck t1 = new Truck(6,5,3,10);
v1.Speak();
v1 = c1;
v1.Speak();
c1.Speak();
v1 = t1;
v1.Speak();
t1.Speak();
}
}
```

分析上面的例子看到：

1）Vehicle 类中的 Speak 方法被声明为虚方法，那么在派生类中就可以重新定义此方法。

2）在派生类 Car 和 Truck 中，分别重载了 Speak 方法，派生类中的方法原型和基类中的方法原型必须完全一致。

3）在 Test 类中创建了 Vehicle 类的实例 v1，并且先后指向 Car 类的实例 c1 和 Truck 类的实例 t1。

运行该程序结果应该是

```
The vehicle is speaking!
The car is speaking:Di-di!
The car is speaking:Di-di!
The truck is speaking:Ba-ba!
The truck is speaking:Ba-ba!
```

这里 Vehicle 类的实例 v1 先后被赋予 Car 类的实例 c1 以及 Truck 类的实例 t1 的值，在执行过程中 v1 先后指代不同的类的实例，从而调用不同的版本。这里 v1 的 Speak 方法实现了多态性，并且 v1.Speak 究竟执行哪个版本不是在程序编译时确定的，而是在程序的动态运行时根据 v1 某一时刻的指代类型来确定的，所以还体现了动态的多态性。

## 2.5.3　抽象与密封

### 2.5.3.1　抽象类

有时候基类并不与具体的事物相联系，而是只表达一种抽象的概念，用以为它的派生类提供一个公共的界面，为此 C# 中引入了抽象类（abstract class）的概念。注意 C++ 程序员在这里最容易犯错误，C++ 中没有对抽象类进行直接声明的方法，而认为只要在类中定义了纯虚函数，这个类就是一个抽象类。纯虚函数的概念比较晦涩，直观上不容易为人们接受和掌握，因此 C# 抛弃了这一概念。

抽象类使用 abstract 修饰符，对抽象类的使用有以下几点规定：

1）抽象类只能作为其他类的基类，它不能直接被实例化，而且对抽象类不能使用 new 操作符。抽象类如果含有抽象的变量或值，则它们要么是 null 类型，要么包含了对非抽象类的实例的引用。

2）抽象类允许包含抽象成员，虽然这不是必需的。

3）抽象类不能同时又是密封的。

如果一个非抽象类从抽象类中派生，则其必须通过重载来实现所有继承而来的抽象成员，请看下面的示例：

```
abstract class A
{
public abstract void F();
}
abstract class B: A
{
public void G() {}
}
class C: B
{
public override void F() {
// F 的具体实现代码
```

```
}
}
```

抽象类 A 提供了一个抽象方法 F，类 B 从抽象类 A 中继承并且又提供了一个方法 G，因为 B 中并没有包含对 F 的实现，所以 B 也必须是抽象类，类 C 从类 B 中继承并重载了抽象方法 F，并且提供了对 F 的具体实现，则类 C 允许是非抽象的。

让我们继续研究汽车类的例子。我们从交通工具这个角度来理解 Vehicle 类的话，它应该表达一种抽象的概念。我们可以把它定义为抽象类：由轿车类 Car 和卡车类 Truck 来继承这个抽象类，它们作为可以实例化的类。

**程序清单 2-30：**

```
using System;
abstract class Vehicle // 定义汽车类
{
public int wheels; // 公有成员车轮个数
protected float weight; // 保护成员重量
public Vehicle(int w,float g){
wheels = w;
weight = g;
}
public virtual void Speak(){
Console.WriteLine("the w vehicle is speaking!");
}
};
class Car:Vehicle // 定义轿车类
{
int passengers; // 私有成员乘客数
public Car(int w,float g,int p) : base(w,g)
{
wheels = w;
weight = g;
passengers = p;
}
public override void Speak(){
Console.WriteLine("The car is speaking:Di-di!");
}
}
class Truck:Vehicle // 定义卡车类
{
int passengers; // 私有成员乘客数
float load; // 私有成员载重量
public Truck (int w,float g,int p float l) : base(w,g)
{
```

```
wheels = w;
weight = g;

passengers = p;
load = l;
}
public override void Speak(){
Console.WriteLine("The truck is speaking:Ba-ba!");
}
}
```

### 2.5.3.2　抽象方法

由于抽象类本身表达的是抽象的概念，因此类中的许多方法并不一定要有具体的实现，而只是留出一个接口来作为派生类重载的界面。举一个简单的例子：图形这个类是抽象的，它的成员方法计算图形面积也就没有实际的意义，面积只对图形的派生类，比如圆、三角形这些非抽象的概念才有效，那么就可以把基类图形的成员方法计算面积声明为抽象的，具体的实现交给派生类通过重载来实现。一个方法声明中如果加上 abstract 修饰符，称该方法为抽象方法（abstract method）。

如果一个方法被声明是抽象的，那么该方法默认也是一个虚方法。事实上抽象方法是一个新的虚方法，它不提供具体的方法实现代码。我们知道非虚的派生类要求通过重载为继承的虚方法提供自己的实现，而抽象方法则不包含具体的实现内容，所以方法声明的执行体中只有一个分号，只能在抽象类中声明抽象方法，对抽象方法不能再使用 static 或 virtual 修饰符，而且方法不能有任何可执行代码，哪怕只是一对大括号中间加一个分号都不允许出现，只需要给出方法的原型就可以了。

交通工具的鸣笛这个方法实际上是没有什么意义的，接下来利用抽象方法的概念继续改写汽车类的例子：

程序清单 2-31：

```
using System;
abstract class Vehicle // 定义汽车类
{
public int wheels; // 公有成员车轮个数
protected float weight; // 保护成员重量
public Vehicle(int w,float g){
wheels = w;
weight = g;
}
public abstract void Speak();
};
```

```
class Car:Vehicle // 定义轿车类
{
int passengers; // 私有成员乘客数
public Car(int w,float g,int p) : base(w,g)
{
wheels = w;
weight = g;
passengers = p;
}
public override void Speak(){
Console.WriteLine("The car is speaking:Di-di!");
}
}
class Truck:Vehicle // 定义卡车类
{
int passengers; // 私有成员乘客数
float load; // 私有成员载重量
public Truck (int w,float g,int p float l) : base(w,g)
{
wheels = w;
weight = g;
passengers = p;
load = l;
}
public override void Speak(){
Console.WriteLine("The truck is speaking:Ba-ba!");
}
}
```

还要注意抽象方法在派生类中不能使用 base 关键字来进行访问，例如下面的代码在编译时会发生错误：

```
class A
{
public abstract void F();
}
class B: A
{
public override void F() {
base.F(); // 错误，base.F 是抽象方法
}
}
```

还可以利用抽象方法来重载基类的虚方法，这时基类中虚方法的执行代码被拦截了，下面的例子说明了这一点：

```
class A
{
public virtual void F() {
Console.WriteLine("A.F");
}
}
abstract class B: A
{
public abstract override void F();
}
class C: B
{
public override void F() {
Console.WriteLine("C.F");
}
}
```

类 A 声明了一个虚方法 F，派生类 B 使用抽象方法重载了 F，这样 B 的派生类 C 就可以重载 F 并提供自己的实现。

### 2.5.3.3　密封类

想想看，如果所有的类都可以被继承，继承的滥用会带来什么后果？类的层次结构体系将变得十分庞大，类之间的关系杂乱无章，对类的理解和使用都会变得十分困难。有时我们并不希望自己编写的类被继承，另一些时候有的类已经没有再被继承的必要。C# 提出了一个密封类（sealed class）的概念帮助开发人员来解决这一问题。

密封类在声明中使用 sealed 修饰符，这样就可以防止该类被其他类继承。如果试图将一个密封类作为其他类的基类，C# 将提示出错。密封类不能同时又是抽象类，因为抽象类总是希望被继承的。在哪些场合下使用密封类呢？密封类可以阻止其他程序员在无意中继承该类，而且密封类可以起到运行时优化的效果，实际上密封类中不可能有派生类，如果密封类实例中存在虚成员函数，该成员函数可以转化为非虚的函数，修饰符 virtual 不再生效。

让我们看下面的例子：

```
abstract class A
{
public abstract void F();
}
sealed class B: A
{
public override void F() {
// F 的具体实现代码
}
}
```

如果我们尝试写下面的代码：

```
class C: B{ }
```

C# 会指出这个错误，告诉你 B 是一个密封类，不能试图从 B 中派生任何类。

#### 2.5.3.4 密封方法

我们已经知道使用密封类可以防止对类的继承，C# 还提出了密封方法（sealed method）的概念，以防止在方法所在类的派生类中对该方法的重载。对方法可以使用 sealed 修饰符，这时称该方法是一个密封方法。不是类的每个成员方法都可以作为密封方法，密封方法必须对基类的虚方法进行重载提供具体的实现方法，所以在方法的声明中，sealed 修饰符总是和 override 修饰符同时使用，请看下面的例子代码：

```
using System;
class A
{
public virtual void F() {
Console.WriteLine("A.F");
}
public virtual void G() {
Console.WriteLine("A.G");
}
}
class B: A
{
sealed override public void F() {
Console.WriteLine("B.F");
}

override public void G() {
Console.WriteLine("B.G");
}
}
class C: B
{
override public void G() {
Console.WriteLine("C.G");
}
}
```

类 B 对基类 A 中的两个虚方法均进行了重载，其中 F 方法使用了 sealed 修饰符，成为一个密封方法，G 方法不是密封方法，所以在 B 的派生类 C 中可以重载方法 G，但不能重载方法 F。

### 2.5.4 继承中关于属性的一些问题

和类的成员方法一样，也可以定义属性的重载、虚属性、抽象属性以及密封属性的概念。

与类和方法一样，属性的修饰也应符合下列规则：

1. **属性的重载**

1）在派生类中使用修饰符的属性表示对基类中的同名属性进行重载。

2）在重载的声明中，属性的名称类型访问修饰符都应该与基类中被继承的属性一致。

3）如果基类的属性只有一个属性访问器，重载后的属性也应只有一个，但如果基类的属性同时包含 get 和 set 属性访问器，重载后的属性可以只有一个也可以同时有两个属性访问器。

注意：与方法重载不同的是，属性的重载声明实际上并没有声明新的属性，而只是为已有的虚属性提供访问器的具体实现。

2. **虚属性**

1）使用 virtual 修饰符声明的属性为虚属性。

2）虚属性的访问器包括 get 访问器和 set 访问器，同样也是虚的抽象属性。

3）使用 abstract 修饰符声明的属性为抽象属性。

4）抽象属性的访问器也是虚的，而且没有提供访问器的具体实现，这就要求在非虚的派生类中由派生类自己通过重载属性来提供对访问器的具体实现。

5）同时使用 abstract 和 override 修饰符不但表示属性是抽象的，而且它重载了基类中的虚属性，这时属性的访问器也是抽象的。

6）抽象属性只允许在抽象类中声明。

7）除了同时使用 abstract 和 override 修饰符这种情况之外，static、virtual、override 和 abstract 修饰符中任意两个不能再同时出现密封属性。

8）使用 sealed 修饰符声明的属性为密封属性，类的密封属性不允许在派生类中被继承，密封属性的访问器同样也是密封的。

9）属性声明时如果有 sealed 修饰符，同时也必须要有 override 修饰符。

从上面可以看出：属性的这些规则与方法十分类似，对于属性的访问器可以把 get 访问器看成是一个与属性修饰符相同，没有参数返回值为属性的值类型的方法把 set 访问器看成是一个与属性修饰符相同仅含有一个 value 参数返回类型为 void 的方法。下面这个例子可以说明属性在继承中的一些问题：

**程序清单 2-32：**

```
using System;
public enum sex
{
woman,
man,
};
abstract public class People
{
private string s_name;
public virtual string Name{
get {
```

```
return s_name;
}
}
private sex m_sex;
public virtual sex Sex{
get {
return m_sex;
}
protected string s_card;
public abstract string Card
{
get; set;
}
}
```

上面的例子中声明了人这个类，人的姓名 Name 和性别 Sex 是两个只读的虚属性，身份证号 Card 是一个抽象属性，允许读写。因为类 People 中包含了抽象属性 Card，所以 People 必须声明是抽象的。下面为住宿的客人编写一个类，类从 People 中继承。

**程序清单 2-33：**

```
class Customer: People
{
string s_no;
int i_day;
public string No{
get {
return s_no;
}
set {
if (s_no != value) {
s_no = value;
}
}
}
public int Day{
get {
return i_day;
}
set {
if (i_day != value) {
i_day = value;
}
}
}
public override string Name {
```

```
get { return base.Name; }
}
public override sex Sex {
get { return base.Sex; }
}

public override string Card {
get {
return s_ card;
}
set {
s_ card = value;
}
}
}
```

在类 Customer 中，属性 Name、Sex 和 Card 的声明都加上了 override 修饰符，属性的声明都与基类 People 中保持一致，Name 和 Sex 的 get 访问器、Card 的 get 和 set 访问器都使用了 base 关键字来访问基类 People 中的访问器，属性 Card 的声明重载了基类 People 中的抽象访问器，这样在 Customer 类中没有抽象成员的存在，Customer 可以是非虚的。

# 第3章

# 委 托

在 PEVR 的脚本框架里大量采用委托和事件机制，一个成熟的 Unity3D 开发人员应该能够熟练掌握委托和事件的用法，因此将委托和事件作为专门的一章来讲解。

## 3.1 观察者模式

在设计模式中，有一种我们常常会用到的设计模式——观察者模式。那么这种设计模式和我们的主题“如何在 PEVR 中使用委托”有什么关系呢？别急，先让我们来聊一聊什么是观察者模式。

首先让我们来看看报纸和杂志的订阅是怎么一回事：

1）报社的任务便是出版报纸。

2）向某家报社订阅他们的报纸，只要他们有新的报纸出版便会向你发放。也就是说，只要你是他们的订阅客户，便可以一直收到新的报纸。

3）如果不再需要这份报纸，则可以取消订阅。取消之后，报社便不会再送新的报纸过来。

4）报社和订阅者是两个不同的主体，只要报社还一直存在，不同的订阅者便可以来订阅或取消订阅。

如果各位读者能看明白我上面所说的报纸和杂志是如何订阅的，那么也就了解了观察者模式到底是怎么一回事。除了名称不大一样，在观察者模式中，报社或者说出版者被称为“主题”（Subject），而订阅者则被称为“观察者”（Observer）。将上面的报社和订阅者的关系移植到观察者模式中，就变成了如下这样：主题（Subject）对象管理某些数据，当主题内的数据改变时，便会通知已经订阅（注册）的观察者，而已经注册主题的观察者此时便会收到主题数据改变的通知并更新，而没有注册的对象则不会被通知。

当我们试图去勾勒观察者模式时，可以使用报纸订阅服务，或者出版者和订阅者来比拟。而在实际的开发中，观察者模式被定义成了如下这样：

观察者模式：定义了对象之间的一对多依赖，这样一来，当一个对象改变状态时，它的所有依赖者都会收到通知并自动更新。

介绍了这么多观察者模式，是不是也该说一说委托了呢？是的，C# 语言通过委托来实现回调函数的机制，而回调函数是一种很有用的编程机制，可以被广泛用在观察者模式中。

## 3.2 委托示例

C#中提供的回调函数的机制便是委托——一种类型安全的机制。为了直观地了解委托，我们先来看一段代码：

```
using UnityEngine;
using System.Collections;
public class DelegateScript : MonoBehaviour
{       //声明一个委托类型，它的实例引用一个方法
    internal delegate void MyDelegate(int num);
    MyDelegate myDelegate;
    void Start ()
    {
            myDelegate = PrintNum;
            myDelegate(50);
            //委托类型MyDelegate的实例myDelegate引用的方法
            //DoubleNum
            myDelegate = DoubleNum;
            myDelegate(50);
    }
        void PrintNum(int num)
    {
         Debug.Log ("Print Num: " + num);
    }
    void DoubleNum(int num)
    {
         Debug.Log ("Double Num: " + num * 2);
    }
}
```

下面我们来看看这段代码的功能。在最开始，我们可以看到internal委托类型MyDelegate的声明。委托要确定一个回调方法签名，包括参数以及返回类型等，在本例中MyDelegate委托制定的回调方法的参数类型是int，返回类型为void。 DelegateScript类还定义了两个私有方法PrintNum和DoubleNum，它们分别实现了打印传入的参数和打印传入的参数的两倍的功能。在Start方法中，MyDelegate类的实例myDelegate分别引用了这两个方法，并且分别调用了这两个方法。

在为委托实例引用方法时，C#允许引用类型的协变性和逆变性。协变性是指方法的返回类型可以是从委托的返回类型派生的一个派生类，也就是说协变性描述的是委托返回类型。逆变性则是指方法获取的参数类型可以是委托的参数类型的基类，换言之逆变性描述的是委托的参数类型。

例如，我们的项目中存在的基础单位类（BaseUnitClass）、士兵类（SoldierClass）以及英雄类（HeroClass），其中基础单位类BaseUnitClass作为基类派生出了士兵类SoldierClass

和英雄类 HeroClass，那么我们可以定义一个委托，就像下面这样：

```
delegate Object TellMeYourName(SoldierClass soldier);
```

我们完全可以通过构造一个该委托类型的实例来引用具有以下原型的方法：

```
string TellMeYourNameMethod(BaseUnitClass base);
```

在这个例子中，TellMeYourNameMethod 方法的参数类型是 BaseUnitClass，它是 TellMeYourName 委托的参数类型 SoldierClass 的基类，这种参数的逆变性是允许的；而 TellMeYourNameMethod 方法的返回值类型为 string，是派生自 TellMeYourName 委托的返回值类型 Object 的，因而这种返回类型的协变性也是允许的。但是有一点需要指出，协变性和逆变性仅仅支持引用类型，所以如果是值类型或 void 则不支持。下面我们接着举一个例子，如果将 TellMeYourNameMethod 方法的返回类型改为值类型 int，如下：

```
int TellMeYourNameMethod(BaseUnitClass base);
```

这个方法除了返回类型从 string（引用类型）变成了 int（值类型）之外，什么都没有改变，但是如果要将这个方法绑定到上述的委托实例上，编译器会报错。虽然 int 型和 string 型一样，都派生自 Object 类，但是 int 型是值类型，因而是不支持协变性的。这一点，各位读者在实际的开发中一定要注意。

到此我们应该对委托有了一个初步的直观印象。在本节中我带领大家直观地认识了委托如何在代码中使用，通过 C# 引入的方法组转换机制为委托实例引用合适的方法，以及委托的协变性和逆变性。接下来让我们更进一步地探索委托。

## 3.3 委托的实现

让我们重新定义一个委托并创建它的实例，之后再为该实例绑定一个方法并调用它。

```
internal delegate void MyDelegate(int number);
MyDelegate myDelegate = new MyDelegate(myMethod1);
myDelegate = myMethod2;
myDelegate(10);
```

从表面上看，委托似乎十分简单，让我们拆分一下这段代码：用 C# 中的 delegate 关键字定义了一个委托类型 MyDelegate；使用 new 操作符来构造一个 MyDelegate 委托的实例 myDelegate，通过构造函数创建的委托实例 myDelegate 此时所引用的方法是 myMethod1，之后我们通过方法组转换为 myDelegate 绑定另一个对应的方法 myMethod2；最后，用调用方法的语法来调用回调函数。看上去一切都十分简单，但实际情况是这样吗？

事实上编译器和 Mono 运行时在幕后做了大量的工作来隐藏委托机制实现的复杂性。那么本节就要来揭开委托到底是如何实现的这个谜题。

下面让我们把目光重新聚焦在刚刚定义委托类型的那行代码上：

```
internal delegate void MyDelegate(int number);
```

让我们使用 Refactor 反编译 C# 程序，可以看到如下的结果：

```
⊞ Derived Types
⊟ MyDelegate
    ⊞ Base Types
      .ctor(Object, IntPtr)
      BeginInvoke(Int32, AsyncCallback, Object) : IAsyncRe
      EndInvoke(IAsyncResult) : Void
      Invoke(Int32) : Void
```

可以看到，编译器实际上为我们定义了一个完整的类 MyDelegate：

```
internal class MyDelegate : System.MulticastDelegate
{       [MethodImpl(0, MethodCodeType=MethodCodeType.Runtime)]
        public MyDelegate(object @object, IntPtr method);
        //Invoke 这个方法的原型和源代码指定的一样
        [MethodImpl(0, MethodCodeType=MethodCodeType.Runtime)]
        public virtual void Invoke(int number);
    // 以下的两个方法实现对绑定的回调函数的一步回调
      [MethodImpl(0, MethodCodeType=MethodCodeType.Runtime)]
   public virtual IAsyncResult BeginInvoke(int number, AsyncCallback callback, object @object);
      [MethodImpl(0, MethodCodeType=MethodCodeType.Runtime)]
      public virtual void EndInvoke(IAsyncResult result);
}
```

可以看到，编译器为我们的 MyDelegate 类定义了 4 个方法：一个构造器、Invoke、BeginInvoke 以及 EndInvoke。而 MyDelegate 类本身又派生自基础类库中定义的 System.MulticastDelegate 类型，所以这里需要说明的一点是所有的委托类型都派生自 System.MulticastDelegate。但是各位读者可能也会了解到在 C# 的基础类库中还定义了另外一个委托类 System.Delegate，甚至 System.MulticastDelegate 也是从 System.Delegate 派生而来，而 System.Delegate 则继承自 System.Object 类。那么为何会有两个委托类呢？这其实是 C# 开发者的遗留问题，虽然所有我们自己创建的委托类型都继承自 MulticastDelegate 类，但是仍然会有一些 Delegate 类的方法会被用到。最典型的例子便是 Delegate 类的两个静态方法 Combine 和 Remove，而这两个方法的参数都是 Delegate 类型的。

```
public static Delegate Combine(
        Delegate a,
        Delegate b
)
public static Delegate Remove(
        Delegate source,
        Delegate value
)
```

由于我们定义的委托类派生自 MulticastDelegate 而 MulticastDelegate 又派生自 Delegate，因而我们定义的委托类型可以作为这两个方法的参数。

再回到我们的 MyDelegate 委托类。由于委托是类，因而凡是能够定义类的地方，都可以定义委托，所以委托类既可以在全局范围中定义，也可以嵌套在一个类型中定义。同样，委托类也有访问修饰符，可以通过指定委托类的访问修饰符如 private、internal、public 等来限定访问权限。

由于所有的委托类型都继承于 MulticastDelegate 类，因而它们也继承了 MulticastDelegate 类的字段、属性以及方法。

需要注意的一点是，所有的委托都有一个获取两个参数的构造方法，这两个参数分别是对对象的引用以及一个 IntPtr 类型的用来引用回调函数的句柄（IntPtr 类型被设计成整数，其大小适用于特定平台。也就是说，此类型的实例在 32 位硬件和操作系统中将是 32 位，在 64 位硬件和操作系统上将是 64 位。IntPtr 对象常可用于保持句柄。例如，IntPtr 的实例广泛地用在 System.IO.FileStream 类中来保持文件句柄）。代码如下：

```
public MyDelegate(object @object, IntPtr method);
```

但是我们回去看一看我们构造委托类型新实例的代码：

```
MyDelegate myDelegate = new MyDelegate(myMethod1);
```

似乎和构造器的参数对不上。那为何编译器没有报错，而是让这段代码通过编译了呢？原来 C# 的编译器知道要创建的是委托的实例，因而会分析代码来确定引用的是哪个对象和哪个方法。分析之后，将对象的引用传递给 object 参数，而方法的引用被传递给了 method 参数。如果 myMethod1 是静态方法，那么 object 会传递为 null。而这两个方法实参被传入构造函数之后，会分别被 _target 和 _methodPtr 这两个私有字段保存，并且 _invocationList 字段会被设为 null。

从上面的分析，我们可以得出一个结论，即每个委托对象实际上都是一个包装了方法和调用该方法时要操作的对象的包装器。

接下来我们继续探索如何通过委托实例来调用回调方法。首先我们还是通过一段代码来开启我们的讨论。

```
using UnityEngine;
using System.Collections;
public class DelegateScript : MonoBehaviour
{
    delegate void MyDelegate(int num);
    MyDelegate myDelegate;
    void Start ()
    {
        myDelegate = new MyDelegate(this.PrintNum);
        this.Print(10, myDelegate);
        myDelegate = new MyDelegate(this.PrintDoubleNum);
        this.Print(10, myDelegate);
        myDelegate = null;
        this.Print(10, myDelegate);


    }
    void Print(int value, MyDelegate md)
    {
        if(md != null)
        {
            md(value);
```

```
            }
            else
            {
                Debug.Log("myDelegate is Null!!!");
            }
        }
        void PrintNum(int num)
        {
            Debug.Log ("Print Num: " + num);
        }
        void PrintDoubleNum(int num)
        {
            int result = num + num;
            Debug.Log ("result num is : " + result);
        }
}
```

编译并且运行之后，输出的结果如下：

```
Print Num:10
result num is : 20
myDelegate is Null!!!
```

我们可以注意到，新定义的Print方法将委托实例作为其中的一个参数，并且首先检查传入的委托实例md是否为null。那么这一步是否是多此一举的操作呢？答案是否定的，检查md是否为null是必不可少的，这是由于md仅仅是可能引用了MyDelegate类的实例，但它也有可能是null，就像代码中的第三种情况所演示的那样。经过检查，如果md不是null，则调用回调方法，不过代码看上去似乎是调用了一个名为md、参数为value的方法：md(value); 但事实上并没有一个叫作md的方法存在，那么编译器是如何来调用正确的回调方法的呢？原来编译器知道md是引用了委托实例的变量，因而在幕后会生成代码来调用该委托实例的Invoke方法。换言之，上面刚刚调用回调函数的代码md(value); 被编译成了如下的形式：

```
md.Invoke(value);
```

为了更深一步地观察编译器的行为，我们将编译后的代码反编译为CIL代码，并且截取其中Print方法部分的CIL代码：

```
// method line 4
.method private hidebysig
    instance default void Print (int32 'value', class DelegateScript/MyDelegate md)  cil managed
{
    // Method begins at RVA 0x20c8
// Code size 29 (0x1d)
.maxstack 8
IL_0000:  ldarg.2
IL_0001:  brfalse IL_0012
IL_0006:  ldarg.2
IL_0007:  ldarg.1
```

```
IL_0008: callvirt instance void class DelegateScript/MyDelegate::Invoke(int32)
IL_000d: br IL_001c
IL_0012: ldstr "myDelegate is Null!!!"
IL_0017: call void class [mscorlib]System.Console::WriteLine(string)
IL_001c: ret
} // end of method DelegateScript::Print
```

分析这段代码，我们可以发现在 IL_0008 这行，编译器为我们调用了 DelegateScript/MyDelegate::Invoke(int32) 方法。那么我们是否可以显式地调用 md 的 Invoke 方法呢？答案是肯定的。所以，Print 方法完全可以改成如下的定义：

```
void Print(int value, MyDelegate md)
{           if(md != null)
        {
            md.Invoke(value);
        }
        else
        {
            Debug.Log("myDelegate is Null!!!");
        }
}
```

而一旦调用了委托实例的 Invoke 方法，那么之前在构造委托实例时被赋值的字段 _target 和 _methodPtr 在此时便派上了用场，它们会为 Invoke 方法提供对象和方法信息，使得 Invoke 能够在指定的对象上调用包装好的回调方法。本节讨论了编译器如何在幕后为我们生成委托类、委托实例的内部结构以及如何利用委托实例的 Invoke 方法来调用一个回调函数，我们接下来继续来讨论一下如何使用委托来回调多个方法。

## 3.4 委托调用多个方法

为了方便，我们将用委托调用多个方法简称为委托链。委托链是委托对象的集合，可以利用委托链来调用集合中的委托所代表的全部方法。为了使各位能够更加直观地了解委托链，下面我们通过一段代码来作为演示：

```
using UnityEngine;
using System;
using System.Collections;
public class DelegateScript : MonoBehaviour
{       delegate void MyDelegate(int num);
        void Start ()
        {
            // 创建 3 个 MyDelegate 委托类的实例
    MyDelegate myDelegate1 = new MyDelegate(this.PrintNum);
```

```
MyDelegate myDelegate2 = new MyDelegate(this.PrintDoubleNum);
MyDelegate myDelegate3 = new MyDelegate(this.PrintTripleNum);
            MyDelegate myDelegates = null;
            // 使用 Delegate 类的静态方法 Combine
 myDelegates = (MyDelegate)Delegate.Combine(myDelegates, myDelegate1);
 myDelegates = (MyDelegate)Delegate.Combine(myDelegates, myDelegate2);
  myDelegates = (MyDelegate)Delegate.Combine(myDelegates, myDelegate3);
           // 将 myDelegates 传入 Print 方法
               this.Print(10, myDelegates);
        }
    void Print(int value, MyDelegate md)
        {
          if(md != null)
              {
                  md(value);
              }
              else
              {   Debug.Log("myDelegate is Null!!!");
              }
        }
        void PrintNum(int num)
        {
    Debug.Log ("1 result Num: " + num);
        }
        void PrintDoubleNum(int num)
        {
              int result = num + num;
              Debug.Log ("2 result Num : " + result);
        }
        void PrintTripleNum(int num)
        {
              int result = num + num + num;
              Debug.Log ("3 result Num : " + result);
        }
}
```

编译并且运行之后（将该脚本挂载在某个游戏物体上，运行 Unity3D 即可），可以看到 Unity3D 的调试窗口打印出了如下内容：

1 result Num: 10

2 result Num: 20

3 result Num: 30

换句话说，一个委托实例 myDelegates 中调用了三个回调方法 PrintNum、PrintDoubleNum 以及 PrintTripleNum。下面，让我们来分析一下这段代码。我们首先构造了三个 MyDelegate 委托类的实例，并分别赋值给 myDelegate1、myDelegate2、myDelegate3 这三个变量。而之后的 myDelegates 初始化为 null，即表明了此时没有要回调的方法，之后我们要用它来引用委托链，或者说是引用一些委托实例的集合，而这些实例中包装了要被回调的回调方法。那么应该如何将委托实例加入委托链中呢？前文提到过基础类库中的另一个委托类 Delegate，它有一个公共静态方法 Combine 是专门来处理这种需求的，所以接下来我们就调用了 Delegate.Combine 方法将委托加入委托链中。

```
myDelegates = (MyDelegate)Delegate.Combine(myDelegates, myDelegate1);
myDelegates = (MyDelegate)Delegate.Combine(myDelegates, myDelegate2);
myDelegates = (MyDelegate)Delegate.Combine(myDelegates, myDelegate3);
```

在第一行代码中，由于此时 myDelegates 是 null，因而当 Delegate.Combine 方法发现要合并的是 null 和一个委托实例 myDelegate1 时，Delegate.Combine 会直接返回 myDelegate1 的值，因而第一行代码执行完毕之后，myDelegates 现在引用了 myDelegate1 所引用的委托实例。

当第二次调用 Delegate.Combine 方法，继续合并 myDelegates 和 myDelegate2 时，Delegate.Combine 方法检测到 myDelegates 已经不再是 null 而是引用了一个委托实例，此时 Delegate.Combine 方法会构建一个不同于 myDelegates 和 myDelegate2 的新的委托实例。这个新的委托实例自然会对上文常常提起的 _target 和 _methodPtr 这两个私有字段进行初始化，但是此时需要注意的是，之前一直没有实际值的 _invocationList 字段此时被初始化为一个对委托实例数组的引用。该数组的第一个元素便是包装了第一个委托实例 myDelegate1 所引用的 PrintNum 方法的一个委托实例（即 myDelegates 此时所引用的委托实例），而数组的第二个元素则是包装了第二个委托实例 myDelegate2 所引用的 PrintDoubleNum 方法的委托实例（即 myDelegate2 所引用的委托实例）。之后，将这个新创建的委托实例的引用赋值给 myDelegates 变量，此时 myDelegates 指向了这个包装了两个回调方法的新的委托实例。

接下来，我们第三次调用了 Delegate.Combine 方法，继续将委托实例合并到一个委托链中。这次编译器内部发生的事情和上一次大同小异，Delegate.Combine 方法检测到 myDelegates 已经引用了一个委托实例，同样地，这次仍然会创建一个新的委托实例，新委托实例中的那两个私有字段 _target 和 _methodPtr 同样会被初始化，而 _invocationList 字段此时同样被初始化为一个对委托实例数组的引用，只不过这次的元素多了一个包装了第三个委托实例 myDelegate3 中所引用的 PrintDoubleNum 方法的委托实例（即 myDelegate3 所引用的委托实例）。之后，将这个新创建的委托实例的引用赋值给 myDelegates 变量，此时 myDelegates 指向了这个包装了三个回调方法的新的委托实例。而上一次合并中 _invocationList 字段所引用的委托实例数组，此时不再需要，因而可以被垃圾回收。

当所有的委托实例都合并到一个委托链中，并且 myDelegates 变量引用了该委托链之后，我们将 myDelegates 变量作为参数传入 Print 方法中，正如前文所述，此时 Print 方法中的代码会隐式地调用 MyDelegate 委托类型的实例的 Invoke 方法，也就是调用 myDelegates 变量所引用的委托实例的 Invoke 方法。此时 Invoke 方法发现 _invocationList 字段已经不再是 null 而是引用了一个委托实例的数组，因此会执行一个循环来遍历该数组中的所有元素，并按照顺序调用每个元素（委托实例）中包装的回调方法。所以，PrintNum 方法会首先被调用，紧跟着的是 PrintDoubleNum 方法，最后则是 PrintTripleNum 方法。

有合并就有拆解，因而 Delegate 除了提供了 Combine 方法来合并委托实例之外，还提供了 Remove 方法来移除委托实例。例如，我们想移除包装了 PrintDoubleNum 方法的委托实例，那么使用 Delegate.Remove 的代码如下：

```
myDelegates = (MyDelegate)Delegate.Remove(myDelegates, new MyDelegate(PrintDoubleNum));
```

当 Delegate.Remove 方法被调用时，它会从后向前扫描 myDelegates 所引用的委托实例中的委托数组，并且对比委托数组中元素的 _target 字段和 _methodPtr 字段的值是否与第二个参数即新建的 MyDelegate 委托类的实例中的 _target 字段和 _methodPtr 字段的值匹配。如果匹配，且删除该元素之后委托实例数组中只剩余一个元素，则直接返回该元素（委托实例）；如果删除该元素之后，委托实例数组中还有多个元素，那么就会创建一个新的委托实例，这个新创建的委托实例的 _invocationList 字段会引用一个由删除了目标元素之后剩余的元素所组成的委托实例数组，之后返回该委托实例的引用。当然，如果删除匹配实例之后，委托实例数组变为空，那么 Remove 就会返回 null。需要注意的一点是，Remove 方法每次仅仅移除一个匹配的委托实例，而不是删除所有和目标委托实例匹配的委托实例。

当然，如果每次合并委托和删除委托都要写 Delegate.Combine 和 Delegate. Remove，未免显得太过繁琐，所以 C# 编译器为委托类型的实例重载了 += 和 −+ 操作符来对应 Delegate. Combine 和 Delegate. Remove。具体的例子，我们可以看看下面的这段代码：

```
using UnityEngine;
using System.Collections;
public class MulticastScript : MonoBehaviour
{
    delegate void MultiDelegate();
    MultiDelegate myMultiDelegate;
    void Start ()
    {
        myMultiDelegate += PowerUp;
        myMultiDelegate += TurnRed;
        if(myMultiDelegate != null)
        {
            myMultiDelegate();
        }
    }
    void PowerUp()
    {   print ("Orb is powering up!");
    }
    void TurnRed()
    {
        renderer.material.color = Color.red;
    }
}
```

# 第 4 章

# 三维资源管理

一个 VR 应用主要由两部分组成，分别是三维资源模型以及交互脚本。下面将介绍三维资源模型在 PEVR 引擎框架下是如何进行管理的。

## 4.1 AssetBundles 的作用

三维资源在 PEVR 引擎中通过 AssetBundles 进行管理。AssetBundles 是 Unity 编辑器在编辑环境中（edit-time）创建的一系列文件，这些文件可以被用在项目的运行环境中（run-time）。AssetBundles 可以包括的资源文件有模型（models）、材质（materials）、纹理（textures）和场景（scenes）。但是 AssetBundles 不能包含脚本文件。具体来说，AssetBundles 就是把一系列的资源文件或者场景文件以某种方式紧密保存在一起。AssetBundles 可以被单独加载到可执行的应用程序中，也可以由被 Unity 构建的游戏或者应用按需加载使用。这允许对象模型、纹理、音频，甚至是整个游戏场景这样的资源进行流式加载和异步加载。AssetBundles 可以预缓存（pre-cached）和存储在本地，这样在运行时就可以立即加载它们。但是 AssetBundles 技术的主要的目的是在需要的时候能够从远端的服务器上按需请求特定的资源，并加载到游戏中。

在 PEVR 引擎中，专门创建了一个 AssetBundles 文件夹，该文件夹用来存储所有的 3D 模型文件，这些模型文件的扩展名分为两类，一类是扩展名是 fbx 的文件，还有一类是扩展名为 3dpro 的模型文件，这类文件是经过加密处理的，用户不能直接打开扩展名为 3dpro 的模型文件。

## 4.2 Resources&StreamingAssets 文件夹管理

除了 AssetBundles 文件夹，在 PEVR 引擎里还有两个用于管理资源的文件夹，分别是 Resources、StreamingAssets。下面分别说明这两个文件夹是如何管理资源的。

### 1. Resources 文件夹

在 PEVR 引擎中，本文件夹主要包含以下几种类型的文件：PNG 类型的图片、预制体文件，其中的内容在打包时都会被无条件地打到发布包中。其特点包括如下几点：

1）只读，即不能动态修改。所以想要动态更新的资源不要放在这里。

2）会将文件夹内的资源打包集成到 .asset 文件里面。本文件夹里还储存所有需要用的预制体（Prefab），因为 Prefab 在打包时会自动过滤掉不需要的资源，有利于减小资源包的体积。

3）使用 Resources.Load() 脚本读取资源。注意：函数内的参数为相对于 Resource 目录下的文件路径与名称，不包含扩展名。Assets 目录下可以拥有任意路径及数量的 Resources 文件夹，在运行时，Resources 下的文件路径将被合并。

例如 Assets/Resources/test.txt 与 Assets/1/Resources/test.png 在使用 Resource.Load("test") 载入时，将被视为同一资源，只会返回第一个符合名称的对象。如果使用 Resource.Load("test") 将返回 test.txt。如果在 Resources 下有相同路径及名称的资源，使用以上方法只能获得第一个符合查找条件的对象，使用以下方法能得到所有符合条件的对象：

```
Object[] assets = Resources.LoadAll("fileName");
TextAsset[] assets = Resources.LoadAll("fileName");
```

4）Resources 文件夹中的内容在打包时会被压缩和加密。

### 2. StreamingAssets 文件夹

StreamingAssets 为流媒体文件夹，它和 Resources 很像，同样作为一个只读的 Unity3D 的保留文件夹出现。不过两者也有很大的区别，那就是 Resources 文件夹中的内容在编译时会被压缩和加密，而 StreamingAsset 文件夹中的内容则会原封不动地打入包中，因此 StreamingAssets 主要用来存放一些二进制文件。其特点包括如下几点：

1）只读，不可写。

2）主要用来存放二进制文件。

3）只能用 WWW 类来读取。

## 4.3 Prefab 的管理

Prefab 是一种资源类型——它是存储在项目视图中的一种可反复使用的游戏对象。因而当游戏中需要非常多反复使用的对象、资源等时，我们就可以使用 Prefab。它拥有下面若干特点：

1）能够放到多个场景中，也能够在同一个场景中放置多次。

2）当加入一个 Prefab 到场景中，就创建了它的一个实例。

3）全部的 Prefab 实例链接到原始 Prefab，本质上是原始 Prefab 的克隆。

4）不论项目中存在多少实例，只要对 Prefab 进行了改动，全部 Prefab 实例都将随之发生变化。

在 PEVR 引擎中所有的 UI 都是以 Prefab 形式进行存储的，在程序刚启动时初始化这些 UI 面板，代码如下：

```
void Start () {
    _IsAlt = true;
    GameObject obj = (GameObject)Resources.Load("Prefabs/Menu");
    StateStart = (GameObject)Resources.Load("Prefabs/Fsm");
    Event = (GameObject)Resources.Load("Prefabs/Event");
```

```
prefab = (GameObject)Resources.Load("Text");
item_GameObject = (GameObject)Resources.Load("Prefabs/item");
prefabState = (GameObject)Resources.Load("Prefabs/One");
prefab11 = (GameObject)Resources.Load("Prefabs/eventEditorBtn");
prefab22 = (GameObject)Resources.Load("Prefabs/EventBtn");
prefab33 = (GameObject)Resources.Load("Prefabs/EventBtnEditor");}
```

说明：程序刚启动时，执行 Start() 方法，在该方法里通过 Resources.Load 方法分别加载多个以 Prefab 形式存在的 UI 面板。

接着可以调用 Instantiate() 方法创建 Prefab 实例，这里要注意使用 Prefab 创建对象时，接收 Instantiate() 方法返回值的变量类型必须和声明 Prefab 变量的类型一致，否则接收变量的值会为 null。比如说，如果我们在脚本里面这样定义：

```
Public GameObject testPrefab;
```

那么在对 testPrefab 调用 Instantiate() 方法时，接收返回值变量的类型也必须是 GameObject，如下：

```
GameObject newObject = Instantiate(testPrefab) as GameObject;
```

注意 Instantiate() 后面的 as 也要是 GameObject。

又比如 Prefab 类型是我们自定义的 UserObject：

```
Public UserObject prefab;
```

那么在使用 Instantiate() 时我们需要写成：

```
UserObject newObject = Instantiate(myPrefab) as UserObject;
```

## 4.4 图片（Image）的管理

在 PEVR 引擎中，图片一般可以分为两种：纹理（Texture）和精灵（Sprite）。我们可以简单理解为贴图是针对 3D 模型使用的图片，精灵是针对 2D UI 使用的图片。我们可以直接选择 Texture Type 去更改图片的导入方式。

1. Texture

Texture 一般作为 3D 模型上的贴图，需要有对应的材质球并关联到相应 3D 网格模型去使用。一般来说 Texture 会是一个长宽像素都是 $2^n$ 的正方形，这也是大部分建模软件（如 Maya）规定的 POT（Power Of Tow）。

不过并不是说非 POT 图片就不能使用，只是在 Unity 的压缩上会很吃亏，而且导入后 Unity 仍然会以 POT 方式去生成对应的图片。POT 实际上可以是长方形，只要长宽都是 POT 就可以，但是大部分建模软件上都会使用正方形。

材质（Material）包含贴图（Map），贴图包含纹理（Texture）。

纹理是最基本的数据输入单位，游戏领域基本上都用的是位图。此外还有程序化生成的纹理（Procedural Texture）。

Map 其实包含了另一层含义就是“映射”。其功能就是把纹理通过 UV 坐标映射到 3D

物体表面。贴图包含了除了纹理以外其他很多信息，比方说 UV 坐标、贴图输入输出控制等。

材质是一个数据集，主要功能就是给渲染器提供数据和光照算法。贴图就是数据的一部分，根据用途不同，贴图也会被分成不同的类型，比方说 Diffuse Map、Specular Map、Normal Map 和 Gloss Map 等。另外一个重要部分就是光照（高光、漫反射、环境等信息），通过 Shader 语言，调用 CG、HLSL、GLSL 图像编程接口写入一个文本中，构成材质的数据集合。

同时，材质可以提供接口，方便调试。

2. Sprite

Sprite 一般作为 UI 上的图片，一般不会去制作对应的材质球。在 UGUI 上一般是拖动到相应的控件上就可以了。Sprite 有以下四种设置方式：

1）设置 Simple 模式，作为 UI 的标准设置方式。

2）设置为 Sliced 模式，即九宫格模式，在图集中设置图片边界后，使图片只拉伸中间部分，不拉伸边界。

3）设置为 Tiled 模式，实现各个图片重复平铺的效果。

4）设置为 Filed 模式，实现图片的部分到整体的播放。

只能设置单个 Sprite，在“SpriteMode”选项上可以选择“Multiple”去生成多个 Sprite，不过需要在“Sprite Editor”选项上对图片进行切割，通常需要美工参与。

Sprite 一般对大小不会做限制，UI 需要多大就用多大，但是 Unity 在压缩上对 4 的倍数分辨率的图片支持会更好一点（应该是方便图片在 POT 下的位置计算），所以在制作时可以对 PS 的画布大小进行适当调整。

Sprite 在导入设置完成后 PEVR 引擎使用 Sprite Packer 进行打包。在使用 Sprite Packer 打包图集后生成的图片都是 POT 的。

3. MiniMap

图片资源在导入为 Sprite 后，我们可以看到一个“MiniMap”选项。该选项是生成该图片的低分辨图片（1/2,1/4,1/8…），这些小图会使生成的资源文件变大 1/3，但是在 3D 渲染时 Unity 会根据物体显示的大小自动选择不同的分辨率以提高渲染效率。在 PEVR 引擎里，Sprite 不会有这种需求，所以关闭这个选项可以减小文件夹的体积。

## 4.5　视频与音效文件的管理

如同好看的电影需要合适的音乐搭配，好玩的游戏也需要恰当的音效。那么如何在 Unity3D 中添加音效呢？这里先说明一下，游戏中的任何对象均可以变成声音源，只要为其添加一个 Audio Source 组件就行了。而要在游戏中听到声音，就需要每个游戏对象添加一个 Audio Listener 组件，一般来说这个组件是添加到主摄像机上的。Unity3D 中的限制，只能有一个游戏对象有 Audio Listener 组件，也就是说一个场景中 Audio Listener 组件只能出现一次，而 Audio Source 可以出现许多次。更通俗一些，就是游戏世界中只能有一个对象有耳朵，但是其他对象都可以有嘴巴。图 4-1 为声音组件配置界面。

现在为主摄像机添加了一个 Audio Listener 组件和一个 Audio Source 组件。

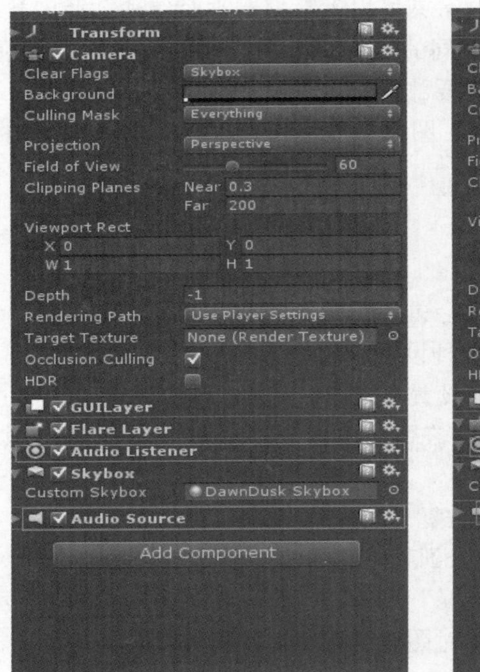

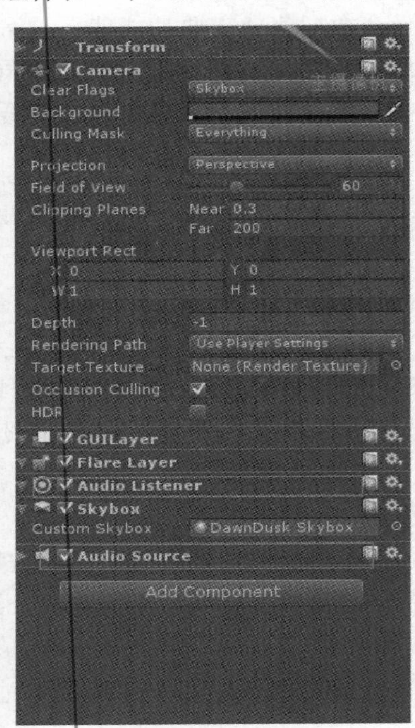


图 4-1　声音组件配置图

要听到什么样的音效，只需要展开 Audio Source 组件，在 Audio Clip（音频剪辑）中加入你喜欢的音效就行了，如图 4-2 所示。

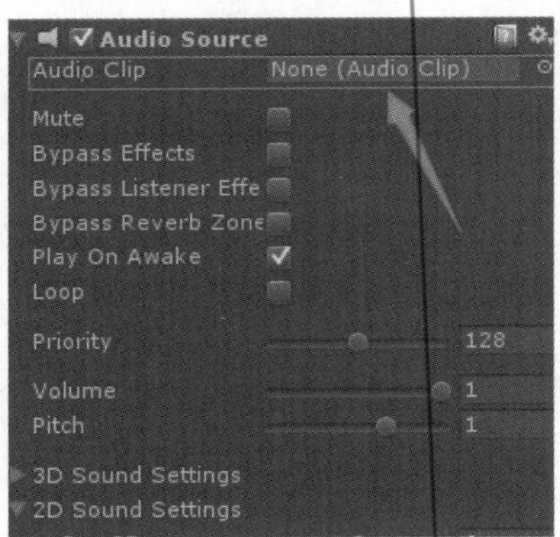


图 4-2　音效配置图

在 Unity 中视频格式支持 .mov、.mpg、.mpeg、.mp4、.avi 和 .asf。而 Unity 对于视频都是以 MovieTexture 来使用的。

如果视频中有声音，那么在视频文件下面会相应生成 audio 文件，所以一个完整的视频应该是画面和音频同步播放。

基于 Unity 的 OnGUI 实现效果可以使视频以 UI 元素存在于游戏中。

实现方法：这种方法不需要载体，可以直接将脚本挂在 Camera 上。

```
using UnityEngine;
using System.Collections;
public class Play : MonoBehaviour
{
    // 电影纹理
    public MovieTexture movTexture;
    public AudioSource audioSource;
    void Start()
    {
        // 设置电影纹理播放模式为循环
        movTexture.loop = true;
        // 有声音才播放
        audioSource = GetComponent<AudioSource>();
    }
    void OnGUI()
    {
        // 绘制电影纹理
        GUI.DrawTexture(new Rect(0, 0, Screen.width, Screen.height), movTexture, ScaleMode.
    StretchToFill);
    }
    public void OnPlay()
    {
        movTexture.Play();
        // audioSource.Play();
    }
    public void OnPause()
    {
        movTexture.Pause();
        // audioSource.Pause();
    }
    public void OnStop()
    {
        movTexture.Stop();
        // audioSource.Stop();
    }

}
```

有的逻辑任务都是基于场景中的模型进行操作的，首先需要选择资源列表中的某个模型，然后将该模型拖拽（通过鼠标左键进行拖拽）至场景中，然后就可以对模型进行一些基本的操作。用户对场景模型的操作主要是通过鼠标进行，目前本编辑器针对鼠标的操作主要有以下几类操作模式，如图 4-3 所示。

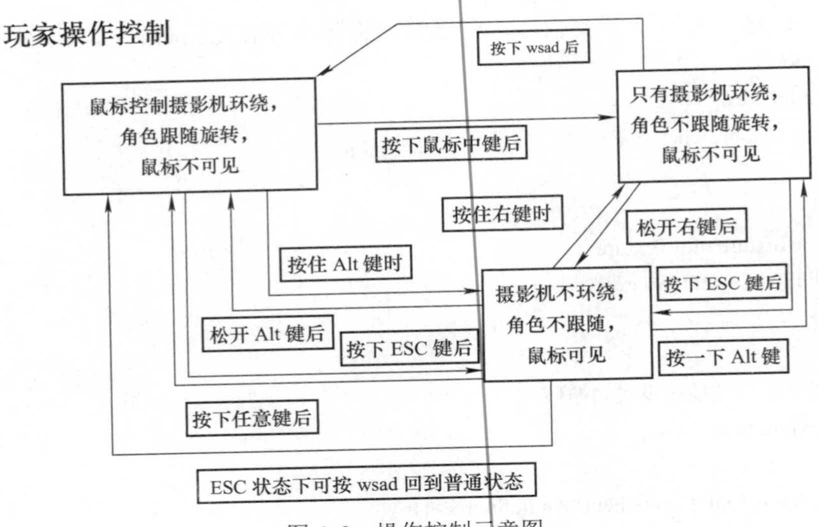


图 4-3　操作控制示意图

单击鼠标左键：主要作用是选择某个场景中的三维模型。

Alt+鼠标左键：主要作用是可以任意拖动鼠标来旋转视图。

滚动鼠标滚轮：可以缩放场景视图。

这里通过一个案例说明场景模型的基本操作：

案例说明：在场景中创建一个地形，然后在地形上创建一栋建筑，在建筑上放置一个人物模型，可以对人物模型进行位移、旋转和缩放等交互操作。

操作步骤：

1）在资源列表面板中选择地形类型的图标，接着用鼠标左键选中某个地形图标并拖拽到场景里，如图 4-4 所示。

图 4-4　场景示意图

2）选择资源列表面板中的建筑类型一级菜单，系统会显示具体建筑，用户可以选择具体的建筑图标，通过鼠标左键拖拽到地形上，如图 4-5 所示。

图 4-5　建筑示意图

3）在资源列表面板上选择一个人物模型，然后添加到建筑物中，如图 4-6 所示。

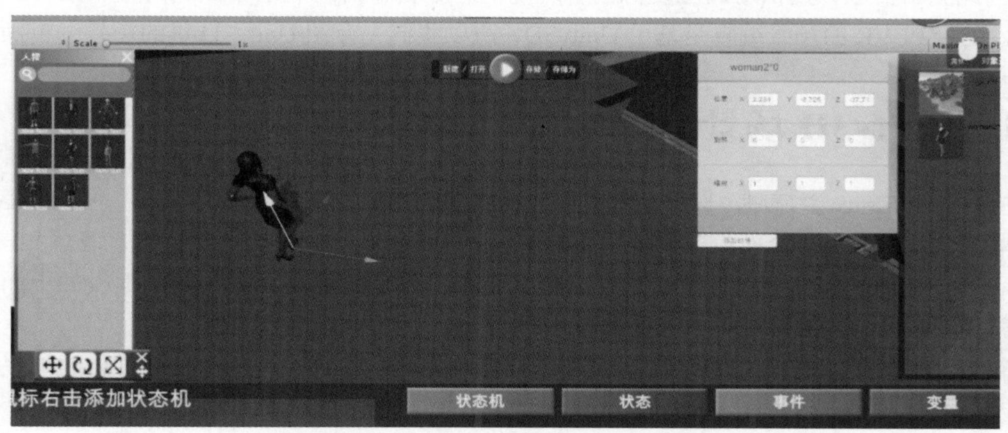


图 4-6　场景人物模型示意图

4）选中人物模型，默认显示基于位移的三个坐标轴，这三个坐标轴分别控制着三维模型的 X、Y、Z 三个方向，用鼠标拖动任何一个方向，模型可以沿着这个方向发生位移。

通过选择转换面板中的三个图标，可以分别设置模型的位移、旋转以及缩放样式，第一个图标代表位移的调节，第二个图标代表旋转的调节，第三个图标代表缩放的调节。

# 第 5 章

# 三维场景管理

场景编辑器的作用是为了给使用者提供一个能够自由创建三维场景的平台。作为一款工具类软件，场景编辑器首先要具有易操作性，操作方案的设计应该最大限度地满足用户的操作习惯。同时，编辑器应该提供操纵对象的工具化图标和对应的快捷键。其次，编辑器中必须内置大量的基础资源模型，这样才能帮助用户快速搭建真实的三维环境。

因此编辑器应该提供对这些资源的管理功能。编辑器对三维场景编辑的结果是形成三维场景。由于 PEVR 的场景编辑是基于 Unity3D，所以我们先介绍 Unity3D 里的场景编辑操作。

## 5.1 Unity3D 场景编辑

首先打开 Unity 主窗口，选择顶部菜单栏的“GameObject”→“3D Object”→“Plane”，在游戏场景里面添加一个面板对象，然后再创建一个“Cube”（立方体）对象。场景如图 5-1 所示。会发现面板和立方体卡在了同一个位置上面，我们想要将立方体置于面板的上面，这时候就需要对场景内的游戏对象进行编辑。

在 Unity 主窗口的左上角有一组专门用于编辑游戏对象的工具栏（方框圈出的位置）。其从左往右依次是：手形工具、平移工具、旋转工具、缩放工具和精灵工具，如图 5-2 所示。

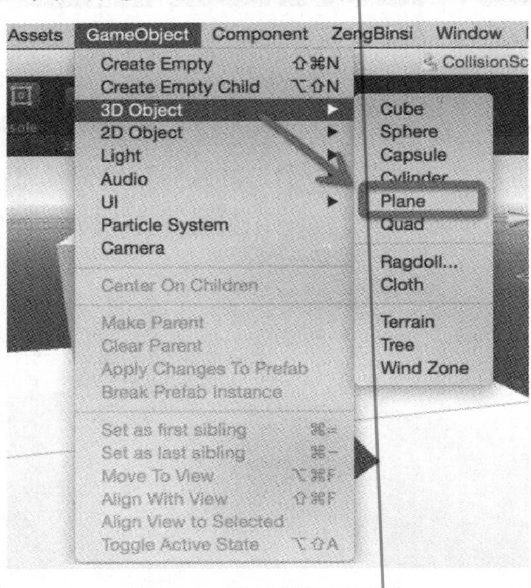


图 5-1　场景编辑示意图

图 5-2　场景模型放置示意图

手形工具处于选中状态时，我们可以按住鼠标左键来拖拽整个游戏场景，视图显示场景的不同位置，这样我们可以对游戏场景的不同位置进行编辑，如图 5-3 所示。

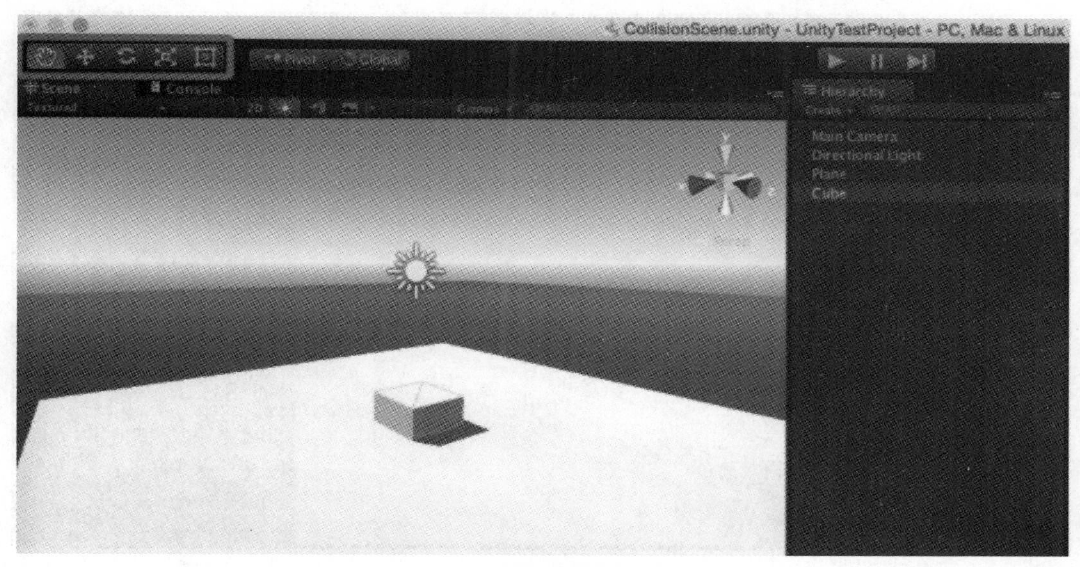


图 5-3　模型拖拽示意图

平移工具处于选中状态时，单击场景内的某个游戏对象，该对象上会出现三个不同颜色的剪头，分别指向 X、Y 和 Z 三个轴的正方向。这时候使用鼠标拖动任意某个箭头便可以移动游戏对象，如图 5-4 所示。

旋转工具处于选中状态时，单击场景内的某个游戏对象，该对象周围会出现三个带颜色的圈，从不同的角度圈住游戏对象。这时候如果我们随意拖动一个圈，游戏对象便会绕对应的某个轴进行旋转。

图 5-4　模型拖动示意图

缩放工具处于选中状态时，单击场景内的某个游戏对象，该对象上会出现三个类似平移标识的箭头。只是这个箭头的顶端不是尖锐的，而是一个立方体。拖拽任意的箭头便可以对游戏对象进行缩放操作，如图 5-5 所示。

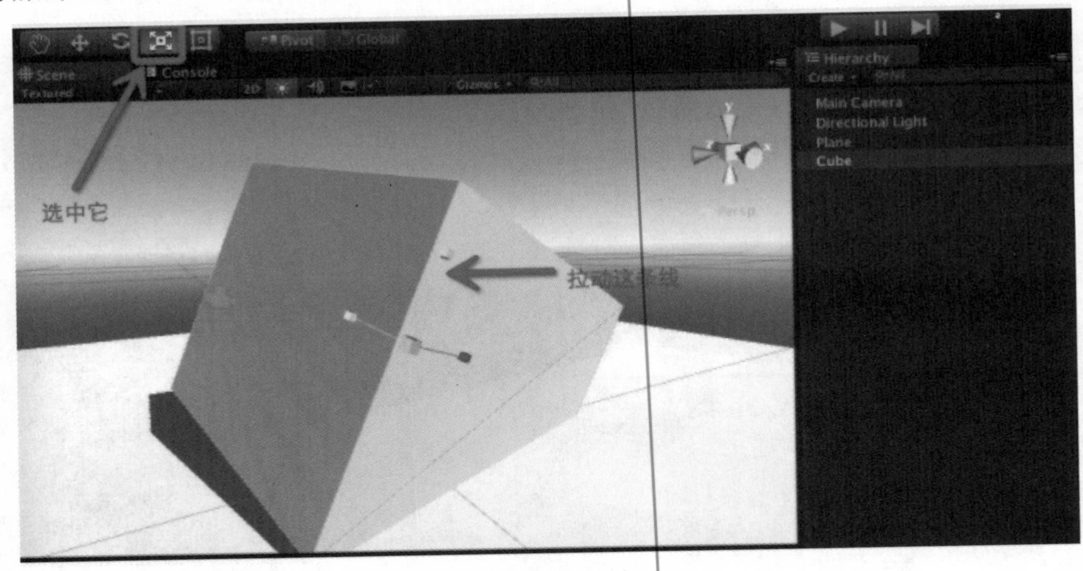


图 5-5　模型缩放示意图

在缩放工具的右边，紧挨的是精灵工具。它主要是针对 Unity 2D 游戏对象进行编辑的工具，这里暂且不谈。

手形工具、平移工具、旋转工具、缩放工具和精灵工具，除了使用单击的方式选中外，它们还各自绑定了一个快捷键。其从左往右对应的快捷键分别是：Q、W、E、R 和 T。当我们按下这五个按键中的某一个时，对应的工具栏按钮便会处于选中状态，这样我们可以更加快速地编辑游戏场景。

为了方便配合上面的五个工具栏操作，我们还可以在 Hierarchy 面板上双击某个游戏对象，这时 Scene 视图会快速聚焦到被选中的那个游戏对象上。

平移工具、旋转工具或者缩放工具被选中时，我们再选中某个游戏对象，然后按下键盘的 F 键，Scene 视图会迅速将画面移动到对应的游戏对象上，方便对其进行编辑。

当某个物体被选中后，我们可以按住 Alt 键（Mac 为 Option 键），拖动鼠标左键来对该游戏物体进行全方位的观察。拖动鼠标右键，则会以该游戏对象为锚点，进行场景的拉近拉远观看。

鼠标位于 Scene 视图中时，滚动鼠标滚轮也可以对 Scene 视图进行拉近拉远观看。

另外，除了手形工具可以平移场景外，我们还可以拖动鼠标右键来旋转视图。

使用以上这些操作，我们可以很方便地对游戏场景进行可视化的编辑。

当然，除了在 Scene 视图中编辑场景外，我们还可以在游戏对象的 Inspector 面板上找到对应的 Transform 组件，然后修改其属性值来编辑游戏对象。微调某个游戏对象时，通常都会在 Transform 组件上进行修改，如图 5-6 所示。

图 5-6　Transform 组件修改

场景编辑完成之后，我们可以按住鼠标右键，然后使用场景漫游快捷键来漫游整个游戏场景。按住 W 键，Scene 视图的视窗将会以当前视角向前推进；按住 S 键，Scene 视图的视窗将会以当前视角向后推进；按住 A 键，Scene 视图的视窗将会以当前视角向左推进；按住 D 键，Scene 视图的视窗将会以当前视角向右推进；按住 Q 键，Scene 视图的视窗将会以当前视角向下推进；按住 E 键，Scene 视图的视窗将会以当前视角向上推进。也可以一边按住漫游快捷键，一边移动鼠标，这样便可以方便地在 Scene 视图中漫游整个游戏场景。

# 5.2 编辑器用例分析

通过分析编辑器的使用背景，可以大致了解编辑器具备的功能。但是要精确分析出编辑器应具有的功能，需要通过相关的用例分析进行描述。

## 5.2.1 系统顶层用例分析

系统顶层用例如图 5-7 所示。用户可以使用本产品的编辑器系统来搭建真实三维场景，用户主要使用的功能有场景管理、资源管理、属性管理和基础功能。

场景管理是对三维场景进行管理，用户可以新建、打开、保存和删除三维场景，如图 5-8 所示。

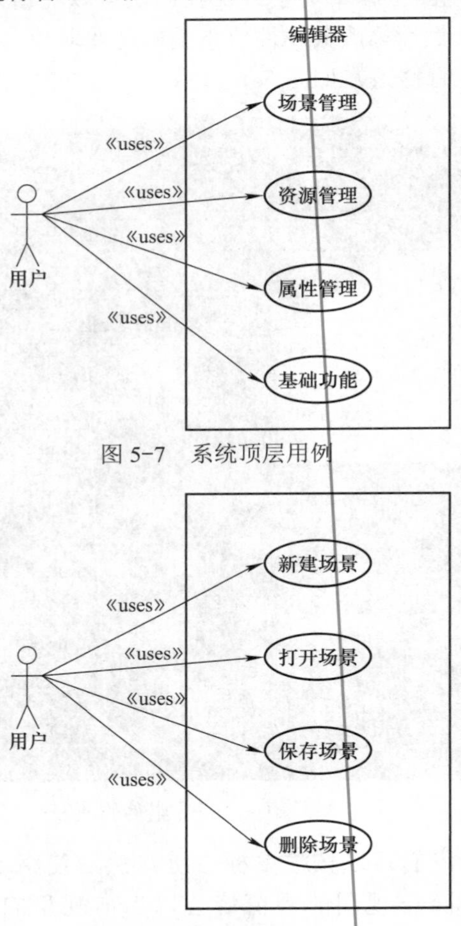


图 5-7　系统顶层用例

图 5-8　场景管理用例分析

新建场景用于创建一个新的三维场景，该三维场景中没有任何其他对象。用户可以快速地开始一个新的三维场景的搭建工作。

打开场景用于打开当前用户场景列表中的某个三维场景。用户选择某一场景后，系统加载该三维场景并呈现给用户，方便用户在原有三维场景的基础上继续搭建完整的三维场景。

保存场景用于保存三维场景，将场景数据存入数据库可有效防止场景数据的丢失。

删除场景用于将三维场景数据从数据库中删除。

### 5.2.2　资源管理用例分析

资源管理模块主要用于管理三维场景中的各种资源。资源管理用例如图 5-9 所示，主要包含新建资源对象、操作资源对象、删除资源对象和查询资源对象等。

新建资源对象用于向三维场景中增加某一资源模型。用户可以从资源列表中选择某一资源，然后在三维场景中通过单击鼠标在三维场景的相应位置生成对应的资源对象。

操作资源对象用于改变对象在三维空间中的位置，帮助用户将对象放在合适的位置。

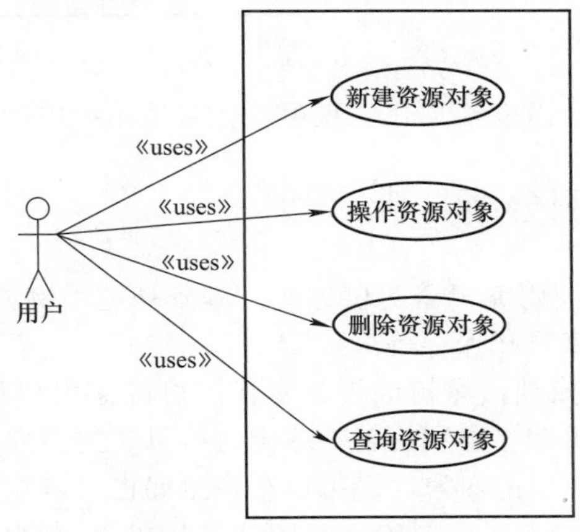


图 5-9　资源管理用例

删除资源对象可以将用户选定的某一对象从三维场景中删除，可以帮助用户删除三维场景中不合适的对象。

查询资源对象可以帮助用户快速发现三维场景中的某个或者某类资源对象，可以节约用户选择资源对象的时间。

### 5.2.3　属性管理用例分析

属性管理用于管理资源对象的各种属性。属性管理用例如图 5-10 所示，包括修改对象名称、修改对象坐标、修改对象旋转角度、修改对象缩放比例和修改对象业务属性等。

修改对象名称用于修改对象的显示名称，系统正是通过这个名称来查询当前三维场景中的资源对象。

修改对象坐标用于改变对象的在三维空间中的位置。此功能与操作资源对象有异曲同工之妙，它主要用于精确地改变对象在三维空间中的位置。

修改对象旋转角度用于改变对象的旋转角度，也就是改变对象的朝向。通过修改这个属性，用户可以任意调整对象的旋转角度。

修改对象缩放比例用于改变对象在三维场景中的显示比例，以便于将对象以合适的大小在三维场景中展示。

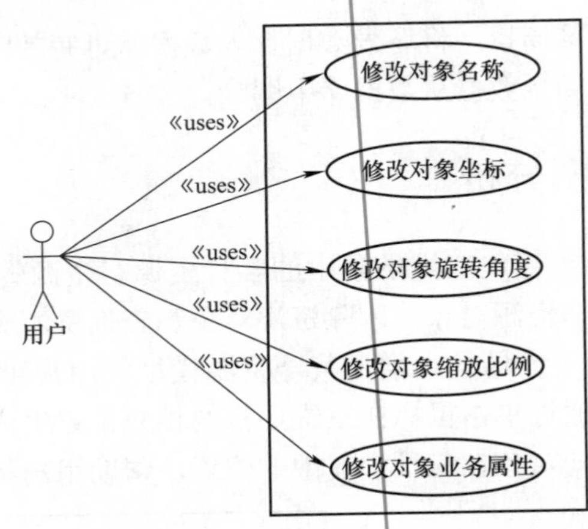


图 5-10 属性管理用例

修改对象业务属性用于改变对象在三维可视化管理系统中的业务属性。

### 5.2.4 基础功能用例分析

基础功能主要为用户使用编辑器提供方便。基础功能用例如图 5-11 所示，主要包括摄像机漫游、框选、撤销、恢复和保存等。

摄像机漫游主要用于控制摄像机的视角变化，可以让用户观察场景中的所有物体。通过鼠标操作可以控制摄像机的平移和旋转，这样就可以产生用户在场景中漫游的效果。这便于用户从不同角度观察场景中的对象，既可以观察全局也可以观察局部。

框选用于单次选择一个或多个对象。选中物体后可以对物体进行下一步操作，便于批量操作多个对象。

撤销操作主要用于撤销用户的误操作。如用户误将某一个对象删除后，可以选择撤销操作将场景恢复到删除对象以前的状态。

恢复操作主要用于将场景恢复到上一个撤销动作之前的状态。利用此功能，用户可修正不正确的撤销操作。

保存操作用于保存场景当前的状态。执行保存操作后，撤销和恢复操作都将无法改变场景的状态。

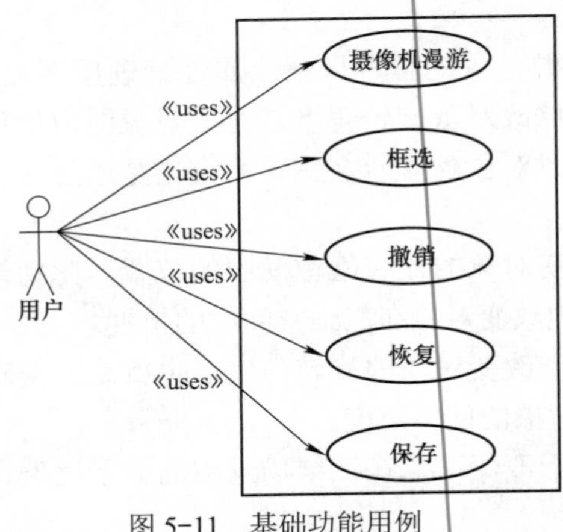


图 5-11 基础功能用例

## 5.3 业务逻辑

PEVR 平台的业务逻辑功能是通过一个个的 Action（行为）实现的。本框架将对象的复杂行为特征归纳为有限个不同的“状态”，然后在每个状态中分别指定一系列“行为”，让处于该状态的对象来执行，同时设置一些“条件”，当这些条件被满足时，对象从当前状态变换为另一个状态，由此带来其所执行“行为”的变化。行为管理包括行为类型、行为名称、行为描述以及行为属性等内容。下面分别介绍这些组成业务逻辑的行为功能。目前本平台整理的行为见表 5-1。

表 5-1 平台整理的行为

| 行为类型 | 行为名称 | 行为描述 | 行为属性 |
|---|---|---|---|
| 动画 | 播放动画 | 在一个游戏对象上播放一个动画，游戏对象必须具有一个动画组件 | 动画名称 |
| | | | 游戏对象 |
| | | | 播放模式 |
| | | | 退出时停止 |
| | 停止播放动画 | 停止播放一个游戏对象上的动画 | 游戏对象 |
| | | | 动画名称 |
| 音效 | 播放音效 | 在一个游戏对象上播放音频剪辑 | 游戏对象 |
| | | | 音量 |
| | | | 结束事件 |
| | | | 播放模式 |
| | 播放音乐 | 在一个由游戏对象或 V3 世界位置所定义的位置播放声音 | 游戏对象 |
| | | | 音量 |
| | | | 位置 |
| | | | 剪辑 |
| 相机 | 相机淡入 | 从全屏颜色淡入到清晰 | 颜色 |
| | | | 时间 |
| | | | 结束事件 |
| | 设置视野 | 设置相机所使用的视野 | 游戏对象 |
| | | | 视野 |
| | | | 每一帧 |
| GUI | 绘制按钮 | 界面按钮。按下该按钮发送一个事件 | 发送事件 |
| | | | 图像 |
| | | | 文本 |
| | | | 左 |
| | | | 顶 |
| | | | 宽 |
| | | | 高 |

（续）

| 行为类型 | 行为名称 | 行为描述 | 行为属性 |
| --- | --- | --- | --- |
| GUI | 绘制图像 | 绘制一个界面图形 | 图像 |
| | | | 左 |
| | | | 顶 |
| | | | 宽 |
| | | | 高 |
| 输入 | 获得按钮按下状态 | 当一个按钮被按下时发送一个 FSM 事件 | 按钮名称 |
| | | | 发送事件 |
| | | | 存储 |
| | 获得按钮释放状态 | 当一个按钮被释放时发送一个 FSM 事件 | 按钮名称 |
| | | | 发送事件 |
| | | | 存储 |
| | 获得鼠标按钮按下状态 | 当指定鼠标按钮被按下时发送一个 FSM 事件 | 按钮名称 |
| | | | 发送事件 |
| | | | 存储 |
| | 获得鼠标按钮释放状态 | 当指定鼠标按钮被释放时发送一个 FSM 事件 | 按钮名称 |
| | | | 发送事件 |
| | | | 存储 |
| 灯光 | 设置灯光颜色 | 设置一个灯光的颜色 | 游戏对象 |
| | | | 灯光颜色 |
| | 设置灯光强度 | 设置一个灯光的强度 | 游戏对象 |
| | | | 灯光强度 |
| | 设置灯光类型 | 设置成射灯、方向灯或者点光源 | 游戏对象 |
| | | | 灯光类型 |
| 材质 | 设置材质颜色 | 在一个游戏对象的材质中设置一个已命名颜色的值 | 游戏对象 |
| | | | 材质索引 |
| | | | 颜色 |
| | 设置材质纹理 | 在一个游戏对象的材质中设置一个已命名的纹理 | 游戏对象 |
| | | | 纹理 |
| 视频 | 播放视频纹理 | 播放一个影片纹理。在一个材质或 GUI 上使用影片纹理 | 影片纹理 |
| | | | 是否循环 |
| 物理效果 | 添加作用力 | 添加一个作用力到一个游戏对象 | 游戏对象 |
| | | | X 轴 |
| | | | Y 轴 |
| | | | Z 轴 |
| | | | 作用力模式 |
| | 触发事件 | 当对象与标记的触发器发生碰撞时发送一个事件 | 触发器 |
| | | | 碰撞标记 |
| | | | 发送事件 |
| | 使用重力 | 设置游戏对象是否受重力影响 | 游戏对象 |
| | | | 使用重力 |

（续）

| 行为类型 | 行为名称 | 行为描述 | 行为属性 |
|---|---|---|---|
| 渲染设置 | 启用雾 | 在场景中启用 / 禁用雾 | 启用雾 |
| | 设置环境光 | 设置场景的环境光 | 环境色 |
| | 设置天空盒 | 设置场景的天空盒 | 天空盒 |
| 转换 | 转换方向 | 转换方向从世界空间到一个游戏对象的本地空间 | 游戏对象 |
| | | | 世界方向 |
| | | | 存储结果 |
| | 面向 | 旋转游戏对象使向量点向着一个目标 | 游戏对象 |
| | 朝着目标移动 | 游戏对象朝目标移动（可选），成功后发送一个事件。目标可以被指定为一个游戏对象或一个世界位置 | 游戏对象 |
| | | | 目标对象 |
| | | | 目标位置 |
| | | | 速度 |
| | | | 结束事件 |
| | 旋转 | 绕着每个轴旋转一个游戏对象 | 游戏对象 |
| | | | X 轴 |
| | | | Y 轴 |
| | | | Z 轴 |
| | | | 空间 |
| | 缩放 | 设置游戏对象的缩放 | 游戏对象 |
| | | | X 轴 |
| | | | Y 轴 |
| | | | Z 轴 |
| | | | 空间 |

# 第 6 章

# 对象显示功能

对象显示功能由显示图片、显示按钮、显示文本信息、3D 文本显示、三维对象展示等 Action 组成。

## 6.1 显示图片功能

可以在场景中显示图片，也可以将图片设置为背景，其界面如图 6-1 所示。

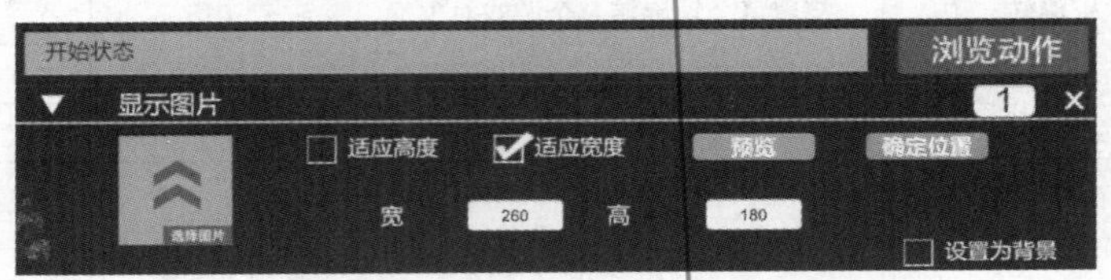


图 6-1 显示图片 Action 的界面

### 6.1.1 操作流程

单击 选择图片 按钮，系统会弹出文件选择对话框，如图 6-2 所示。

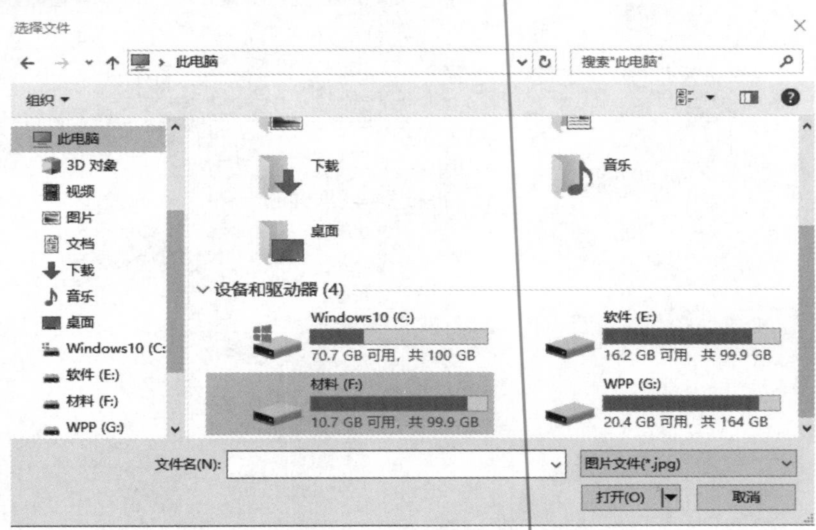


图 6-2 文件选择对话框

用户可以选择任意图片，图片支持 JPG 格式和 PNG 格式。系统默认的图片宽和高是 260 像素和 180 像素，用户可以自己在输入框中输入合适的图片长宽［宽 260 高 180］。

单击［预览］按钮，可以在右上角看到弹出的预览图片（见图 6-3），该图片的位置就是运行时显示图片的位置，可以用鼠标来移动图片，设置图片的具体位置。单击图片右上角的×符号，可以关闭预览图片。

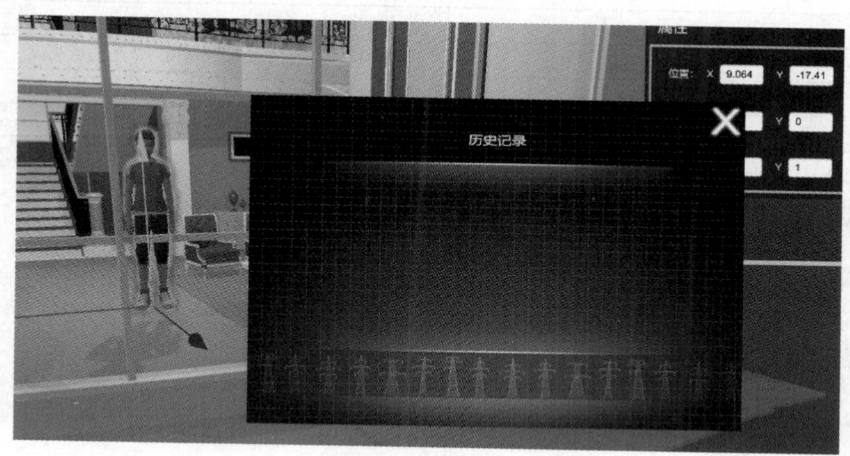


图 6-3　预览图片

在预览模式中，移动完图片的位置后，单击［确定位置］按钮，则可以在场景中保存图片显示的位置，这样在运行以后，显示的图片就能和预览时的情况一致。

在 Action 编辑面板中勾选设置为背景［设置为背景］，则显示的图片会位于 UI 的底层、场景的上层，即作为 UI 中的背景来使用。

勾选适应高度或适应宽度［适应高度 适应宽度］后，图片的大小就会根据它自身的高度或宽度来定，不会受宽高输入值的影响。

## 6.1.2　脚本解析

本 Action 的功能体现在 ShowImg 和 UICtrller 类里，ShowImg 类继承于 Action 类，其主要的功能是给 UICtrll 赋值，并且通过 UICtrll 来显示图片。它包含如下属性：

```
public RectTransform canvas;
    public Sprite sprite;
    public float rotate=0,x=0,y=0,z=0,w=260,h=180;
    public string imgPath;
    public int ajustMode;
    public bool clickOpen;
    public Vector3 showPos;
    public float duringTime;
    public bool IsBG;
    UICtrller uiCtrller;
```

属性名称、类型及作用见表 6-1。

表 6-1 属性名称、类型及作用

| 属性名称 | 属性类型 | 属性作用 |
| --- | --- | --- |
| canvas | RectTransform | 图片父级的 transform 位置 |
| sprite | sprite | 所选择的图片 |
| w | float | 图片的宽 |
| h | float | 图片的高 |
| imgPath | string | 图片的路径 |
| ajustMode | int | 调节图片模式，1 是适应宽度，2 是适应高度 |
| IsBG | bool | 是否设置背景 |
| uiCtrller | UICtrller | UI 控制组件，获取该 Action 的变量，执行显示图片操作 |

脚本部分内容如下：

```
public override void DoAction(Main m)
    {
        if (canvas != null) {
            canvas.parent.gameObject.SetActive(true);
            uiCtrller = m.gameObject.GetComponent<UICtrller> ();
            if (uiCtrller == null) {
                uiCtrller = m.gameObject.AddComponent<UICtrller> ();
            }
            canvas.sizeDelta = new Vector2 (w, h);
            uiCtrller.imgtargetUI = canvas.gameObject;
            uiCtrller.imgPath = imgPath;
            uiCtrller.ajustMode = ajustMode;
            uiCtrller.clickOpen = clickOpen;
            uiCtrller.isMouseDown = true;
            uiCtrller.imgPos = showPos;
            uiCtrller.IsBG = IsBG;
        }
    }
```

DoAction 方法说明：

- 首先获取 UICtrller 组件，该组件绑在 Main 物体上，如果没有则添加 UICtller 组件。
- 根据该 Action 脚本的变量值，给 UICtrller 脚本赋值，设置 Canvas 大小、目标图片、图片路径、图片格式、图片位置、是否背景图片等。

UICtrller 类是用于显示图片和播放视频的组件，该脚本包含如下属性：

```
public GameObject targetUI,imgtargetUI,videoTargetUI;
    public GameObject videoPlayer;
    public Sprite sprite;
    public string msg;
    public string imgPath,msgBgPath,videoPath;
    public bool isMouseDown=true;
    public int ajustMode;
    public FontStyle style;
```

```
    public int fontSize;
    public float spacing;
    public Font font;
    public bool clickOpen;
    public Vector3 imgPos, msgPos,videoPos;
    public bool autoPlay;
    public bool loop;
    public bool IsBG;
    private GameObject imageBG;
    public MediaPlayer mediaPlayer;
    public DisplayUGUI displayUGUI;
```

属性名称、类型及作用见表 6-2。

**表 6-2　属性名称、类型及作用**

| 属性名称 | 属性类型 | 属性作用 |
|---|---|---|
| targetUI | GameObject | 对象 UI |
| imgtargetUI | GameObject | 对象图片 UI |
| videoTargetUI | GameObject | 对象视频 UI |
| videoPlayer | GameObject | 视频播放 |
| sprite | sprite | 图片 |
| imgPath | string | 图片路径 |
| videoPos | string | 视频路径 |
| videoPos | string | 视频路径 |
| mediaPlayer | MediaPlayer | 视频播放相关组件 1 |
| displayUGUI | DisplayUGUI | 视频播放相关组件 2 |
| isMouseDown | bool | 调用的开关 |
| autoPlay | bool | 视频是否自动播放 |
| loop | bool | 视频是否自动循环 |
| IsBG | bool | 是否设为背景 |
| imageBG | GameObject | 背景图片 |

UICtrller 类的部分脚本如下：

```
void Awake(){
        imageBG = GameObject.Find("Canvas").transform.FindChild("ImageBG").gameObject;
    }

    void Start () {
        if(targetUI!=null)
            targetUI.SetActive (false);
        if(imgtargetUI!=null)
            imgtargetUI.SetActive (false);
    }

    void Update () {
        if (isMouseDown) {
```

```
                if(targetUI!=null)
                    targetUI.SetActive (!targetUI.activeSelf);
                if(imgtargetUI!=null)
                    imgtargetUI.SetActive (!imgtargetUI.activeSelf);
                if (videoTargetUI!=null)
                { videoTargetUI.SetActive(true); }
                if (videoPlayer!=null)
                {
                    videoPlayer.SetActive(true);
                }
                if (!clickOpen) {
                    //targetUI.SetActive (true);
                }
                SetImg ();
                SetMsg ();

                isMouseDown = false;
            }
        }

        public void OnMouseDown(){
            isMouseDown = clickOpen;
        }

        public void SetImg(){
            try{
                if(imgtargetUI.transform.parent.name.Equals("ImgContainer")){
                    if(!string.IsNullOrEmpty(imgPath)){
                        imgtargetUI.transform.localPosition=imgPos;
                        StartCoroutine(GetImgRes(imgPath,imgtargetUI.GetComponent<Image>()));
                    }

                }
            }catch{
            }
        }
```

UICtrller 脚本用于视频播放和图片显示，下面主要解析图片显示的相关方法：

1）在 Awake() 方法中，先对 imageBG 对象赋值，找到 Canvas 下的 ImageBG 对象，用于表示显示的背景。

2）在 Start() 方法中，初始设置对象 UI 和图片 UI 为不可见。

3）在 Update() 方法中，调用 SetImg() 方法来显示图片。

4）在 SetImg() 方法中，如果对象图片的父级名字是 ImgContainer，并且图片的路径正确则调用协程来获取图片，在协程 GetImgRes() 方法中，通过 WWW 方法根据图片的路径来加载图片，如果加载成功则赋值给 targetImg（对象图片），此时在 Update() 中就能根据 targetImg 的状态来显示图片了。如果加载的图片作为背景图片，则把该图片赋值给 imageBG（背景图片对象），设置图片的可见性为 true，最后可以显示为背景图片。

本 Action 的 UI 主要是由 ShowImgUI 脚本实现的，ShowimgUI 脚本继承 ActionUI，该脚本主要实现了 UI 中选择图片、设置图片大小、预览图片、设为背景等功能。该脚本包含如下属性：

```
public Image image;
    public InputField rotate, x, y, z, w, h;
    public Toggle clickOpen;
    public string imgpath,imgName;
    public Sprite targetSprite;
    public Transform preShow;
    public int ajustMode=1;
    public Toggle SetBG;
    private ShowImg showImg;
    private ShowImgInforma sImgInforma;
    private RectTransform imgRect;
```

属性名称、类型及作用见表 6-3。

表 6-3　属性名称、类型及作用

| 属性名称 | 属性类型 | 属性作用 |
|---|---|---|
| image | Image | 选择的图片 |
| rotate, x, y, z, w, h | InputField | 图片的大小格式 |
| imgpath | string | 图片路径 |
| imgName | string | 图片的名称 |
| targetSprite | Sprite | 选择对象的 sprite 图片 |
| preShow | Transform | 预览图片的 transform 位置 |
| ajustMode | int | 图片的显示格式，1 是适应宽度显示，2 是适应高度显示 |
| SetBG | Toggle | 设为背景的 UI 勾选框 |
| showImg | ShowImg | 对应的 Action |
| sImgInforma | ShowImgInforma | 对应的 Actioninfo |
| imgRect | RectTransform | 选择图片的 rectransform 属性 |

ShowImgUI 脚本的部分脚本内容如下所示：

```
void Awake()
    {
        preShow = Manager.Instace.transform.Find("ImgContainer");
    }

    void Start()
    {
        timeInputField.onValueChanged.AddListener(delegate (string a) { ActionTimeChanged(); });
    }
```

```
void OnEnable(){
    if (preShow) {
        if (!imgRect) {
            imgRect=Instantiate<GameObject>(preShow.GetChild(0).gameObject,preShow).
GetComponent<RectTransform>();
        }
        PreShowVisibility (false);
        SetPreShowSize ();
    }
}

public override Action<Main> CreateAction()
{
    action = new ShowImg ();
    action.isOnce = true;
    actionInforma = new ShowImgInforma(true);
    sImgInforma = (ShowImgInforma)actionInforma;
    ShowImg showImg = (ShowImg)action;

    if (!imgRect) {
        imgRect = Instantiate<GameObject> (preShow.GetChild (0).gameObject, preShow).
GetComponent<RectTransform> ();
    }
    showImg.canvas = imgRect;
    GetStateInfo().actionList.Add(actionInforma);
    actionInforma.name = "ShowImg";
    return base.CreateAction();
}

public override Action<Main> LoadAction (ActionInforma actionInforma)
{
    sImgInforma = (ShowImgInforma)actionInforma;
    rotate.text = sImgInforma.rotate.ToString();
    x.text = sImgInforma.x.ToString();
    y.text = sImgInforma.y.ToString();
    z.text = sImgInforma.z.ToString();
    w.text = sImgInforma.w.ToString();
    h.text = sImgInforma.h.ToString();

    action = new ShowImg();
    showImg = (ShowImg)action;
    SetBG.isOn = sImgInforma.ISBG;
```

```
        timeInputField.text = showImg.duringTime.ToString();

        if (!imgRect) {
            imgRect = Instantiate<GameObject> (preShow.GetChild (0).gameObject, preShow).
GetComponent<RectTransform> ();
        }
        showImg.canvas = imgRect;
        if (!string.IsNullOrEmpty (sImgInforma.imgName)) {

        }
        clickOpen.isOn = sImgInforma.clickOpen;
        if (string.IsNullOrEmpty(sImgInforma.imgName)) {
            showImg.imgPath = "";
        } else {
            showImg.imgPath = ResLoader.targetPath + @"\images\" + sImgInforma.imgName;
        }
        showImg.ajustMode = sImgInforma.ajustMode;
        showImg.showPos = new Vector3 (sImgInforma.px, sImgInforma.py, sImgInforma.pz);
        imgRect.localPosition = showImg.showPos;
        if (!string.IsNullOrEmpty (sImgInforma.imgName)) {
            ResLoader.resLoader.StartCoroutine (ResLoader.resLoader.GetImgRes (ResLoader.targetPath+@"\
images\"+ sImgInforma.imgName, image));
        }
        imgpath = ResLoader.targetPath + @"\images\" + sImgInforma.imgName;
        showImg.rotate=sImgInforma.rotate;
        showImg.x=sImgInforma.x;
        showImg.y = sImgInforma.y;
        showImg.z = sImgInforma.z;
        showImg.w = sImgInforma.w;
        showImg.h = sImgInforma.h;
        showImg.clickOpen = sImgInforma.clickOpen;
        showImg.IsBG = sImgInforma.ISBG;

        return action;
    }
```

ShowImgUI 脚本的功能由若干个方法完成，下面分别解析这几个方法：

1）Awake() 方法：通过 Manager 脚本查找到预览图片的位置，赋给 preshow 变量，用于显示图片。

2）Start() 方法：在 timeInputfield 中添加委托事件 ActionTimeChange，该事件主要用于设置 Action 的延迟时间。

3）OnEnable() 方法：如果预览图片 preshow 存在，且 imgRect 为空，则给 ImgRect 赋值。

接着调用 PreShowVisibility() 方法来隐藏 Preshow 图片，调用 SetPreShowSize() 方法来设置 Preshow 图片的大小。

4）CreateAction 方法：用于创建 Action 和 ActionInfo。具体的脚本内容解析如下：

- 声明 ShowImg 脚本变量，设置 Action 属性 Isonce 为 true，设置 Action 的名称为 ShowImg，在 State 中添加 Action。
- 声明 ShowImgInfoma 脚本变量，即创建 ActionInfo 的信息。
- 赋值 ImgRect 属性，然后将 ImgRect 赋值给 showImg.canvas。

5）LoadAction 方法：用于加载 Action 和 ActionInfo 的信息，显示 UI 内容。具体的脚本内容解析如下：

- 获取 Actioninfo 信息，赋值 rotate.text、x.text、y.text、z.text、w.text、h.text，显示相关 UI 内容。
- 在 Actioninfo 中是否有设置图片为背景，赋值给 SetBg.isOn，通过 toggle 显示其 UI 上的情况，然后通过 timeInputField.text 来显示延迟时间。
- 赋值 ImgRect 属性，然后将 ImgRect 赋值给 showImg.canvas。
- 加载 Action、ShowImg。根据 actioninfo 中的 imgName（图片名称）获取图片的路径赋值给 Action，同时也赋值给本脚本中是 imgpath，然后把 actioninfo 中获取的信息依次填入 Action 中，返回 Action。

6）ActionTimeChanged() 方法：根据 UI 中输入的时间值来修改 Action 中的延迟时间，具体实现就是赋值 Action 的 duringtime。

7）PreShowVisibility() 方法：用于设置预览图片的可见性，即通过 Setactive 来设置 imgRect.gameObject。

8）SetPreShowSize() 方法：用于设置预览图片的大小。根据 UI 中输入图片的宽高来设置图片的大小。

9）SetBg() 方法：设置背景。如果 UI 编辑中设置背景的选项被勾选，则对应 Action 的 isBg 属性为 true，反之则为 false。

10）UpdateInput() 方法：用于更新 Action 和 Actioninfo 的属性信息。具体实现方法就是把 UI 控件中的每个相关修改值赋值到对应的 Action 和 Actioninfo 属性中。

11）GetImage() 方法：根据图片的路径，用 WWW 方法加载图片，然后调用 SetImgAjust() 方法来设置所加载图片的大小和格式信息。

12）SetImgAjust() 方法：用于设置图片的格式，当图片设置为适应宽度时，则修改图片大小为适应宽度。当图片是适应高度时，修改图片大小为适应高度。

## 6.2 显示按钮功能

### 6.2.1 Action 功能

该 Action 主要用于在界面中添加按钮控件，用于按钮的单击事件响应，该 Action 的 UI 界面如图 6-4 所示。

图 6-4　显示按钮 Action 的界面

## 6.2.2　操作流程

在状态中添加了显示按钮的 Action 以后，可以对 Action 进行如下操作：

1）选择按钮图片：单击图 6-4 中的图片选择按钮，则会弹出图片选择框，可以任意添加按钮图片到 PEVR 中，支持 jpg 和 png 格式，如图 6-5 所示。

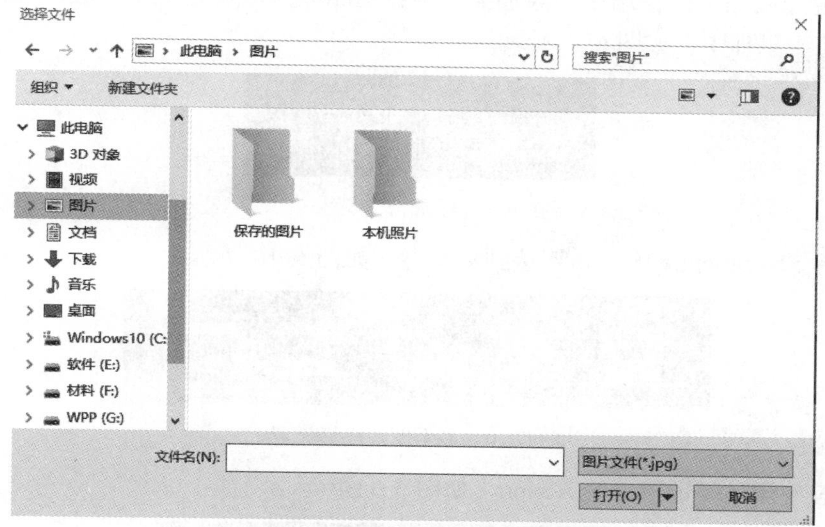


图 6-5　选择图片示意图

2）设置按钮信息：可以修改按钮的大小和位置，通过中间栏的 UI 输入框，可以在对应属性上修改数值来改变按钮图片的属性。按钮图片属性各个初始值都是 0.1。

3）发送事件：单击发送事件选项栏 chooseevent，即可给 Button 添加事件响应。当按钮按下时，发送设定的响应事件，如图 6-6 所示。

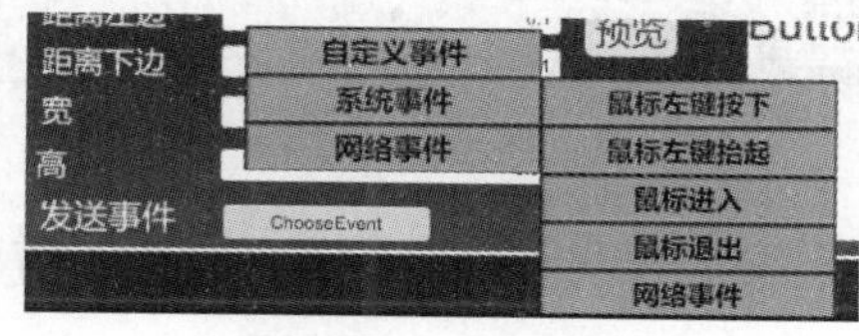


图 6-6　发送事件

4）预览：单击预览选项，即可在未运行的状态下看到按钮图片的位置和属性。

5）设置介绍文字：在右侧编辑栏中，输入按钮图片的文字，即可在按钮图片上添加文字。具体示例效果如图 6-7 所示。

图 6-7　设置介绍文字

简单的 Action 操作示例：通过单击按钮来显示图片，如图 6-8 所示。

图 6-8　显示按钮 Action

具体实现过程如下：在场景中添加显示按钮 Action，再自定义事件 ShowPicture，添加事件到按钮响应事件中，如图 6-9 所示。

图 6-9　添加自定义事件

设置事件 ShowPicture 响应，连接到新状态，如图 6-10 所示。

图 6-10　显示图片属性设置

在新状态中添加显示图片的 Action，如图 6-11 所示。

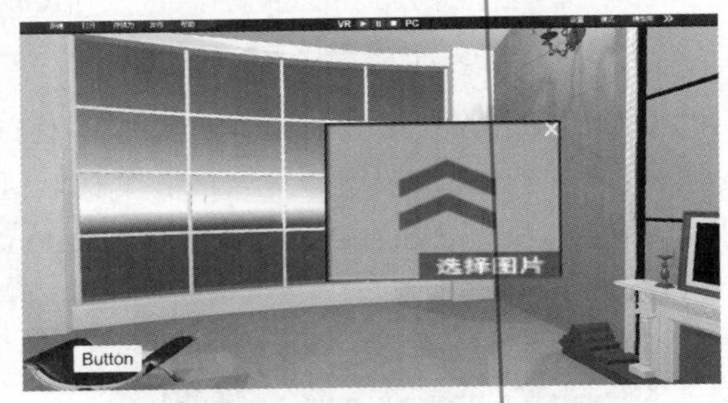

图 6-11　添加图片运行效果

运行后，单击“Button”按钮，则可以看到界面上显示了图片，示例操作完成。

### 6.2.3　脚本解析

该 Action 的功能主要表现在 ShowButton 类里，ShowButton 类继承于 Action 类，其主要的功能是给按钮控件添加响应事件。该脚本的主要属性如下：

```
public GameObject button;
```

| 属性说明 | 属性类型 | 作用 |
|---|---|---|
| button | GameObject | 设置对象按钮 |

ShowButton 类的脚本内容如下：

```
public override void DoAction(Main m)
    {
        if (button != null)
        {
            button.SetActive(true);
            button.GetComponent<Button>().enabled = true;
        }
        button.GetComponent<Button>().onClick.AddListener(SendEvent);
    }

    public void SendEvent()
    {
        even.DoRelateToEvents();
    }

    public void SetButton(GameObject obj)
    {
        button = obj;
    }
```

ShowButton 脚本的功能由若干个方法完成，下面分别解析这几个方法：

1）DoAction() 方法：该方法中首先判断按钮对象是否存在，如果存在则显示按钮对象，添加 Button 组件，然后在 Button 组件中添加响应事件 SendEvent。

2）SendEvent() 方法：执行 Event 中的事件。

3）SetButton() 方法：设置目标对象为按钮对象。

该 Action 的 UI 部分主要是通过 ShowButtonUI 类实现，ShowButtonUI 类继承于 ShowImageUI 类，ShowImageUI 继承于 ActionUI，ShowButtonUI 类的主要功能是添加选择按钮图片、设置按钮大小、添加按钮事件、添加按钮介绍内容等。该脚本的主要属性如下：

```
ShowButton showButton;
public Text eventText;
public Button PreviewBtn;
public InputField buttonText;
```

继承的属性：

```
public GameObject ShowImageTarget;
    public Image ImageSelected;
    public InputField top;
```

```
public InputField width;
public InputField height;
public Button SelectBtn;
public Sprite sprite;
public string imagePath;
public GameObject ShowButtonTarget;
ShowImage si;
Vector3 temp;
protected ShowPCButtonInforma showPCButtonInforma;
```

| 属性说明 | 属性类型 | 作用 |
|---|---|---|
| showButton | ShowButton | Action 对象脚本 |
| eventText | Text | 显示 UI 上的事件名字 |
| PreviewBtn | Button | 预览按钮，用于显示预览的按钮效果 |
| buttonText | InputField | 输入 UI 上的按钮介绍文字 |
| ShowImageTarget | GameObject | 实例化的按钮对象 |
| ImageSelected | Image | 所选择的图片 |
| left、top、width、height | InputField | 图片位置和宽高的 UI 输入框 |
| SelectBtn | Button | 选择的按钮 |
| imagePath | string | 图片路径 |
| si | ShowImage | showImage 的 Action |
| temp | Vector3 | 用于编辑图片位置 |
| showPCButtonInforma | ShowPCButtonInforma | 用于记录 Action 信息 |

ShowButtonUI 类脚本的部分内容如下：

```
public void Init(ShowPCButtonInforma spc)
{
    left.text = spc.left.ToString();
    top.text = spc.up.ToString();
    width.text = spc.width.ToString();
    height.text = spc.height.ToString();

    PreviewBtn.onClick.AddListener(PreviewButton);
    ShowButtonTarget = Instantiate(Manager.Instace.ShowButton);
    if (spc.imagePath != null)
    {
        FileStream fileStream = new FileStream(spc.imagePath, FileMode.Open, FileAccess.Read);
        fileStream.Seek(0, SeekOrigin.Begin);
        byte[] bytes = new byte[fileStream.Length];
        fileStream.Read(bytes, 0, (int)fileStream.Length);
        fileStream.Close();
        fileStream.Dispose();
        fileStream = null;
```

```
            Texture2D texture = new Texture2D(800, 640);
            texture.LoadImage(bytes);
            Sprite sprite = Sprite.Create(texture, new Rect(0, 0, texture.width, texture.height), new
Vector2(0.5f, 0.5f));
            ImageSelected.sprite = sprite;
            ShowButtonTarget.GetComponent<Image>().sprite = sprite;

        }
        ShowButtonTarget.transform.SetParent(Manager.Instace.transform);
        //ShowButtonTarget.transform.position = ShowButtonTarget.transform.parent.position;
        SetShowButtonTargetPos(spc);
        showButton.SetButton(ShowButtonTarget);

        ShowButtonTarget.SetActive(false);
    }

    void PreviewButton()
    {
        if (!ShowButtonTarget.activeSelf)
        {
            ShowButtonTarget.SetActive(true);
            ShowButtonTarget.GetComponent<Button>().enabled = false;
        }
        else
        {
            ShowButtonTarget.SetActive(false);
            ShowButtonTarget.GetComponent<Button>().enabled = true;
        }

    }

    public void SetShowButtonTargetPos(ShowPCButtonInforma spc)
    {
        float x = spc.left * 1920;
        float y = spc.up * 1280;
        ShowButtonTarget.transform.position = new Vector3(x, y, 0);
        float wid = spc.width * 1920;
        float heigh = spc.height * 1280;
        ShowButtonTarget.GetComponent<RectTransform>().sizeDelta = new Vector2(wid, heigh);
    }
```

```
public override Action<Main> CreateAction()
{
    action = new ShowButton();
    action.SetSituation();
    showButton = (ShowButton)action;
    showPCButtonInforma = new ShowPCButtonInforma(true);
    actionInforma = showPCButtonInforma;
    showPCButtonInforma.name = "ShowButton";
    GetStateInfo().actionList.Add(showPCButtonInforma);
    if (Manager.Instace.ShowButton == null)
    {
        Manager.Instace.ShowButton = (GameObject)Resources.Load("Prefabs/ButtonPrefab");
    }
    Init(showPCButtonInforma);
    ControlSize(ShowButtonTarget);
    return action;
}

public override Action<Main> LoadAction(ActionInforma actionInforma)
{
    showPCButtonInforma = (ShowPCButtonInforma)actionInforma;
    this.actionInforma = actionInforma;
    action = new ShowButton();
    showButton = (ShowButton)action;
    if (Manager.Instace.ShowButton == null)
    {
        Manager.Instace.ShowButton = (GameObject)Resources.Load("Prefabs/ButtonPrefab");
    }
    Init(showPCButtonInforma);
    showButton.button.GetComponentInChildren<Text>().text = showPCButtonInforma.buttonText;
    buttonText.text = showPCButtonInforma.buttonText;
    ControlSize(ShowButtonTarget);
    foreach (Events e in Manager.Instace.eventlist)
    {
        if (e.name == showPCButtonInforma.eventName)
        {
            showButton.even = e;
            eventText.text = e.name;
        }
    }
    return base.LoadAction(actionInforma);
}
```

ShowButtonUI 脚本的功能由若干个方法完成，下面分别解析这几个方法：

1）CreateAction() 方法：用于声明 Action 和 Actioninfo 信息，具体实现如下：

- 在方法中声明 Action，即 ShowButton。
- 在方法中声明 Actioninfo，即 ShowPCButtonInforma。添加 Actioninfo 到 State 状态中，设置 actioninfo 的名称为"ShowButton"。
- 加载按钮的预设体，调用 Init() 方法来实例化按钮预设体。
- 调用 ControlSize() 方法来添加 UI 控件的事件响应。

2）LoadAction() 方法：用于加载 Actioninfo 信息，根据 Actioninfo 来设置 UI 控件中的属性和 Action 的属性，具体实现如下：

- 加载 ActionInfo、ShowPCButtonInforma。
- 把 ShowPCButtonInforma 中的 buttonText 属性赋值给显示 Button 中的 Text 组件 text 属性和输入 Text 框中的 string 属性。
- 加载按钮的预设体，调用 Init() 方法来实例化按钮预设体。
- 调用 ControlSize() 方法来添加 UI 控件的事件响应。
- 在 Manager 的 EventList 中找到与 ShowPCButtonInforma 中 event 名字相同的事件，赋值给 Action 的 even 属性，同时也在 UI 上显示当前 Button 事件的名称。

3）Init() 方法：用于实例化按钮，显示设置按钮图片大小和位置，具体实现如下：

- 把 Actioninfo、ShowPCButtonInforma 的位置信息赋值给对应 UI 控件输入框所需要用的位置属性，即距离屏幕左边的距离、距离屏幕右边的距离、图片的宽度及高度。
- 实例化 Manger 中的 ShowButton 对象，赋值给脚本中的 ShowButton 属性。
- 如果 ShowPCButtonInforma 中选择的图片路径属性 ImagePath 存在，即 imagePath != null，则根据所给的图片路径，使用 FileStream 来将图片转成 bytes，然后声明 Texture2D 来加载 bytes 图片，最后把 Texture2D 转成 Sprite 格式。将转换好的 Sprite 图片赋值给 ShowButton 中 Imge 组件的 Sprite 和 ImageSelect 的 Sprite。
- 设置 ShowButtonTarget 的父级为 Manger 的 Transform，来修改默认位置。然后调用 SetShowButtonTargetPos() 方法来设置 ShowButtonTarget 图片的大小和位置。调用 Action 的 SetButton() 方法来设置 Button 属性为 ShowButtonTarget。
- 隐藏实例化的对象 ShowButtonTarget。

4）PreviewButton() 方法：用于预览显示按钮，由 UI 控件 PreviewBtn 添加的按钮单击响应引用，具体实现功能如下：

- 如果按钮未显示，就显示实例化的按钮对象 ShowButtonTarget，启用 Button 组件，反之如果按钮为显示状态，则隐藏实例化的按钮对象 ShowButtonTarget，禁用 Button 组件。

5）SetShowButtonTargetPos() 方法：用于修改图片的位置和大小，具体实现功能如下：

- 根据 actioninfo 中的位置相关属性和大小相关属性，通过修改实例化按钮对象的 position 来设置位置，修改 RectTransform 的 sizeDelta 来设置大小。

## 6.3 显示文本信息

### 6.3.1 Action 功能

可以给场景中的三维模型设置某个文本片段，其 UI 界面如图 6-12 所示。

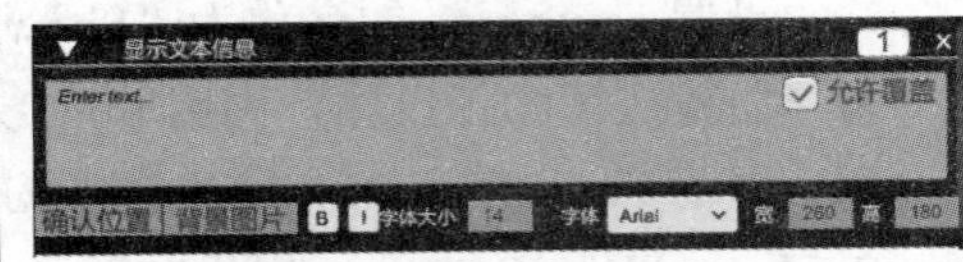

图 6-12　显示文本 UI 界面

### 6.3.2 操作流程

首先将要编辑的文本输入文本框，如图 6-13 所示。单击单选框 [允许覆盖]，来确认文本是否会被遮挡，如在选中状态则不会被遮挡。单击并左右拖动文本预览框，可以显示文本的位置，如图 6-14 所示。

图 6-13　输入文本

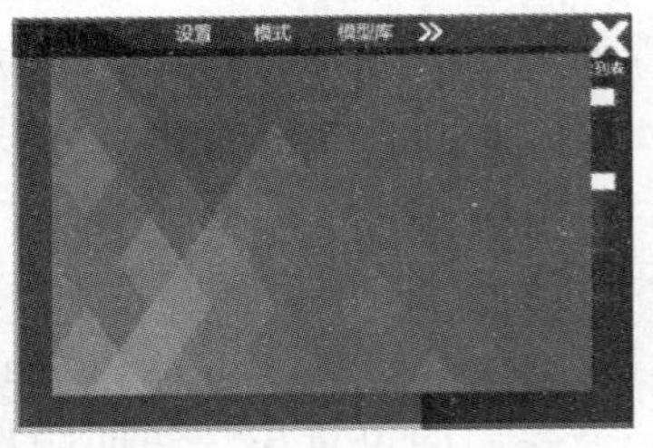

图 6-14　显示文本位置

单击 [B] 和 [I] 按钮，分别用于字体加粗以及设置斜体字。在文本框 [字体大小 20] 内可以编辑修改字体大小。单击下拉框 [字体 Arial] 可以选择字体。在文本框 [宽 260 高 180] 内可以编辑修改文本框的宽度和高度。单击按钮 [确认位置]，确定文本框最终位置。单击按钮 [背景图片]，系统会弹出文件选择对话框，使用者找到想要使用的图片即可，如图 6-15 所示。

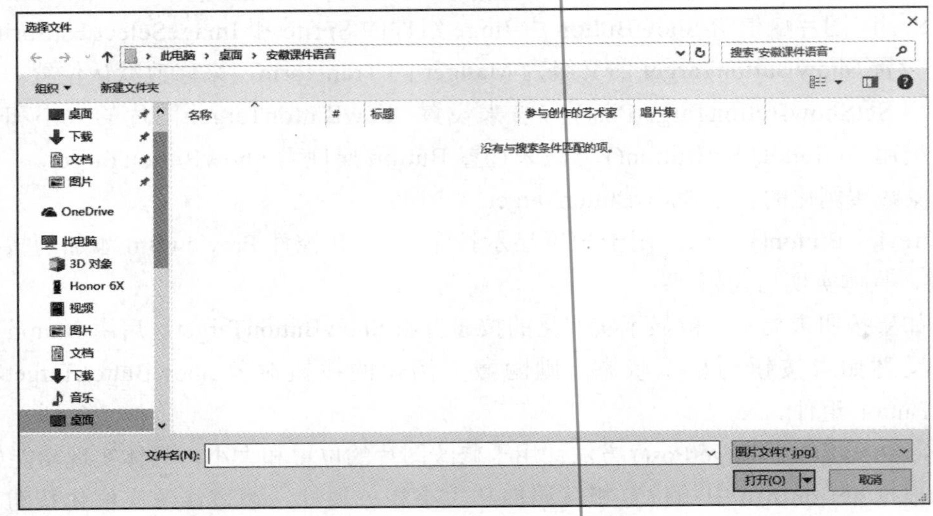

图 6-15　文件选择对话框

## 6.3.3　脚本解析

1）本 Action 的功能体现在 PCShowMsg 类里，该类继承于 Action 类，其主要的功能是在 PC 场景中显示文本框。它包含如下属性：

```
public class PCShowMsg : Action<Main> {
    public string msg;
    public GameObject tipObj;
    public FontStyle style;
    public int fontSize;
    public Font font;
    public bool clickOpen;
    public float spacing;
    public string imagePath;
    public Vector3 showPos;
    public float w,h;
    UICtrller uiCtrller;
     public bool IsCover;
```

| 属性名称 | 属性类型 | 作用 |
| --- | --- | --- |
| msg | string | 设置显示文本信息的内容 |
| tipObj | GameObject | 设置显示文本信息的所在物体 |
| style | FontStyle | 设置显示文本信息的字体风格 |
| fontSize | int | 设置显示文本信息的字号 |
| clickOpen | bool | 设置显示文本信息是否可以接受单击 |
| spacing | float | 设置显示文本信息的间隔 |
| imagePath | string | 设置显示文本信息的背景图路径 |
| showPos | Vector3 | 设置显示文本信息的文本框位置 |
| w | float | 设置显示文本信息的文本框宽度 |
| h | float | 设置显示文本信息的文本框高度 |
| uiCtrller | UICtrller | 设置显示文本信息的 UICtrller 脚本 |
| IsCover | bool | 设置显示文本信息是否可以被覆盖 |

```
    public override void DoAction(Main m)
    {
        if (tipObj != null) {
            // 先将所有可被覆盖的文本关闭
            for (int i = 0; i < tipObj.transform.parent.childCount; i++)
            {
                //Debug.Log("ISCover=" + tipObj.transform.parent.GetChild(i).GetComponent<DragableUI>().
IsCover);
                if (tipObj.transform.parent.GetChild(i).GetComponent<DragableUI>().IsCover == true)
                {

                    tipObj.transform.parent.GetChild(i).gameObject.SetActive(false);
                }
```

```
            }
            //Debug.Log("tipObj.name=" + tipObj.name);
            //Debug.Log("tipObj.transform.parent.name=" + tipObj.transform.parent.name);
            //Debug.Log("tipObj.transform.parent.parent.name=" + tipObj.transform.parent.parent.name);
            tipObj.transform.parent.gameObject.SetActive (true);
            tipObj.GetComponent<RectTransform> ().sizeDelta = new Vector2 (w, h);
            uiCtrller = m.gameObject.GetComponent<UICtrller> ();
            if (uiCtrller == null) {
                uiCtrller = m.gameObject.AddComponent<UICtrller> ();
            }
            uiCtrller.targetUI = tipObj;
            if (!string.IsNullOrEmpty (msg)) {
                uiCtrller.msg = msg;
                uiCtrller.font = font;
                uiCtrller.style = style;
                uiCtrller.fontSize = fontSize;
                uiCtrller.clickOpen = clickOpen;
                uiCtrller.isMouseDown = true;
                uiCtrller.spacing = spacing;
                uiCtrller.msgBgPath = imagePath;
                uiCtrller.msgPos = showPos;
            }
//          tipObj.transform.eulerAngles = new Vector3 (0, rotateAngle, 0);
//          tipObj.transform.localPosition = new Vector3 (offsetX, offsetY, offsetZ);
        }
    }
}
```

本脚本的功能由若干个方法完成，下面分别解析这几个方法：

DoAction 方法是一个多态函数，在本类中其作用是：首先判断所有文本信息中是否有可被覆盖的，如果有则将之隐藏，并激活父物体。按照长和宽建立文本框 UI，检测是否有 UICtrller 脚本，如果没有就用 GameObject 的 AddComponent 方法新增，如果有则用 GameObject 的 GetComponent 方法获取。

将本 UI 文本信息框设置为目标 UI，并检测文本信息是否为空，若非空，则将信息字符串、字体、字号、风格等信息传入 UICtrller 脚本中。

2）本 ActionUI 的功能体现在 PCShowMsgUI 类里，该类继承于 ActionUI 类，其主要的功能是可以将 UI 界面具象化，使用户可以直观地编辑更改其中的功能数据。它包含如下属性：

```
public class PCShowMsgUI : ActionUI {
    public InputField msgField;
    public Transform preShow;
    public Toggle bold, italic;
    public InputField fontSize;
    public InputField spacing;
```

```
public InputField w, h;
public Toggle clickOpen;
public Dropdown fontId;
public FontStyle style;
public Font[] fonts;
public string imgpath,imgName;
public Sprite targetSprite;
RectTransform msgRect;
  public Toggle IsCover;
```

| 属性名称 | 属性类型 | 作用 |
|---|---|---|
| msgField | InputField | 设置显示文本信息的内容 |
| preShow | Transform | 设置显示文本信息的所在物体 |
| bold | Toggle | 设置显示文本信息的字体加粗单选框 |
| italic | Toggle | 设置显示文本信息的斜体单选框 |
| clickOpen | bool | 设置显示文本信息是否可以接受单击 |
| fontId | Dropdown | 设置显示文本信息的字体编号 |
| style | FontStyle | 设置显示文本信息的字体风格 |
| fonts | Font[] | 设置显示文本信息的字体 |
| imgpath | string | 设置显示文本信息的背景图路径 |
| imgName | string | 设置显示文本信息的背景图片名 |
| targetSprite | Sprite | 设置显示文本信息的图片 |
| IsCover | bool | 设置显示文本信息是否可以被覆盖 |
| msgRect | Toggle | 设置显示文本信息是否可以被覆盖的单选框 |

```
public override Action<Main> CreateAction()
{
    action = new PCShowMsg ();
    action.isOnce = true;
    actionInforma = new PCShowMsgInforma(true);
    PCShowMsg pcshowMsg = (PCShowMsg)action;
    //pcshowMsg.tipObj = Instantiate<GameObject> (Resources.Load<GameObject> ("Prefabs/
TipContainer"), Manager.Instace.gonggong.transform);
    //pcshowMsg.tipObj=preShow.gameObject;
    //preShow = Manager.Instace.transform.Find ("MsgContainer");
    if (!msgRect) {
        msgRect= Instantiate<GameObject> (preShow.GetChild (0).gameObject, preShow).GetComponent<
RectTransform>();
    }
    pcshowMsg.tipObj = msgRect.gameObject;
    GetStateInfo().actionList.Add(actionInforma);
    actionInforma.name = "PCShowMsg";
    return base.CreateAction();
}
```

```
public override Action<Main> LoadAction (ActionInforma actionInforma)
{
        PCShowMsgInforma psInforma = (PCShowMsgInforma)actionInforma;
        this.actionInforma = actionInforma;
        msgField.text = psInforma.msg;
        fontId.value = psInforma.font;
        fontSize.text = psInforma.fontSize.ToString();
        clickOpen.isOn = psInforma.clickOpen;
        spacing.text = psInforma.spacing.ToString ();
        style = (FontStyle)psInforma.fontStyle;
        SetStyle (psInforma.fontStyle);
        w.text = psInforma.w.ToString ();
        h.text = psInforma.h.ToString ();
        IsCover.isOn = psInforma.IsCover;
        action = new PCShowMsg();
        PCShowMsg pcshowMsg = (PCShowMsg)action;
        //pcshowMsg.tipObj = Instantiate<GameObject> (Resources.Load<GameObject> ("Prefabs/
TipContainer"), Manager.Instace.gonggong.transform);
        //pcshowMsg.tipObj=preShow.gameObject;
        if (!msgRect) {
            msgRect= Instantiate<GameObject> (preShow.GetChild (0).gameObject, preShow).GetComponent<
RectTransform>();
        }
        pcshowMsg.tipObj = msgRect.gameObject;
        pcshowMsg.msg=psInforma.msg;
        pcshowMsg.font=fonts [fontId.value];
        pcshowMsg.fontSize = psInforma.fontSize;
        pcshowMsg.style = style;
        pcshowMsg.clickOpen = psInforma.clickOpen;
        pcshowMsg.spacing = psInforma.spacing;
        print (psInforma.imagePath);
        if (string.IsNullOrEmpty(psInforma.imagePath)) {
            pcshowMsg.imagePath = "";
        } else {
            pcshowMsg.imagePath = ResLoader.targetPath + @"\images\" + psInforma.imagePath;
        }
        print (pcshowMsg.imagePath);
        if (!string.IsNullOrEmpty (psInforma.imagePath)) {
            ResLoader.resLoader.StartCoroutine (ResLoader.resLoader.GetImgRes (ResLoader.targetPath + @"\
images\" + psInforma.imagePath, msgRect.GetComponent<Image>()));
        }
        pcshowMsg.showPos = new Vector3(psInforma.px,psInforma.py,psInforma.pz);
        msgRect.localPosition = pcshowMsg.showPos;
```

```
        msgRect.sizeDelta = new Vector2 (psInforma.w, psInforma.h);
        pcshowMsg.w = psInforma.w;
        pcshowMsg.h = psInforma.h;
        return action;
    }

    void OnEnable(){
        if (preShow) {
            if (!msgRect) {
                msgRect=Instantiate<GameObject>(preShow.GetChild(0).gameObject,preShow).
GetComponent<RectTransform>();
            }
            PreShowVisibility (false);
            SetPreShowSize ();
        }
    }

    void Awake(){
        preShow = Manager.Instace.transform.Find ("MsgContainer");
        if (!msgRect) {
            msgRect=Instantiate<GameObject>(preShow.GetChild(0).gameObject,preShow).GetComponent<
RectTransform>();
        }
        //fonts = new Font[2];
        fonts [0] = msgRect.GetChild (0).GetComponent<Text> ().font;
    }

    // Use this for initialization
    void Start () {
        //preShow = Manager.Instace.transform.Find ("MsgContainer");
    }

    // Update is called once per frame
    void Update () {

    }

    IEnumerator GetImage(string path)
    {
        WWW www = new WWW(@"file://"+path);
        yield return www;
        Texture2D tex2d = www.texture;
        targetSprite = Sprite.Create (tex2d, new Rect (0, 0, tex2d.width, tex2d.height), Vector3.zero);
```

```
        msgRect.GetComponent<Image> ().sprite = targetSprite;
    }

    public void GetImage(){
        try{
            FileInfo fileInfo = new FileInfo (IOHelper.GetImageName ());
            imgpath = fileInfo.FullName;
            imgName=fileInfo.Name;
            CopyImage();
            PCShowMsg pcshowMsg = (PCShowMsg)action;
            pcshowMsg.imagePath=imgpath;
            PCShowMsgInforma psInforma = (PCShowMsgInforma)actionInforma;
            psInforma.imagePath=imgName;
            StartCoroutine(GetImage(imgpath));
            UpdateInput();
        }catch{

        }
    }

    void CopyImage(){
        if (Directory.Exists (Application.dataPath + @"\images")) {
            File.Copy (imgpath, Application.dataPath + @"\images\" + imgName, true);
        } else {
            Directory.CreateDirectory (Application.dataPath + @"\images");
            File.Copy (imgpath, Application.dataPath + @"\images\" + imgName, true);
        }
    }

    public void UpdateInput(){
        UpdateStyle ();
        PCShowMsg pcshowMsg = (PCShowMsg)action;
        try{
            pcshowMsg.msg = msgField.text;
            pcshowMsg.fontSize=int.Parse(fontSize.text);
            pcshowMsg.style=style;
            pcshowMsg.font=fonts[fontId.value];
            pcshowMsg.clickOpen=clickOpen.isOn;
            pcshowMsg.spacing=float.Parse(spacing.text);
            pcshowMsg.showPos=msgRect.localPosition;
            pcshowMsg.w=float.Parse(w.text);
            pcshowMsg.h=float.Parse(h.text);
            pcshowMsg.IsCover = IsCover.isOn;
```

```
            PCShowMsgInforma psInforma = (PCShowMsgInforma)actionInforma;
            // 将属性值保存
            psInforma.msg=msgField.text;
            psInforma.fontSize=int.Parse(fontSize.text);
            psInforma.fontStyle=(int)style;
            psInforma.font=fontId.value;
            psInforma.clickOpen=clickOpen.isOn;
            psInforma.spacing=float.Parse(spacing.text);
            psInforma.px=msgRect.localPosition.x;
            psInforma.py=msgRect.localPosition.y;
            psInforma.pz=msgRect.localPosition.z;
            psInforma.w=float.Parse(w.text);
            psInforma.h=float.Parse(h.text);
            psInforma.IsCover = IsCover.isOn;
        }catch{
        }
    }

    public void UpdatePreShowText(){
        if (preShow) {
            msgRect.GetChild (0).GetComponent<TextSpacing> ()._textSpacing = float.Parse (spacing.text);
            msgRect.GetChild (0).GetComponent<Text> ().text = "";
            msgRect.GetChild (0).GetComponent<Text>().text = msgField.text;
            msgRect.GetChild (0).GetComponent<Text> ().fontStyle = style;
            msgRect.GetChild (0).GetComponent<Text> ().fontSize=int.Parse(fontSize.text);
            msgRect.GetChild (0).GetComponent<Text> ().font = fonts [fontId.value];
            //Debug.Log("IsCover="+IsCover.isOn);
            msgRect.GetComponent<DragableUI>().IsCover = IsCover.isOn;
            try{
                msgRect.sizeDelta = new Vector2 (float.Parse(w.text), float.Parse(h.text));
            }catch{

            }
        }
    }

    public void PreShowVisibility(bool isShow){
        msgRect.gameObject.SetActive (isShow);
    }

    void UpdateStyle(){
        if (bold.isOn && italic.isOn) {
            style = FontStyle.BoldAndItalic;
```

```
        } else if (bold.isOn) {
            style = FontStyle.Bold;
        } else if (italic.isOn) {
            style = FontStyle.Italic;
        } else {
            style = FontStyle.Normal;
        }
    }

    public void SetPreShowSize(){
        try{
            RectTransform rt = msgRect;
            rt.sizeDelta = new Vector2 (float.Parse(w.text), float.Parse(h.text));
        }catch{

        }
    }

    void SetStyle(int styleId){
        switch (styleId) {
        case 0:
            bold.isOn = false;
            italic.isOn = false;
            break;
        case 1:
            bold.isOn = true;
            italic.isOn = false;
            break;
        case 2:
            bold.isOn = false;
            italic.isOn = true;
            break;
        case 3:
            bold.isOn = true;
            italic.isOn = true;
            break;
        default:
            break;
        }
    }
}
```

本脚本的功能由若干个方法完成，下面分别解析这几个方法：

1）CreateAction 方法是一个多态函数，在本类中其作用是在文本框填写显示文本：选择字体使用 Dropdown 组件，单击后弹出下拉框，将所有可以选择的字体一一列出，以供使用者选择，字体的加粗和设置斜体使用 Toggle 组件——一个可以选择背景图片的按钮，单击后弹出文件选择框，选择想要使用的图片作为背景图，是否覆盖使用 Toggle 组件形成单选框，在字体大小输入框里输入字体大小。

2）LoadAction 是信息传递函数，用于在运行时将在 PCShowMsgInforma 中储存的文本显示所需的信息传递进 PCShowMsg 脚本中，包括字体、字号、字体风格、文本框的长与宽、文本字符串、是否可覆盖、是否可被单击等。

3）Awake 是初始化文本框 UI 的函数，首先用 Transform 的 Find 方法，找到该 UI。若 msgRect 为空，则实例化一个，并使用 Transform 的 GetComponent 的方法获取 RectTransform 组件。并在字体数组内记录当前字体。

4）OnEnable 是协程函数，若 msgRect 为空，则实例化一个，并使用 Transform 的 GetComponent 方法获取 RectTransform 组件，然后将文本信息框隐藏，并按照宽高调整 UI 尺寸。

5）GetImage 用来显示文件选择界面，并获取选中的图片途径、文件名。调用 CopyImage 函数，将其复制到指定存放路径，并将路径信息传入 PCShowMsgInforma 和 PCShowMsg 脚本中，并开启 GetImage 协程，显示图片。调用 UpdateInput 更新并传输信息。

6）GetImage 是一个协程函数，用来按照路径将图片显示在文本信息框界面 UI 的 Image 组件中。

7）CopyImage 是用来将图片复制到指定路径的函数。

8）UpdateInput 是更新文本信息框内信息，并且将之传入 PCShowMsg 和 PCShowMsgInforma 脚本中的函数，调用了 UpdateStyle 函数。

9）UpdatePreShowText 是用来将使用者设置及输入的文本信息显示在文本信息框 UI 上的函数。

10）UpdateStyle 用来按照加粗，斜体的选择情况，更改文本信息。

11）SetStyle，将字体风格转成对应的加粗、斜体 bool 变量。

## 6.4　3D 文本显示

### 6.4.1　Action 功能

可以在承载该动作的物体位置创建一个用于显示提示信息的文本（因为该文本会被物体遮挡，所以在使用时，建议使用一个不需要的物体搭配设置可见性动作中的不可见属性来使用）。其 UI 界面如图 6-16 所示。

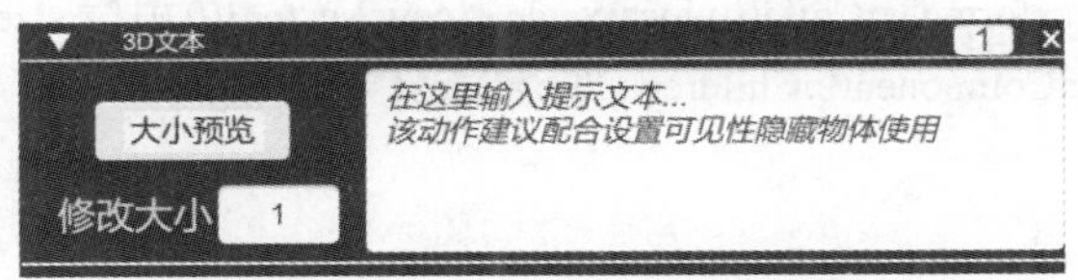


图 6-16　3D 文本示意图

操作步骤：单击[按钮]可以修改提示文本；单击[大小预览]可以预览文本整体的大小；单击[修改大小 1]中的文本输入框可以直接修改文本整体的大小，可以搭配预览功能使用。

## 6.4.2 脚本解析

1. WorldText

本 Action 的功能主要体现在 WorldText 类中，该类继承自 Action 类，其主要功能是在目标物体位置创建一个提示文本。它包含如下属性：

```
public GameObject worldCanvas;
public string message;
public float size = 1f;
```

| 属性名称 | 属性类型 | 作用 |
|---|---|---|
| worldCanvas | GameObject | 提示文本的本体 |
| message | string | 提示文本中的文本内容 |
| size | float | 提示文本的整体大小 |

```
public override void DoAction(Main m)
    {
        // 先检测目标物体下是否已经有世界画布
        if (m.transform.FindChild("WorldCanvas") != null && m.transform.FindChild("WorldCanvas").
tag=="WorldCanvas")
        {
            worldCanvas = m.transform.FindChild("WorldCanvas").gameObject;
        }// 如果没有就创建
        else
        {
            worldCanvas = GameObject.Instantiate(GameObject.Find("WorldCanvas"));
            worldCanvas.transform.SetParent(m.transform);
            worldCanvas.transform.GetChild(0).gameObject.SetActive(true);
            worldCanvas.transform.localPosition=Vector3.zero;

            worldCanvas.name = "WorldCanvas";
        }

        if (worldCanvas != null)
        {
            worldCanvas.transform.GetChild(0).localScale = new Vector3(0.01f * size, 0.01f * size, 1);
            worldCanvas.GetComponentInChildren<Text>().text = message;
        }

    }
```

本脚本主要由 DoAction(Main m) 方法完成。该方法是一个多态函数，在本类中的作用是：首先查找目标物体子节点中是否有 worldCanvas 提示文本的对象，如果有则将查找到的物体赋值给 worldCanvas（这样可以防止重复复制），如果没有就从场景中查找预先做好的提示文本，并复制一份将其赋值给 worldCanvas，然后将复制后物体的位置放到目标物体的子节点中，再初始化设置该物体的活动状态和位置归零。最后一步就是当 worldCanvas 不为空引用时，将用户设置的大小和文本内容应用到该物体上。

2. WorldTextUI

本 Action 的 UI 设置功能主要体现在 WorldTextUI 类中，该类继承于 ActionUI 类，其主要功能是让用户可以通过 UI 界面预览及修改提示文本实际的大小，修改提示文本的内容。

它包含如下属性：

```
public InputField message_IF;
public InputField SizeInputField;
public Button show_Btn;
public Transform WorldCanvas;
private float size = 1f;
private Transform targetTransform;
WorldText worldText;
WorldTextInforma worldTextInforma;
```

| 属性名称 | 属性类型 | 作用 |
|---|---|---|
| message_IF | InputField | UI 界面上提示文本的文本输入框 |
| SizeInputField | InputField | UI 界面上调整大小的文本输入框 |
| show_Btn | Button | UI 界面上的预览按钮 |
| WorldCanvas | Transform | 在预览时用于预览的提示文本本体 |
| size | float | 调整的大小 |
| targetTransform | Transform | 在预览时提示文本所在位置的目标物体 |
| worldText | WorldText | 执行该动作的脚本 |
| worldTextInforma | WorldTextInforma | 存储该动作数据的脚本 |

```
public override Action<Main> CreateAction()
    {
        action = new WorldText();
        action.isOnce = true;
        actionInforma = new WorldTextInforma(true);
        worldText = (WorldText)action;

        GetStateInfo().actionList.Add(actionInforma);
        actionInforma.name = "WorldText";
        return base.CreateAction();
    }

public override Action<Main> LoadAction(ActionInforma actionInforma)
```

```
{
    worldTextInforma = (WorldTextInforma)actionInforma;
    message_IF.text = worldTextInforma.message;
    action = new WorldText();
    worldText = (WorldText)action;
    worldText.message = worldTextInforma.message;
    worldText.size = worldTextInforma.size;
    SizeInputField.text = worldTextInforma.size.ToString();
    size = worldTextInforma.size;
    return base.LoadAction(actionInforma);
}


public void UpdateInput(int a)
{
    if (worldText == null)
    {
        worldText = (WorldText)action;
    }
    if (worldTextInforma==null)
    {
        worldTextInforma = (WorldTextInforma)actionInforma;
    }
    switch (a)
    {
        case 1:// 调整大小的文本输入框
            size = float.Parse(SizeInputField.text);
            WorldCanvas = GameObject.Find("WorldCanvas").transform;
            WorldCanvas.GetChild(0).localScale = new Vector3(0.01f * size, 0.01f * size, 1);

            worldText.size = size;
            worldTextInforma.size = size;
            break;
        case 2:// 提示文本的输入框
            worldText.message = message_IF.text;
            worldTextInforma.message = message_IF.text;
            break;
        default:
            break;
    }

}
public void BtnShowClick()
```

```
{
    WorldCanvas = GameObject.Find("WorldCanvas").transform;
    if (WorldCanvas)
    {
        if (Manager.Instace.gameObject.GetComponent<G_EditorTarget>().moveTarget != null)
        {
            targetTransform = Manager.Instace.gameObject.GetComponent<G_EditorTarget>().moveTarget.
transform;
        }

        if (targetTransform != null)
        {
            if (targetTransform.position != WorldCanvas.position)
            {
                WorldCanvas.position = targetTransform.position;
                WorldCanvas.GetChild(0).localScale = new Vector3(0.01f * size, 0.01f * size, 1);
                WorldCanvas.GetChild(0).gameObject.SetActive(true);

                return;
            }

            if (WorldCanvas.GetChild(0).gameObject.activeSelf)
            {
                WorldCanvas.GetChild(0).gameObject.SetActive(false);
            }
            else
            {
                WorldCanvas.GetChild(0).gameObject.SetActive(true);
            }
        }
    else
        {
            Debug.LogError(" 在进行预览前请先选中承载该动作的物体！！！ ");
        }
    }
}
```

本脚本的功能由多个方法共同完成，下面解析这些方法：

1）public override Action<Main> CreateAction()：该方法是一个多态函数，在该类中的作用是在创建该动作时创建和绑定该动作相关的脚本和属性信息。

在该方法中获取了该动作相关的动作执行脚本（WorldText）和动作数据存储脚本（WorldTextInforma）。

2）public override Action<Main> LoadAction(ActionInforma actionInforma)：该方法也是

一个多态函数，在该类中的作用是读取储存在数据类中的属性，并将其同步到执行类和该动作的 UI 界面中。

首先在该方法中获取了该动作相关的动作执行脚本（WorldText）和动作数据存储脚本（WorldTextInforma），然后从动作数据存储的脚本中获取了提示文本的内容和大小的数据，并将这些数据应用到 UI 界面和动作执行脚本中。

3）public void UpdateInput(int a)：该方法用来监听 UI 界面上的大小输入框和提示文本输入框中值的变更。首先判断需要用到的执行脚本和数据储存脚本，确认不为空后用 switch 语句对这两个输入框中的值的改变分别进行处理，使之互相之间不会影响。当修改文本大小时将预览的文本的大小进行实时改变，再将改变的数据同步到执行脚本和数据储存脚本中。

4）public void BtnShowClick()：该方法用来响应预览按钮的单击。首先寻找并判断用于预览的提示文本不为空，再判断当前选中的物体不为空，将其赋值给用于预览的目标。在确认目标物体不为空后，进行一次位置判断，如果预览的提示文本不在目标位置就修改其位置到目标位置，同时修改其大小为用户设置的大小和设置为可见之后结束该方法。如果预览的提示文本在目标位置，则修改其可见性，如果可见则改为不可见，如果不可见则修改为可见。

# 6.5 三维展示功能

## 6.5.1 Action 功能

可以将目标物体放在一个特殊的空间中进行展示，用户可以对目标物体进行自由旋转查看，也可以将目标物体的子物体拖出来单独旋转查看。其 UI 界面如图 6-17 所示。

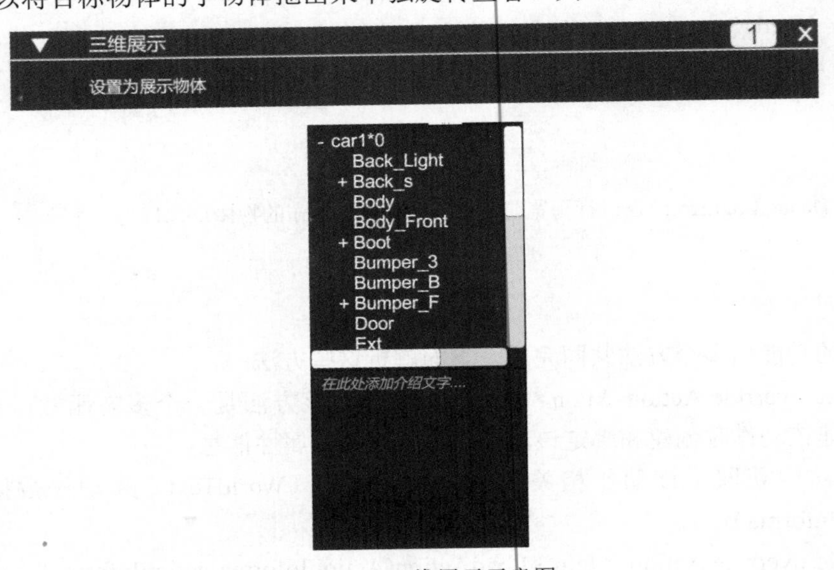


图 6-17　三维展示示意图

## 6.5.2 操作流程

在第一张 UI 图中无任何操作，第二张 UI 图需要在选中需要展示的物体时，按下 P+I 键再单击属性面板右上角的对象列表 根 属性 对象列表 可以弹出三维展示界面（见图 6-17）。在图 6-18 中可以选中目标物体的子物体，然后可以在其下方的文本输入框中添加关于选中的子物体的提示文字。

在运行中进入三维展示动作时界面的右上角仍有 对象列表，单击 对象列表，弹出图 6-19 所示界面，这时上半部分的界面与编辑状态下一致，下半部分文本输入框消失并出现了一些按钮。单击 还原 按钮可以在旋转或拖动过子物体后将其还原；单击 空 按钮可以清空选中的目标；单击 退出 按钮可以结束三维展示动作；单击中的按钮可以对选中的物体进行旋转，如果没有选中物体，则会旋转整体（在场景中使用鼠标右键拖动也可以旋转整体）。另外滚动鼠标滚轮可以实现对展示物体的放大和缩小。

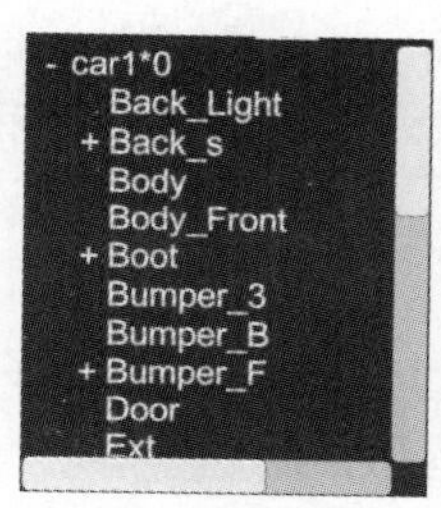


图 6-18　选择子物体

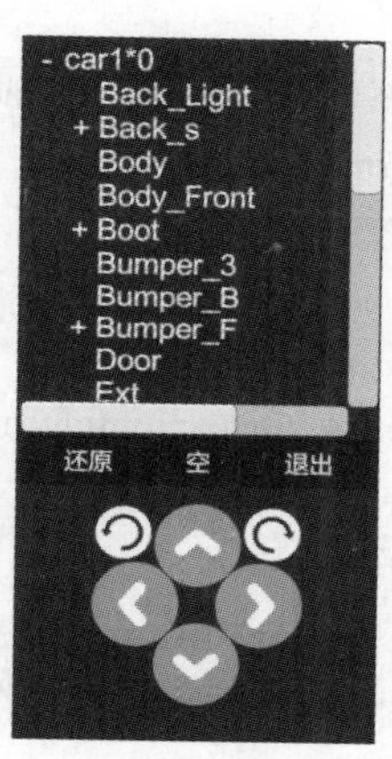


图 6-19　对象列表

## 6.5.3 脚本解析

1. PIShow

该类的主要作用是接收执行到该动作的信息后作为开关开启三维展示。

```
public override void DoAction(Main m)
    {
        PICamera.Instance.piCamera.enabled = true;
        PICamera.Instance.StartPIShow(m.gameObject);
}
```

在该类中只有这样一个方法，该方法的作用便是开启三维展示。

2. PIShowUI

该类的主要作用是在用户添加该动作后在状态栏下显示该动作的 UI。

它包含如下属性：

```
PIShow piShow;
PIShowInforma piShowInforma;
```

| 属性名称 | 属性类型 | 作用 |
| --- | --- | --- |
| piShow | PIShow | 动作执行类 |
| piShowInforma | PIShowInforma | 动作数据存储类 |

```
public override Action<Main> CreateAction()
    {
        action = new PIShow();
        actionInforma = new PIShowInforma(true);
        GetStateInfo().actionList.Add(actionInforma);
        actionInforma.name = "PIShow";
        return base.CreateAction();
    }
    public override Action<Main> LoadAction(ActionInforma actionInforma)
    {
        piShowInforma = (PIShowInforma)actionInforma;
        this.actionInforma = actionInforma;
        action = new PIShow();
        piShow = (PIShow)action;

        return base.LoadAction(actionInforma);
    }
```

在该类中有两个方法：

1）public override Action<Main> CreateAction()：该方法是一个多态函数，在该类中的作用是在创建该动作时创建和绑定该动作相关的脚本和信息。

2）public override Action<Main> LoadAction(ActionInforma actionInforma)：该方法也是一个多态函数，在该类中的作用是读取储存在数据类中的属性并将其同步到执行类和该动作的 UI 界面中。

3. PICamera

本 Action 的主要功能都在 PICanera 类中，该类负责该动作的具体执行和各种功能的实现。

它包含如下属性：

```
public static PICamera Instance;
public GameObject ShowChildPrefab;
public Transform PIPanelContent;
public Camera piCamera;
public GameObject Target;
public GameObject openDetailed;
List<GameobjectAndPosition> childList = new List<GameobjectAndPosition>();
private Vector3 rotate;
public GameObject PIPanel;
float distance;
Vector3 originPos;
```

```
Vector3 temp = Vector3.zero;
bool IsShowPIPanel;
Collider collider;
bool IsStartPIShow = false;
private LayerMask mask;
public Text introduceText;
public InputField inputField;
Dictionary<GameObject, ChildIndex> GoAndChildIndex = new Dictionary<GameObject, ChildIndex>();
bool isEdit;
bool Left;
bool Up;
bool Right;
bool Down;
bool LDown;
bool RDown;
```

| 属性名称 | 属性类型 | 作用 |
|---|---|---|
| Instance | PICamera | 单例 |
| ShowChildPrefab | GameObject | 展示物体的预设物 |
| PIPanelContent | Transform | 展示物体所在列表的 content |
| piCamera | Camera | PI 相机 |
| Target | GameObject | 展示的物体 |
| openDetailed | GameObject | 打开详细的开关 |
| childList | List<GameobjectAndPosition> | 添加过组件的子物体与位置列表 |
| rotate | Vector3 | 物体原本的旋转角 |
| PIPanel | GameObject | PI 展示的面板 |
| distance | float | 相机与目标物体的距离 |
| originPos | Vector3 | 上一帧鼠标位置 |
| temp | Vector3 | 偏移向量 |
| IsShowPIPanel | bool | PI 展示的面板是否打开 |
| collider | Collider | 父物体上的碰撞盒 |
| IsStartPIShow | bool | 是否开始了 PI 展示 |
| mask | LayerMask | 射线检测的层级 |
| introduceText | Text | 显示介绍的文本框 |
| inputField | InputField | 修改介绍的输入框 |
| GoAndChildIndex | Dictionary<GameObject, ChildIndex> | 展示物体的子物体与界面上的关联 |
| isEdit | bool | 是编辑状态还是运行状态 |
| Left | bool | 向左旋转 |
| Up | bool | 向上旋转 |
| Right | bool | 向右旋转 |
| Down | bool | 向下旋转 |
| LDown | bool | 向左下旋转 |
| RDown | bool | 向右下旋转 |

```
void Awake()
    {
        Instance = this;
    }
    // Use this for initialization
    void Start () {
        piCamera = GetComponent<Camera>();
        piCamera.fieldOfView = 20f;
        distance = 20f;
        isEdit = true;
    }

    void Update () {
        if (IsStartPIShow)
        {
            if (Input.GetAxis("Mouse ScrollWheel") < 0)
            {
                piCamera.fieldOfView += 2f;
                piCamera.fieldOfView = Mathf.Clamp(piCamera.fieldOfView, 2f, 60f);
            }
            else if (Input.GetAxis("Mouse ScrollWheel") > 0)
            {
                piCamera.fieldOfView -= 2f;
                piCamera.fieldOfView = Mathf.Clamp(piCamera.fieldOfView, 2f, 60f);
            }

            if (Input.GetMouseButton(1))
            {
                float distance = 0f;
                if (originPos != Vector3.zero)
                {
                    temp = Input.mousePosition - originPos;
                    distance = Vector3.Distance(Input.mousePosition, originPos);
                }
                if (temp != Vector3.zero)
                {
                    Target.transform.Rotate(new Vector3(-temp.y, -temp.x, 0), distance / 5, 0);
                }
                originPos = Input.mousePosition;
            }
            if (Input.GetMouseButtonUp(1))
            {
                originPos = Vector3.zero;
```

```
                temp = Vector3.zero;
            }
        }
        if (IsShowPIPanel == true)
        {
            PIPanel.transform.localPosition = Vector3.Lerp(PIPanel.transform.localPosition, new Vector3(298,
PIPanel.transform.localPosition.y, 0), 0.2f);
        }
        else if (IsShowPIPanel == false)
        {
            PIPanel.transform.localPosition = Vector3.Lerp(PIPanel.transform.localPosition, new Vector3(505,
PIPanel.transform.localPosition.y, 0), 0.2f);
        }
        if (Input.GetKey(KeyCode.P) && Input.GetKeyDown(KeyCode.I))
        {
            if (GameObject.Find("Canvas").GetComponent<G_EditorTarget>().moveTarget!=null)
            {
                ShowChildren(GameObject.Find("Canvas").GetComponent<G_EditorTarget>().moveTarget.
transform);
            }
        }
        if (Input.GetMouseButtonDown(0))
        {
            ShowIntroduce();
        }
        if (isEdit==false)
        {
            if (Up == true)
            {
                if (ChildIndex.dragedChildIndex!=null)
                {
                    ChildIndex.dragedChildIndex.Target.transform.Rotate(new Vector3(-30 * Time.deltaTime, 0, 0),
Space.World);
                }
                else
                {
                    Target.transform.Rotate(new Vector3(-30 * Time.deltaTime, 0, 0), Space.World);
                }

            }
            else if (Down==true)
            {
```

```
            if (ChildIndex.dragedChildIndex!=null)
            {
                ChildIndex.dragedChildIndex.Target.transform.Rotate(new Vector3(30 * Time.deltaTime, 0, 0),
Space.World);
            }
            else
            {
                Target.transform.Rotate(new Vector3(30 * Time.deltaTime, 0, 0), Space.World);
            }

        }
        else if (Left==true)
        {
            if (ChildIndex.dragedChildIndex != null)
            {
                ChildIndex.dragedChildIndex.Target.transform.Rotate(new Vector3(0, 30 * Time.deltaTime,
0),Space.World);
            }
            else
            {
                Target.transform.Rotate(new Vector3(0, 30 * Time.deltaTime, 0), Space.World);
            }

        }
        else if (Right==true)
        {
            if (ChildIndex.dragedChildIndex != null)
            {
                ChildIndex.dragedChildIndex.Target.transform.Rotate(new Vector3(0, -30 * Time.deltaTime, 0),
Space.World);
            }
            else
            {
                Target.transform.Rotate(new Vector3(0, -30 * Time.deltaTime, 0), Space.World);
            }

        }
        else if (LDown==true)
        {
            if (ChildIndex.dragedChildIndex != null)
            {
                ChildIndex.dragedChildIndex.Target.transform.Rotate(new Vector3(0, 0, -30 * Time.deltaTime),
Space.World);
```

```
            }
            else
            {
                Target.transform.Rotate(new Vector3(0, 0, -30 * Time.deltaTime), Space.World);
            }

        }
        else if (RDown==true)
        {
            if (ChildIndex.dragedChildIndex != null)
            {
               ChildIndex.dragedChildIndex.Target.transform.Rotate(new Vector3(0, 0, 30 * Time.
deltaTime),Space.World);
            }
            else
            {
                Target.transform.Rotate(new Vector3(0, 0, 30 * Time.deltaTime), Space.World);
            }


        }
    }
}
public void ShowOriginalIntroduce()
{

    if (ChildIndex.dragedChildIndex.Target.GetComponent<Introduce>() != null)
    {
        inputField.text = ChildIndex.dragedChildIndex.Target.GetComponent<Introduce>().introduce;
    }
    else
    {
        inputField.text = "";
    }
}
public void SetIntroduce()
{
    string str = inputField.text;
    if (ChildIndex.dragedChildIndex!=null)
    {
        if (ChildIndex.dragedChildIndex.Target.GetComponent<Introduce>() != null)
        {
            ChildIndex.dragedChildIndex.Target.GetComponent<Introduce>().SetIntroduce(str);
```

```
        }
        else { ChildIndex.dragedChildIndex.Target.AddComponent<Introduce>().SetIntroduce(str); }
    }
    else
    {
        inputField.text = " 请先选择要添加介绍的物体！ ！ ";
    }
}
public void ShowIntroduce()
{
    Ray ray = piCamera.ScreenPointToRay(Input.mousePosition);
    RaycastHit hit;
    if (Physics.Raycast(ray, out hit, 80, mask))
    {

        if (hit.transform.GetComponent<Introduce>())
        {
            string str = hit.transform.GetComponent<Introduce>().introduce;
            introduceText.gameObject.SetActive(true);
            introduceText.text = str;
        }
        else
        {
            introduceText.gameObject.SetActive(false);
            introduceText.text = " ";
        }
        GoAndChildIndex[hit.transform.gameObject].ShowTarget();
    }
}

public void ShowPIPanel()
{
    if (IsShowPIPanel == true)
    {
        IsShowPIPanel = false;
    }
    else
    {
        IsShowPIPanel = true;
    }
}
public void StartPIShow(GameObject obj)
{
```

```
        isEdit = false;
        inputField.gameObject.SetActive(false);
        StartCoroutine(DoStartPIShow(obj));
        if (GoAndChildIndex!=null&&GoAndChildIndex.Count>0)
        {
            GoAndChildIndex.Clear();
        }
    }
    public IEnumerator DoStartPIShow(GameObject target)
    {
        piCamera.enabled = true;
        Target = target;
        rotate = target.transform.localEulerAngles;
        piCamera.transform.position = Target.transform.position + new Vector3(0, 0, 20);
        piCamera.transform.LookAt(Target.transform);
        GameobjectAndPosition go;
        if (target.transform.GetComponent<Collider>())
        {
            collider = target.transform.GetComponent<Collider>();
            target.transform.GetComponent<Collider>().enabled = false;
        }
        if (target.GetComponent<MeshRenderer>()!=null)
        {
            go = new GameobjectAndPosition(target, target.transform.localPosition, target.transform.
localEulerAngles);
            target.layer = 11;
            childList.Add(go);
        }


        Transform[] tra = target.GetComponentsInChildren<Transform>();

        for (int i = 1; i < tra.Length; i++)
        {
            if (tra[i].GetComponent<MeshRenderer>()==null)
            {
                continue;
            }
            tra[i].gameObject.AddComponent<Rigidbody>().isKinematic = true;
            tra[i].gameObject.AddComponent<MeshCollider>();
            tra[i].gameObject.AddComponent<DragableObj>().SetCamera(PICamera.Instance.piCamera);
            tra[i].gameObject.layer = 11;
            go = new GameobjectAndPosition(tra[i].gameObject, tra[i].localPosition,tra[i].localEulerAngles);
```

```
            childList.Add(go);
            yield return null;
        }
        IsStartPIShow = true;
        PIPanel.SetActive(true);
        PIPanel.transform.FindChild("Menu/InputField_Introduce").gameObject.SetActive(false);
        openDetailed.SetActive(true);
        openDetailed.transform.GetChild(0).gameObject.SetActive(true);
        ShowChildren(Target.transform);
    }
    public void EndPIShow()
    {
        ShowPIPanel();
        introduceText.gameObject.SetActive(false);
        for (int i = 0; i < childList.Count; i++)
        {
            Destroy(childList[i].gameobject.GetComponent<MeshCollider>());
            Destroy(childList[i].gameobject.GetComponent<Rigidbody>());
            Destroy(childList[i].gameobject.GetComponent<DragableObj>());
            childList[i].gameobject.layer = 9;
        }
        Reduction(true);
        Target.transform.localEulerAngles = rotate;
        if (collider!=null)
        {
            collider.enabled = true;
        }
        IsStartPIShow = false;
        Target = null;
        piCamera.enabled = false;
        if (GoAndChildIndex != null && GoAndChildIndex.Count > 0)
        {
            GoAndChildIndex.Clear();
        }


    }
    public void Reduction(bool IsEnd)
    {
        ClearSelected();
        if (IsEnd)
        {
            for (int i = 0; i < childList.Count; i++)
```

```
                {
                    childList[i].gameobject.transform.localPosition = childList[i].position;
                    childList[i].gameobject.transform.localEulerAngles = childList[i].localEulerAngles;
                }
            }
            else
            {

                for (int i = 0; i < childList.Count; i++)
                {
                    StartCoroutine(DoReduction(childList[i]));
                }
            }

        }
        public void ClearSelected()
        {
            if (ChildIndex.dragedChildIndex != null)
            {
                ChildIndex.dragedChildIndex.Reduce();
            }
        }
        IEnumerator DoReduction(GameobjectAndPosition go)
        {
            float time = 0f;
            go.gameobject.transform.localEulerAngles = go.localEulerAngles;
            while (time<=1.5f)
            {
                time += Time.deltaTime;
                go.gameobject.transform.localPosition = Vector3.Lerp(go.gameobject.transform.localPosition,
go.position, 0.2f);

                yield return null;
            }
            go.gameobject.transform.localPosition = go.position;
        }
        public void ShowChildren(Transform tra)
        {
            if (PIPanelContent.childCount > 0)
            {
                for (int i = 0; i < PIPanelContent.childCount; i++)
                {
                    Destroy(PIPanelContent.GetChild(i).gameObject);
```

```
            }
        }
        StartCoroutine(DOShowChildren(tra));
    }
    public IEnumerator DOShowChildren(Transform tf, Transform parent = null)
    {
        if (parent == null)
        {
            parent = CreateChild(tf.gameObject, null).transform;
        }
        else
        {
            parent = CreateChild(tf.gameObject, parent).transform;
        }
        if (tf.childCount > 0)
        {
            for (int i = 0; i < tf.childCount; i++)
            {
                StartCoroutine(DOShowChildren(tf.GetChild(i), parent));

            }
        }
        yield return null;

    }
    public GameObject CreateChild(GameObject obj, Transform par)
    {
        if (ShowChildPrefab == null)
        {
            ShowChildPrefab = Resources.Load<GameObject>("Prefabs/Child");
        }
        GameObject clone = Instantiate(ShowChildPrefab);
        clone.name = obj.name;
        clone.transform.SetParent(PIPanelContent);
        clone.transform.localScale = Vector3.one;
        clone.GetComponent<ChildIndex>().SetInformation(obj, par);
        clone.GetComponent<ChildIndex>().SetFindTransform(PIPanelContent);
        clone.GetComponent<ChildIndex>().IsEdit = isEdit;
        GoAndChildIndex.Add(obj, clone.GetComponent<ChildIndex>());

        if (par != null)
        {
            clone.tag = "SCI";
```

```
            clone.gameObject.SetActive(false);
        }
        return clone;
    }

    public void RotateButtonDown(int a)
    {
        switch (a)
        {
            case 1: Up = true;
                break;
            case 2: Down = true;
                break;
            case 3: Left = true;
                break;
            case 4: Right = true;
                break;
            case 5: LDown = true;
                break;
            case 6: RDown = true;
                break;
            default:
                break;
        }
    }
    public void RotateButtonUp(int a)
    {
        switch (a)
        {
            case 1: Up = false;
                break;
            case 2: Down = false;
                break;
            case 3: Left = false;
                break;
            case 4: Right = false;
                break;
            case 5: LDown = false;
                break;
            case 6: RDown = false;
                break;
            default:
                break;
```

```
        }
    }
```

在该类中共有 18 个方法：

1）void Awake()：该方法为单例赋值。

2）void Start ()：该方法为一些默认属性赋值。

3）void Update ()：该方法主要用于实时监听用户的一些相关操作。

其中当开始 PI 展示时，如果滚动鼠标滚轮则会拉近或拉远摄像机；如果按下鼠标右键并拖动则会根据拖动的方向旋转被展示的整体物体。

当打开或关闭 PI 展示的界面时，会使用插值的方式平缓地移动 PI 展示的界面。

当按下 P+I 键时生成目标物体的子物体列表。

用鼠标左键单击物体时会显示物体的介绍信息。

当在运行状态时，按下界面中向上的按钮，选中物体向上旋转；按下向下的按钮，选中物体向下旋转；按下向左的按钮时，选中物体向左旋转；按下向右的按钮时，选中物体向右旋转；按下向逆时针的按钮时，选中物体逆时针旋转；当按下顺时针按钮时，选中物体顺时针旋转。

4）public void ShowOriginalIntroduce()：该方法的作用是在编辑状态下编辑物体的介绍信息时，如果目标物体原本有介绍信息，则将原本的信息显示在修改介绍信息的文本输入框中。

5）public void SetIntroduce()：该方法的作用是在编辑状态下允许修改物体的介绍信息。首先判断是否选中一个物体。如果选中了物体，则在下方的文本输入框输入内容，该内容会被同步到目标物体上；如果未选中物体，下方文本输入框中会显示文字提示“请先选择要添加介绍的物体！！”而这时即使在文本输入框中输入内容后也会被再次提示文字“请先选择要添加介绍的物体！！”并且输入的内容无效。

6）public void ShowIntroduce()：该方法主要用于显示介绍信息。单击时进行射线检测，如果射线检测到对应层级的物体，便去该物体上寻找对应的记录介绍信息的脚本，并从中读取介绍信息将之显示在 UI 界面上。

7）public void ShowPIPanel()：该方法用来监听用户单击打开和隐藏 PI 的面板，当用户单击时如果面板在隐藏的状态下则显示，如果在显示的状态下则隐藏。

8）public void StartPIShow(GameObject obj)：该方法用于开启三维展示功能，由三维展示动作执行脚本调用该方法，使之进入三维展示状态。在这里将是否编辑状态设为 false，并将只能在编辑状态下添加的介绍文本输入框隐藏以显示出在其后方的按钮，然后调用协程开始生成三维展示相关的功能，并清空展示物体的子物体与界面上关联的字典。

9）public IEnumerator DoStartPIShow(GameObject target)：该方法是一个协程方法，其主要作用就是打开三维展示的专用相机，然后获取到展示物体的所有子物体，并对这些子物体做一些调整使其便于展示。

首先打开三维展示的专用相机，然后获取展示的物体，并记录该物体的初始旋转角度；设置三维展示的相机与被展示物体的默认距离为 20，并使相机看向被展示物体；将被展示物体上的碰撞盒关闭并记录；为所有子物体添加刚体并设置为不受重力影响；为所有子物体添加基于网格的碰撞盒子；为所有子物体添加可以拖动物体的脚本，并设置观察相机为三维展示专用相机；将这些子物体的层级设置为三维展示用的层级以便于射线检测；将所有调整过的子物体加入到列表中进行记录；再将一些响应状态开关开启或关闭。

10）public void EndPIShow()：该方法用于响应结束三维展示状态。当按下面板中的关闭按钮时该方法被调用。

首先将打开的面板关闭；将用于显示介绍文本的物体设为隐藏；遍历之前开启三维展示时添加过组件的所有子物体，并将所添加的组件全部删除，将层级设为之前默认的层级；将被展示物体的旋转与位移等进行还原，再将开始三维展示时关闭的碰撞盒打开；之后将一些属性重置为关闭状态。

11）public void Reduction(bool IsEnd)：该方法对在三维展示过程中做的一些移动或旋转的操作进行还原，将被展示的物体还原成初始状态。同时还进行判断：如果是，结束三维展示时需要还原便直接还原；如果不是，则通过设置插值的移动使得物体的还原可以显示动画的效果。

12）public void ClearSelected()：该方法的作用是清除用户选中的目标，单击面板上的“空”按钮即可。

13）IEnumerator DoReduction(GameobjectAndPosition go)：这是一个协程方法，该方法的作用是在还原移动和旋转中使物体回到原本的位置时使用插值进行移动，这样可以有一个动画的效果。

14）public void ShowChildren(Transform tra)：该方法的作用是在读取被展示物体的所有子物体后将所有的子物体显示在物体列表中，便于单击操作。

15）public IEnumerator DOShowChildren(Transform tf, Transform parent = null)：该方法是一个协程方法，该方法的作用是在开始三维展示时，自动遍历出被展示物体的所有子物体，并将这些子物体保留父子层级关系并且依次显示在物体列表中。

16）public GameObject CreateChild(GameObject obj, Transform par)：该方法的作用是在自动遍历被展示物体的子物体时，每遍历一个子物体便创建一个预设的用于代表该子物体的对象显示在物体列表中，并将该物体与对应子物体进行绑定，使这两者可以相互对应。

17）public void RotateButtonDown(int a)：该方法的作用是用于监听面板上的所有旋转按钮的按下操作。当在面板上按下任意一个按钮后所对应的旋转状态便会被打开，UPdate 中会检测到目标物体向着对应的方向旋转。

18）public void RotateButtonUp(int a)：该方法的作用是用于监听面板上的所有旋转按钮的弹起操作。当在面板上按下的按钮弹开时，所对应的旋转状态会被关闭，这时对应的物体就会停止旋转。

# 第 7 章

# 特效设置功能

特效设置功能由设置可见性、设置延迟行为、销毁物体行为、添加灯光、添加环境光、特写镜头、设置颜色等 Action 组成。

## 7.1　添加灯光

### 7.1.1　Action 功能

可以给场景中的三维模型设置一个灯光，其 UI 界面如图 7-1 所示。

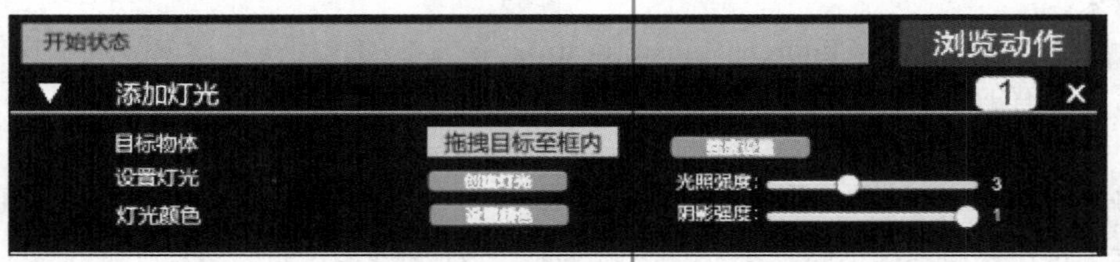


图 7-1　添加灯光 UI 界面

### 7.1.2　操作流程

单击 [设置颜色] 按钮，系统会弹出一个颜色选择面板，如图 7-2 所示。用户可以在面板上通过鼠标左键在颜色盘拖动来选择某个颜色。系统默认为此 Action 的 3D 模型添加灯光组件，也可以为场景中其他 3D 模型添加灯光组件，操作步骤是直接将右上角对象面板中的模型通过鼠标左键拖拽到 [拖拽目标至框内] 文本框中，然后在颜色面板中所设置的颜色对应的灯光即可作用于该模型上。单击并左右拖动 [光照强度: 3] 上的白色圆圈，可以调节光照的强度。单击并左右拖动 [阴影强度: 1] 上的白色圆圈，可以调节阴影的强度。

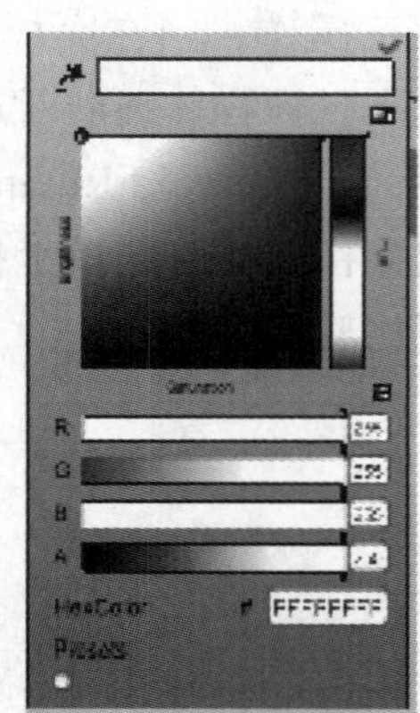

图 7-2　颜色选择面板

## 7.1.3　脚本解析

本 Action 的功能体现在 AddLightReources 类里，该类继承于 Action 类，其主要的功能是可以将用户设置的颜色对应的灯光添加到场景中的三维模型上。它包含如下属性：

```
public class AddLightReources : Action<Main>{
    public GameObject target;
    public string targetName;
        public float z=3, x=1f;
        public Color lightColor=Color.white;
        public GameObject light;
        public string gstyle;
```

| 属性名称 | 属性类型 | 作用 |
|---|---|---|
| targetName | string | 设置颜色的目标模型的名字 |
| target | GameObject | 设置颜色的目标模型 |
| z | float | 设置光照强度 |
| x | float | 设置阴影强度 |
| lightColor | Color | 设置颜色 |
| light | GameObject | 设置灯光物体 |
| gstyle | string | 灯光名称 |

```
public override void DoAction(Main m)
    {
    if (target == null) {
        if (string.IsNullOrEmpty (targetName)) {
            target = m.gameObject;
        } else {
            target = GameObject.Find ("Parent/" + targetName);
        }
    }


            light = new GameObject(gstyle + "light");
        Debug.Log(" 设置灯光 ");
        gstyle = null;
        light.AddComponent<Light>();
    light.transform.position = target.transform.position;
        light.transform.parent = target.transform;
        Light lg;
        lg = light.GetComponent<Light>();
        lg.range = 7;
        lg.shadows = LightShadows.Soft;
        lg.intensity = z;
        lg.shadowStrength = x;
```

```
        lg.color = lightColor;
    }
    public AddLightReources()
    {
        SetSituation();
    }

    public AddLightReources(string c,string z1,string x1)
    {

            if (!string.IsNullOrEmpty(c))
            {
                lightColor = Manager.Instace.GetColor(c);
            }
            z=float.Parse(z1);
            x=float.Parse(x1);
            isOnce = true;
    }

}
```

本脚本的功能由若干个方法完成，下面分别解析这几个方法：

1）DoAction 方法是一个多态函数，在本类中其作用是：

- 设置灯光信息：灯光范围（默认为 7），设置阴影，并按照拖拽圆圈的结果，设置光照强度以及阴影强度，最后设置选中的灯光颜色。
- 如果代表设置灯光目标的模型变量为空，则就将绑定此 Action 的三维模型作为设置灯光的目标变量，如果为非空，则通过 GameObject 的 Find 方法可以查找到该三维模型（当用户将资源列表中的模型拖拽到场景里后，则场景中的三维模型会自动添加到一个名称是 Parent 的父对象上），并且在该物体上添加 Light 组件。
- 如果代表颜色的公有变量非空，则调用 GetColor 方法为模型的材质赋予相应的颜色。

2）AddLightReources 是构造函数，用来在实例化时将 UI 界面中编辑的信息传递进 DoAction 方法中。

3）Manager 函数中的 GetColor 方法：因为 Manager 是单例脚本，因此不能实例化，而是直接调用其中的方法。其中传入字符串形式的 Color 字符串，通过“,”字符将字符串拆分成字符数组，再分别通过格式转换，将 string 型数据转换成 float 型数据，最终返回一个 Vector4 格式的数据。

4）本 ActionUI 的功能体现在 AddLightReourcesUI 类里，该类继承于 ActionUI 类，其主要的功能是可以将 UI 界面具体化，使用户可以直观地编辑更改其中的功能数据。它包含如下属性：

```
public GameObject target,lastTarget;
    public string targetName;
```

```
public Text targetText;
public GameObject LightSetting;
    public string gstyle;// 灯光名
public InputField lightname;
AddLightReources addlightreourcse;
AddLightInforma addlightinforma;
```

| 属性名称 | 属性类型 | 作用 |
|---|---|---|
| targetName | string | 设置灯光的目标模型的名字 |
| target | GameObject | 设置灯光的目标模型 |
| lastTarget | GameObject | 设置灯光的上一个模型 |
| targetText | Text | 设置灯光物体的文本框 |
| lightname | string | 设置阴影强度 |
| addlightreourcse | AddLightReources | 设置灯光的脚本 |
| addlightinforma | AddLightInforma | 设置灯光的数据 |
| gstyle | string | 设置灯光的名称 |

```
public override Action<Main> CreateAction()
{

    action = new AddLightReources();
    actionInforma = new AddLightInforma(true);
    addlightreourcse = (AddLightReources)action;
    addlightinforma = (AddLightInforma)actionInforma;
    if (addlightinforma != null)
    {
        addlightinforma.gstyle = lightname.text;
        addlightreourcse.gstyle = lightname.text;
    }
    GetStateInfo().actionList.Add(actionInforma);
    actionInforma.name = "AddLightReources";
    return base.CreateAction();
}

public override Action<Main> LoadAction(ActionInforma a)
{
    AddLightInforma addLightInforma = (AddLightInforma)a;
    this.actionInforma = a;
//  AddLightReources addLight = (AddLightReources)action;
    LightSetting.SetActive(true);
    action = new AddLightReources();

    AddLightReources addLight = (AddLightReources)action;
```

```
        if (!string.IsNullOrEmpty (addLightInforma.lightColor)) {
            addLight.lightColor = Manager.Instace.GetColor (addLightInforma.lightColor);
        }
        addLight.z = float.Parse(addLightInforma.z);
        addLight.x = float.Parse(addLightInforma.x);
        addLight.targetName = addLightInforma.targetName;
                    addLight.gstyle = addLightInforma.gstyle;
        targetText.text=addLightInforma.targetName;

    //                  action = new AddLightReources(addLightInforma.lightColor, addLightInforma.z,
addLightInforma.x);
            return action;
    }

    public void SetLightColor()
    {
            Manager.Instace.ColorPicker.SetActive(true);
            AddLightReources cc = (AddLightReources)action;
            //Manager.Instace.gonggong.GetComponent<MeshRenderer>().material.color = Color.red;
        Manager.Instace.ColorPicker.GetComponent<ColorPickerUI>().SetCurrentLightColor(cc,actionInforma);
    }
    public void SetLight()
    {
            AddLightReources dd = (AddLightReources)action;
            //Manager.Instace.gonggong.GetComponent<MeshRenderer>().material.color = Color.red;
            LightSetting.GetComponent<LightSetting>().SetCurrentLight(dd, actionInforma);
        LightSetting.SetActive(false);

    }
    public void Lightset()
    {
            AddLightReources dd = (AddLightReources)action;
            LightSetting.SetActive(true);
    }

    public void UpdateInput(){
        AddLightReources addLight = (AddLightReources)action;
        addLight.target = target;

        targetText.text = targetName;
        try{
```

```
            AddLightInforma addLightInfo = (AddLightInforma)actionInforma;
            addLightInfo.targetName=targetName;
        }catch{
        }
    }

    public void SetGameObject(){
        if (item.isDragging) {
            target = item.dragedItem.GetTarget ();
            targetName = target.name;
//          UpdateInput ();
        }
    }

    public void ReturnGameObject(){
        if (item.isDragging) {
            target = lastTarget;
            if (lastTarget == null) {
                targetName = " 拖拽目标至框内 ";
            } else {
                targetName = lastTarget.name;
            }
//          UpdateInput ();
        }
    }

    public void DropGameObject(){
        if (item.isDragging) {
            lastTarget =  item.dragedItem.GetTarget ();
            UpdateInput ();
        }
    }
}
```

本脚本的功能由若干个方法完成，下面分别解析这几个方法：

1）CreateAction 方法是一个多态函数，在本类中其作用是：

①填写灯光信息：灯光强度以及阴影强度使用 slide 组件平滑地改变数值；②设置灯光颜色按钮：单击后弹出颜色盘界面，使用者可以设置颜色；③目标模型文本框：用于拖拽模型。

2）LoadAction 是信息传递函数，用于在运行时将在 AddLightInforma 中储存的灯光信息传递进 AddLightReources 脚本中。

3）SetLightColor() 是颜色设置函数，用于储存在颜色面板中选择的颜色。

4）Lightset() 和 SetLight()，分别为隐藏和激活灯光设置的 UI 界面。

5）SetGameObject() 和 DropGameObject() 为拖拽模型函数。

6）ReturnGameObject() 是返回灯光目标函数，用于获取当前选择的模型。

# 7.2 设置可见性

## 7.2.1 Action 功能

可以设置场景中物体的可见性，其 UI 界面如图 7-3 所示。

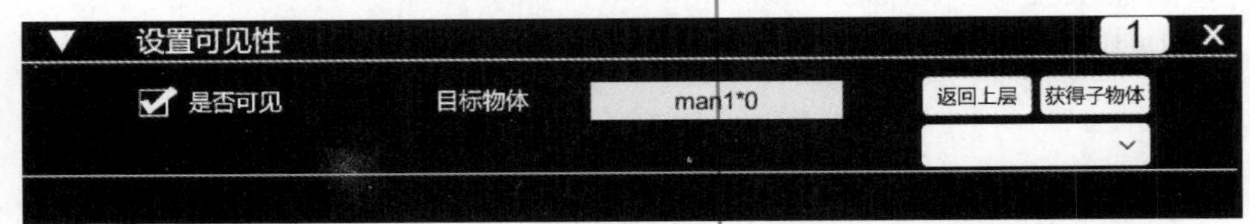


图 7-3 设置可见性 Action 的 UI 界面

## 7.2.2 操作流程

勾选 是否可见 ，可以把物体设置为显示状态，取消勾选则隐藏该物体。

单击 获得子物体 ，然后在下拉列表中选择子物体，可以对子物体设置可见性。目标物体则显示当前所选择的物体对象。单击返回上层，能得到子物体对象的父物体，如图 7-4 所示。

图 7-4 获取目标物体

## 7.2.3 脚本解析

本 Action 的功能体现在 SetVisibility 类里，SetVisibility 类继承于 Action 类，其主要的功能是可以设置对象物体的可见性，同时也可以设置对方物体子物体的可见性。它包含如下属性：

```
public GameObject target;
public string targetName;
public bool isVisible=true;
```

| 属性名称 | 属性类型 | 作用 |
| --- | --- | --- |
| target | GameObject | 目标对象 |
| targetName | string | 目标对象名称 |
| isVisible | bool | 是否可见 |

SetVisibility 的脚本内容如下：

```
public override void DoAction(Main m)
    {
        if (target == null) {
            if (string.IsNullOrEmpty (targetName)) {
                target = m.gameObject;
            } else {
                target = GameObject.Find ("Parent/" + targetName);
            }
        }
        MeshRenderer[] renders = target.GetComponentsInChildren<MeshRenderer> ();
        foreach (MeshRenderer item in renders) {
            item.enabled = isVisible;
        }
        SkinnedMeshRenderer[] skinneds=target.GetComponentsInChildren<SkinnedMeshRenderer> ();
        foreach (SkinnedMeshRenderer item in skinneds) {
            item.enabled = isVisible;
        }
        if (!target.name.Contains ("cube")) {
            Collider[] colliders = target.GetComponentsInChildren<Collider> ();
            foreach (Collider item in colliders) {
                item.enabled = isVisible;
            }
        }
//          if (renders.Length > 0||skinneds.Length>0||colliders.Length>0) {
//              isComplete = true;Debug.Log ("iscomplete is true");
//          }
    }
```

本脚本的功能由 DoAction 完成，下面解析这个方法：

DoAction 方法是一个多态函数，在本类中的作用是：

如果目标对象为空，判断对象名字是否为空，如果为空则该对象是 main 物体对象，否则根据存在的对象名字，在场景中的 Parent 物体下找到该物体对象。

获取对象物体子集所有 MeshRender 组件，根据 isVisible 变量来设置每个组件的可见性。

获取对象物体子集所有 SkinnedMeshRenderer 组件，根据 isVisible 变量来设置每个组件的可见性。

如果对象物体名字中包含“cube”字样，则获取对象物体子集的所有 Collider 组件，根据 isVisible 变量来设置每个组件的可见性。

该 Action 对应的 UI 控件脚本主要位于 SetVisibilityUI 类中，SetVisibilityUI 类继承于 ActionUI，其功能主要是编辑对象是否可见、选择目标对象和获取子对象。该脚本的主要属性如下：

```
public GameObject target;
    public string targetName;
    public Text targetText;
    public Toggle isVisible;
    public Dropdown dropdown;
    private List<string> optionList;
    private List<string> targetPath;
    private string targetNamePath,rootName;
    SetVisibility setVisibility;
    SetVisibilityInforma setVInforma;
    GameObject preObj;
    bool isloading;
```

| 属性名称 | 属性类型 | 属性作用 |
|---|---|---|
| target | GameObject | 目标对象 |
| targetName | string | 目标对象名称 |
| targetText | Text | 用于显示目标对象的名称 |
| isVisible | Toggle | 用于设置可见性 |
| dropdown | Dropdown | 用于获取下拉栏中的子物体 |
| optionList | List<string> | 下拉栏信息 |
| targetPath | List<string> | 目标路径信息 |
| targetNamePath | string | 目标对象的路径 |
| rootName | string | 根目录名 |
| setVisibility | SetVisibility | 对应的 Action |
| setVInforma | SetVisibilityInforma | 对应的 ActionInfo |
| preObj | GameObject | 预制对象，用于目标对象的赋值 |

SetVisibilityUI 类的部分脚本内容如下：

```
public override Action<Main> CreateAction()
    {
        action = new SetVisibility();
        actionInforma = new SetVisibilityInforma(true);
        GetStateInfo().actionList.Add(actionInforma);
        actionInforma.name = "SetVisibility";
        return base.CreateAction();
    }

    public override Action<Main> LoadAction(ActionInforma actionInforma)
    {
        setVInforma = (SetVisibilityInforma)actionInforma;
```

```
            this.actionInforma = actionInforma;
            action = new SetVisibility();
            setVisibility = (SetVisibility)action;
            isloading = true;
            targetName = setVInforma.targetName;
            rootName = setVInforma.rootName;
            if (setVInforma.isVisible == 0) {
                isVisible.isOn = false;
            } else {
                isVisible.isOn = true;
            }
            setVisibility.targetName = setVInforma.targetName;


            print (setVInforma.targetName);
            if (!string.IsNullOrEmpty (setVInforma.targetName)) {
                string[] shortName = setVInforma.targetName.Split ('/');
                if (shortName.Length > 0)
                    targetText.text = shortName [shortName.Length - 1];
            }
            setVisibility.isVisible = isVisible.isOn;

            isloading = false;
            return action;
        }


        public void UpdateInput(){
            if (!isloading) {

                setVisibility = (SetVisibility)action;
                setVisibility.isVisible = isVisible.isOn;
                setVisibility.target = target;

                if (target && !target.GetComponent<ConstantHighlighting> ()) {
                    target.AddComponent<ConstantHighlighting> ();
                }

                if (!string.IsNullOrEmpty (targetName)) {
                    string[] shortName = targetName.Split ('/');
                    if (shortName.Length > 0)
                        targetText.text = shortName [shortName.Length - 1];
```

```
            }
            try {
                setVInforma = (SetVisibilityInforma)actionInforma;
                if (isVisible.isOn) {
                    setVInforma.isVisible = 1;
                } else {
                    setVInforma.isVisible = 0;
                }
                targetNamePath = rootName;
                if(targetPath!=null){
                    foreach (string item in targetPath) {
                        targetNamePath = targetNamePath.Insert (targetNamePath.Length, "/" );
                        targetNamePath = targetNamePath.Insert (targetNamePath.Length, item);
                    }
                }
                if (!string.IsNullOrEmpty(targetNamePath)) {
                    setVInforma.targetName = targetNamePath;
                    setVInforma.rootName = rootName;
                } else {
                    setVInforma.targetName = target.name;
                }
            } catch(Exception e){
                Debug.Log (e);
            }
        }
    }
```

SetVisibilityUI 脚本的功能由若干个方法完成，下面分别解析这几个方法：

1）CreateAction() 方法，用于创建 UI 对应的 Action 和 Actioninfo。在 SetVisibilityUI 类中主要创建的是名为 SetVisibility 的 Action，该 Action 对应的信息存储类是 SetVisibilityInforma，当 Action 创建完毕时添加到 State（设置状态）中。

2）LoadAction() 方法，主要根据对应 Action 的信息来加载 Action 和显示相关的 UI 属性。该脚本中的 LoadAction() 方法主要实现如下几个功能：

- 根据 Action 信息 SetVisibilityInforma 来设置脚本中的 targetName 属性和 rootName 属性。同时也用来设置 UI 中可见性的勾选控件 Toggle，当 SetVisibilityInforma 中的 isVisible 为 true 时，Toggle 控件显示为被勾选；当 isvisible 为 false 时，Toggle 控件显示为未勾选状态。
- SetVisibility 方法通过 Action 的信息来设置 Action 的 targetName 属性和 isVisible 属性。

3）UpdateInput() 方法，主要通过该脚本中的属性来更新 Action 和 Actioninfo 的数据信息。该脚本中的 UpdateInput() 方法主要实现的功能如下：

- 通过该脚本中的 isVisible 属性和 target 属性设置 Action，以及 SetVisibility 中的 isVisible 和 target。
- 通过该脚本中的 targetName 属性来更新 UI 控件 targetText 中 text 的信息。

- 通过该脚本中的isVisible属性和rootName属性，来设置Actioninfo，即SetVisibilityInforma中的 isVisible、targetName 和 rootName 属性。当 UI 脚本中的 rootName 为空时，则不对 SetVisibilityInforma 中的 rootName 赋值。

4）SelectChildTarget() 方法，主要用于设置目标对象为选择的子对象物体。SelectChildTarget 方法主要实现的功能如下：

- 如果预制体对象 preObj 不为空，则删除 preObj 物体。
- 根据所给的 index 来查找子物体对象，找到后赋值给目标对象，然后目标对象设置为预制体对象 preObj。
- 根据新查找到的子物体对象来重新设置目标对象的名字targetName，然后添加目标对象名到目标路径中，调用 UpdateInput() 方法来更新显示内容。

5）InitialChildSelector() 方法，主要用于添加下拉列表中的子物体信息。

6）BackToParent() 方法，主要用于选择目标子对象后返回到重新选择父级对象的状态。

## 7.3　设置延迟行为

### 7.3.1　Action 功能

可以对场景中的物体添加延迟设置，主要作用是延迟一定时间执行下一个 Action，其 UI 界面如图 7-5 所示。

图 7-5　设置延迟 Action 的 UI 界面

### 7.3.2　操作流程

在延迟的输入框中输入延迟的时间即可，时间的单位是 s。输入框的 UI 界面如图 7-6 所示。

图 7-6　延迟变量输入框

### 7.3.3　脚本解析

本 Action 的功能主要表现在 WaitingSencondsUI 类里，WaitingSencondsUI 类继承于 ActionUI 类，其主要的功能是用于延迟 Action 的界面，设置延迟的时间。它包含如下属性：

```
WaitingSenconds waitingSecond;
WaitingSecondsInforma waitingSecondsInforma;
```

| 属性说明 | 属性类型 | 作用 |
| --- | --- | --- |
| waitingSecond | WaitingSenconds | Action 脚本 |
| waitingSecondsInforma | WaitingSecondsInforma | Action 脚本的信息 |
| timeInputField | InputField | 延迟时间的输入 UI |

WaitingSencondsUI 的脚本内容如下：

```
public override Action<Main> CreateAction()
{
    action = new WaitingSenconds();
    action.isOnce = true;
    waitingSecond = (WaitingSenconds)action;
    waitingSecondsInforma = new WaitingSecondsInforma(true);
    actionInforma = waitingSecondsInforma;
    GetStateInfo().actionList.Add(actionInforma);
    actionInforma.name = "WaitingSenconds";
    timeInputField.onValueChanged.AddListener(delegate(string a) { ChangedListener(); });
    return base.CreateAction();
}

void ChangedListener()
{
    waitingSecond.duringTime =float.Parse(timeInputField.text);
    waitingSecondsInforma.durtime = waitingSecond.duringTime;
}
public override Action<Main> LoadAction(ActionInforma actionInforma)
{
    waitingSecondsInforma = (WaitingSecondsInforma)actionInforma;
    this.actionInforma = actionInforma;
    action = new WaitingSenconds();
    action.isOnce = true;
    waitingSecond = (WaitingSenconds)action;
    waitingSecond.duringTime = waitingSecondsInforma.durtime;
    timeInputField.text = waitingSecondsInforma.durtime.ToString();
    timeInputField.onValueChanged.AddListener(delegate(string a) { ChangedListener(); });
    return base.LoadAction(actionInforma);
}
```

本脚本的功能由若干个方法完成，下面分别解析这几个方法：

1）CreateAction 方法用于创建添加 Action，在本类中的作用是：

- 首先是声明新的 Action，即 WaitingSenconds。给脚本中的 Action 赋值，同时设置 isonce 为 true，即该 Action 只执行一次。
- 声明 Action 的信息，即 WaitingSecondsInforma。设置该 Action 的名称，然后在 state 中添加此 Action。

- 输入 inputfield 的 UI 控件添加委托事件 ChangedListener，来修改延迟的时间。

2）ChangedListener 方法用于设置 Action 和其信息的延迟时间。

3）LoadAction 方法用于加载 Action，在本类中的作用是：

- 加载 actionInforma 的信息，设置延迟时间。
- 在 Inputfield 的 UI 中显示 Acion 设置的延迟时间。
- 给输入 inputfield 的 UI 控件添加委托事件 ChangedListener。

该 Action 的延迟时间设置是在 WaitingSencondsUI 脚本中实现，而具体 Action 延迟过程的实现则是在 State 脚本中的 First 方法里，First 方法的内容如下：

```
void First(int i, T entity)
    {
        //vp_Timer.Handle Timer = new vp_Timer.Handle();
        Timer = new vp_Timer.Handle();
        int tem = i;
        if (i == 0)
        {
            vp_Timer.In(0.0001f, new vp_Timer.Callback(() => { Timer.Cancel(); Next(i, entity); }), Timer);
        }
        else
        {
            vp_Timer.In(onceActionList[i-1].duringTime, new vp_Timer.Callback(() => { Timer.Cancel();
Next(i, entity); }), Timer);
            Timer.Paused = onceActionList[i - 1].pause;
        }

    }
```

First 方法说明：根据插件 vp_Timer 来执行 Action 的组，其中根据 Action 中自带的延迟变量 (duringTime) 来延迟每次 DoAction 方法的调用，即每次延迟调用 Action。其中 Action 的默认延迟时间为零。

## 7.4　改变材质颜色

### 7.4.1　Action 功能

可以设置场景里三维模型的颜色，其 UI 界面如图 7-7 所示。

图 7-7　设置颜色 UI

## 7.4.2 操作流程

单击**设置颜色**按钮，系统会弹出一个颜色面板，用户可以在面板上选择某个颜色。系统默认添加此 Action 的 3D 模型的材质颜色，也可以设置场景中其他 3D 模型的材质颜色，操作步骤是直接将对象面板中的模型拖拽到**拖拽目标至框内**文本框中，则在颜色面板中所设置的颜色即可作用于该模型。

## 7.4.3 脚本解析

本 Action 的功能体现在 ChangeColor 类里，该类继承于 Action 类，其主要的功能是可以将用户设置的颜色应用于场景中的三维模型的材质上。它包含如下属性：

```
public class ChangeColor : Action<Main> {
    public string targetName;
    public GameObject target;
    public Color color;
    public List<Color> colorList = new List<Color>();、
```

| 属性名称 | 属性类型 | 作用 |
|---|---|---|
| targetName | string | 设置颜色的目标模型的名字 |
| target | GameObject | 设置颜色的目标模型 |
| color | Color | 设置的颜色 |
| colorList | List | 设置的颜色列表 |

```
public override void DoAction(Main m)
    {
        if (Manager.Instace.clientSocket != null)
        {
            string s = " 改变颜色 ";
            Manager.Instace.clientSocket.Send(Encoding.UTF8.GetBytes(s));
        }
        G't

        if (target == null) {
            if (string.IsNullOrEmpty (targetName)) {
                target = m.gameObject;
            } else {
                target = GameObject.Find ("Parent/" + targetName);
            }
        }

        if (color != null)
        {
```

```
            GetColor(target.transform);
        }



    }

    public void GetColor(Transform t)
    {
        if (t.childCount != 0)
        {
            foreach (Transform i in t)
            {
                GetColor(i);
            }
        }
        if (t.GetComponent<Renderer>())
        {
            Material[] mats = t.GetComponent<Renderer> ().materials;
            foreach (Material item in mats) {
                item.DOColor (color, time);
            }

        }
    }

    public ChangeColor()
    {
        SetSituation();
    }

    public override void SetSituation()
    {
        base.SetSituation();
    }

    public ChangeColor(string c)
    {

        if (!string.IsNullOrEmpty(c))
        {
            color = Manager.Instace.GetColor(c);
```

```
        }
        isOnce = true;

    }
```

本脚本的功能由若干个方法完成，下面分别解析这几个方法：

1）DoAction 方法是一个多态函数，在本类中其作用是：

- 首先判断是否处于在线状态，如果是多人合作模式，则 Manager 类里的 ClientSocket 属性值为非空，客户端向服务端发送一个改变颜色的指令。
- 如果代表设置颜色的模型变量为空，则就将绑定此 Action 的三维模型作为设置颜色的目标变量；如果为非空，则通过 GameObject 的 Find 方法可以查找到该三维模型（当用户将资源列表中的模型拖拽到场景中后，场景中的三维模型会自动添加到一个名称为 Parent 的父对象上）。
- 如果代表颜色的公有变量非空，则调用 GetColor 方法为模型的材质赋予相应的颜色。

2）GetColor 方法：其输入参数是 Transform 类型的对象，如果该对象有子节点对象，则通过 foreach 语句依次给这些子节点对象赋予所设置的颜色，这里设置颜色是通过调用 TWEEN 插件里的 DOColor 方法，DOColor 方法里有两个参数，分别是颜色参数 c 以及时间参数 t，其意义是在 t 时间内颜色逐渐过渡到颜色 c。

## 7.5 添加环境光

### 7.5.1 Action 功能

可以设置场景中的环境光，其 UI 界面如图 7-8 所示。

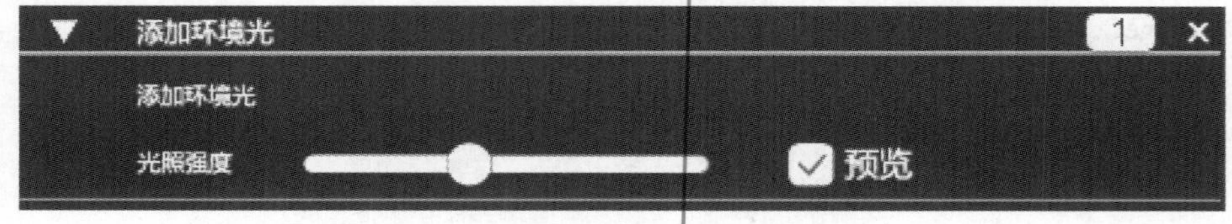


图 7-8 添加环境光 UI

### 7.5.2 操作流程

调整光照强度滑块可设置环境光的强弱，勾选“预览”可以查看环境光的实际效果。该 Action 添加的环境光默认平行于 X 轴，可以调整包含该 Action 的物体的选择角度来控制环境的照射角度。

### 7.5.3 脚本解析

本 Action 的功能体现在 LightObj 类里，该类继承于 Action 类，其主要的功能是可以将用户设置的灯光添加到场景中，并设置合适的光照强度。它包含如下属性：

```
public class LightObj : Action<Main> {
    public Light thelight;
    public float intensity;
```

| 属性名称 | 属性类型 | 作用 |
|---|---|---|
| Thelight | Light | 设置灯光的目标组件 |
| Intensity | Float | 设置灯光的强度值 |

```
public override void DoAction(Main m)
    {
        thelight.gameObject.SetActive (true);
        thelight.intensity = intensity;


    }
}
```

本 Action 的界面交互实现包含在 LightObjUI 类中，该类继承自 ActionUI 类，其主要功能是为用户设置环境光 Action 提供操作接口，同时实现 Action 从存档文件中加载时初始化环境光的强度设置。它包含如下属性：

```
public class LightObjUI : ActionUI {
    public Slider indensity;// 光强度
    public Toggle preShow;
    LightObjInforma setVInforma;
    LightObj setVisibility;
    Light thelight;
    GameObject lightObj;
```

| 属性名称 | 属性类型 | 作用 |
|---|---|---|
| indensity | Slider | 设置灯光强度的 UI 组件 |
| preShow | Toggle | 设置是否显示预览的 UI 组件 |
| setVInforma | LightObjInforma | 保存 Action 数据信息的对象 |
| setVisibility | LightObj | 执行 Action 具体动作的对象 |
| Light | Thelight | 环境光组件 |
| lightObj | GameObject | 包含环境光组件的物体 |

```
void Start () {
        if (lightObj == null) {
            lightObj = new GameObject ("light");
            thelight = lightObj.AddComponent<Light> ();
            lightObj.transform.parent = Manager.Instace.gonggong.transform;
            lightObj.transform.localEulerAngles = Vector3.zero;
            lightObj.transform.localPosition = Vector3.zero;
            thelight.type =Directional;
```

```
            SceneCtrl.instance.PlayScene += HideLightObj;
        }
    }
public override Action<Main> CreateAction()
    {
        action = new LightObj();
        //          action.isOnce = true;
        actionInforma = new LightObjInforma(true);
        GetStateInfo().actionList.Add(actionInforma);
        actionInforma.name = "LightObj";
        return base.CreateAction();
    }

    public override Action<Main> LoadAction(ActionInforma actionInforma)
    {
        setVInforma = (LightObjInforma)actionInforma;
        //actionInforma = a;
        //this.actionInforma = a;
        this.actionInforma = actionInforma;
        action = new LightObj();
        setVisibility = (LightObj)action;

        if (lightObj == null) {
            lightObj = new GameObject ("light");
        }
        thelight = lightObj.AddComponent<Light> ();
        lightObj.transform.parent = Manager.Instace.gonggong.transform;
        lightObj.transform.localEulerAngles = Vector3.zero;
        lightObj.transform.localPosition = Vector3.zero;
        thelight.type = LightType.Directional;
        thelight.intensity = setVInforma.indensity;
        setVisibility.thelight = thelight;
        setVisibility.intensity=setVInforma.indensity;
        lightObj.SetActive (preShow.isOn);

        indensity.value = setVInforma.indensity;

        return action;
    }

    public void UpdateInput(){
         setVisibility = (LightObj)action;
```

```
        setVisibility.thelight = thelight;
        setVisibility.intensity = indensity.value;
        try{
            thelight.intensity=indensity.value;
            setVInforma = (LightObjInforma)actionInforma;
            setVInforma.indensity=indensity.value;
            setVInforma.preshow=preShow.isOn;
            lightObj.SetActive(preShow.isOn);
        }catch{

        }
    }
    void OnDestroy(){
        Destroy (lightObj);
        SceneCtrl.instance.PlayScene -= HideLightObj;
    }
```

本脚本的功能由若干个方法完成，下面分别解析这几个方法：

1）DoAction 方法是一个多态函数，在本类中其作用是：

■ 首先通过 thelight 变量的 gameobject 属性来获取该 light 组件所在的物体，然后通过该物体的 SetActive 方法将物体激活，使得该物体上的灯光组件可以正常工作。

■ 通过 thelight 变量的 intensity 属性来设置 light 组件的光照强度，这里将脚本中的 intensity 属性的值赋值给 thelight 变量的 intensity 属性，实现了对 light 组件的光照强度的设置。

2）Start 方法是继承自 MonoBehavior 的方法，在运行时自动调用一次，在本类中的作用是：

■ 判断 lightObj 是否为空，若 lightObj 不为空，则在场景中新建一个物体，并将这个物体赋值给 lightObj。

■ 利用 lightObj 的 addcomponent 方法添加环境光组件，同时将环境光组件赋值给 thilight。

■ 利用 manager 类获得当前编辑的目标物体，将 lightObj 设置为该目标物体的子物体，将 lightObj 的光照类型设置为直线光，并将坐标和旋转值归零。

■ 在 SceneCtrl 的 PlayScene 委托中添加本类的 HideLightObj 方法，实现在进入运行状态时将 lightObj 物体隐藏。

3）CreateAction 方法在创建 Action 时调用，作用是：

■ 将继承自 ActionUI 的 Action 变量实例化为 LightObj 对象。

■ 将继承自 ActionUI 的 actionInforma 变量实例化为 LightObjInforma 对象，并设置 actionInforma 对象的名称为 LightObj。

■ 通过 ActionUI 的 GetStateInfo 方法获取当前状态信息对象，将实例化的 actionInforma 变量添加到该对象的 actionlist 列表中。

4）LoadAction 方法在加载 Action 时调用，作用是：

■ 用参数 actionInforma 为 setVinforma 赋值，将参数强转为 LightObjInforma 类型，以便获取设置该 Action 所需的属性值。

■ 实例化 setVisibility 变量，为之后设置 Action 属性值做准备。

- 在场景中实例化一个物体，并为其添加环境光组件，将环境光的类型设置为直线光。将该物体设置为 Action 所附加物体的子物体，并将坐标和旋转值归零。
- 获取保存在 SetVinforma 中的环境光强度值，赋值给 thelight 的光照强度属性。
- 将 thelight 变量赋值给执行 Action 动作的 setVisibility 对象的 thelight 变量。
- 获取保存在 SetVinforma 中的环境光强度值，设置 intensity 的 value 值，实现 Action 设置界面属性值和实际 Action 属性值一致。

5）HideLightObj 方法作用是：隐藏环境光物体。

6）UpdateInput 方法在 Action 属性设置修改时调用，作用是：

- 通过 Action 设置界面的 UI 接口更新 setVisibility 对象的光照强度属性值。
- Action 设置界面的 UI 接口更新环境光组件的光照强度值，方便用户实时查看当前环境光的效果。
- 根据用户输入关闭或打开预览环境光效果。
- 将用户当前对添加环境光 Action 的设置保存到 setVinforma 中。

7）OnDestroy 方法在脚本被销毁时自动调用，在本类作用是：移除 SceneCtrl 中 PlayScene 委托里的 HideLightObj 方法。

## 7.6 特写镜头行为

### 7.6.1 Action 功能

可以为场景中的物体添加特写镜头，镜头特写有放大特写和环绕特写，放大就是对着物体镜头拉伸由小变大来特写物体，环绕就是在一定时间内环绕物体进行移动镜头，360 度展示物体模型。该 Action 的 UI 界面如图 7-9 所示。

图 7-9 特写镜头 Action 的 UI 界面

### 7.6.2 操作流程

在开始状态下添加该 Action。选择 UI 编辑面板中“放大”类型选项，此时进入放大特写模式，然后单击“设为当前位置”，把镜头设为当前位置。

接着在编辑场景中使用滚轮缩放镜头，缩放完后的镜头作为特写镜头的开始部分，单击“预览”，可以预览镜头特写。

最后在时间的输入框中输入设置时间。设置完毕后，运行场景，此时镜头会在设置时间内从最开始的镜头慢慢放大到编辑时的镜头。这样镜头的放大特写就实现了，如

图 7-10 所示。

图 7-10　特写镜头放大操作

在 UI 编辑面板中勾选“环绕”类型，进入环绕模式特写，然后单击“设为当前位置”，把镜头设在当前位置。

接着在速度的输入框中输入设置旋转速度。单击“预览”，可以预览镜头特写。设置完毕后，运行场景，镜头就会按照一定速度一直环绕目标对象进行移动。这样镜头的环绕特写就实现了，如图 7-11 所示。

图 7-11　特写镜头的环绕选项

## 7.6.3　脚本解析

本 Action 的功能主要表现在 CameraAction 类里，CameraAction 类继承于 Action 类，其主要的功能是设置不同的镜头和播放放大、环绕的特写镜头。它包含如下属性：

```
public float time=0;
    public GameObject target;
    public int type;
    public float px, py, pz, rx, ry, rz;
    public float speed;
    Camera mainCam;
    bool isComplete;
    bool isArrived;
```

| 属性说明 | 属性类型 | 作用 |
| --- | --- | --- |
| target | GameObject | 目标对象 |
| time | float | 用于设置镜头缩放的时间 |
| type | int | 用于分别镜头的类型 |
| px, py, pz, rx, ry, rz | float | 镜头的位置数据 |
| speed | float | 用于设置镜头旋转的速度 |
| mainCam | Camera | 主摄像头 |
| isComplete | bool | 镜头动画是否完成 |
| isArrived | bool | 镜头移动是否完成 |

CameraAction 类的 DoAction() 脚本内容如下：

```
public override void DoAction(Main m)
    {

        if (!isComplete)
        {
            mainCam = Manager.Instace.mainCamera;
            if (Manager.Instace.FirstPerson.activeSelf)
            {
                Manager.Instace.FirstPerson.transform.GetChild(0).gameObject.SetActive(false);
                Manager.Instace.FirstPerson.transform.GetChild(1).gameObject.SetActive(true);
                mainCam = ExtraCamera.extraCam.cam;
            }

            if (Input.GetMouseButtonDown (1)&&ExtraCamera.extraCam.gameObject.activeSelf)
            {
                Manager.Instace.FirstPerson.transform.GetChild(0).gameObject.SetActive(true);
                Manager.Instace.FirstPerson.transform.GetChild(1).gameObject.SetActive(false);
                Manager.Instace.FirstPerson.transform.GetChild(1).transform.localPosition = Manager.
Instace.FirstPerson.transform.GetChild(0).transform.localPosition;

                Manager.Instace.FirstPerson.transform.GetChild(1).transform.localEulerAngles = Manager.
Instace.FirstPerson.transform.GetChild(0).transform.localEulerAngles;
                isComplete = true;
            }

            if (type == 0)
            {
                mainCam.transform.DOMove (new Vector3 (px, py, pz) + m.gameObject.transform.
position, time);
```

```
                mainCam.transform.DORotate (new Vector3 (rx, ry, rz), time);
            }
            if (type == 1)
            {
                if (!isArrived)
                {
                    mainCam.transform.DOMove (new Vector3 (px, py, pz) + m.gameObject.transform.
position, 0).OnComplete (() => isArrived = true);
                    mainCam.transform.DORotate (new Vector3 (rx, ry, rz), 0);
                }
                mainCam.transform.RotateAround (m.gameObject.transform.position, Vector3.up, speed
* Time.deltaTime);
            }
        }else if(Input.GetMouseButtonDown (0)){
            isComplete = false;
        }
    }
```

DoAction 方法说明：即 Action 的执行方法，主要用于执行 Action 的内容。CameraAction 类中该 DoAction 方法主要内容解析为如下：

- 获取 mainCamera，首先判断第一人称摄像机是否被添加进场景中，如果有第一人称摄像机，则隐藏第一人称摄像机，显示场景摄像机来进行镜头特写。
- 单击鼠标右键，则显示第一人称摄像机，隐藏场景摄像机。
- 当镜头特写的类型 type 为 0 时，表示执行镜头缩放的特写，使用 Dotween 插件修改当前主摄像头的 transform，根据设定的时间播放镜头动画。
- 当镜头特写的类型 type 为 1 时，表示执行镜头环绕的特写。如果之前的镜头移动完成，则使用 Dotween 插件修改当前主摄像头的 transfrom 完成之前的镜头移动，然后调用 transfom 的 RotateAround 函数来进行镜头的环绕，环绕的对象就是 Action 的目标对象，环绕方向是沿 y 轴向上，环绕的速度由 Actin 设定的速度来确定。

本 Action 的 UI 部分功能主要表现在 CameraActionUI 类里，CameraActionUI 类继承于 ActionUI 类，其主要的功能是修改和设置镜头特写的 UI 面板和对镜头特写的 Action 进行赋值。它包含如下属性：

```
public GameObject target;
    public InputField timeInput,speedInput;
    public Toggle typeA,typeB;
    Vector3 offset,eulerAngle;
    CameraActionInforma cameraActionInforma;
    int type;
    bool preShowRotate;
```

| 属性说明 | 属性类型 | 作用 |
|---|---|---|
| target | GameObject | 目标对象 |
| timeInput，speedInput | InputField | 镜头缩放时间的输入框，镜头旋转速度的输入框 |
| typeA,typeB; | Toggle | 选择的镜头特写类型 A 和选择的镜头特写类型 B |
| offset,eulerAngle; | Vector3 | 用于设置镜头的位置 |
| cameraActionInforma | CameraActionInforma | Actioninfo，用于记录对应 Action 的信息 |
| type | int | 镜头的类型 |
| preShowRotate | bool | 是否开启镜头的预览 |

CameraActionUI 类的部分脚本内容如下：

```
public override Action<Main> CreateAction()
    {
        action = new CameraAction();
        action.isOnce = false;
        actionInforma = new CameraActionInforma(false);

        cameraActionInforma = (CameraActionInforma)actionInforma;
        GetStateInfo().actionList.Add(actionInforma);
        actionInforma.name = “CameraAction”;
        return base.CreateAction();
    }

    public override Action<Main> LoadAction(ActionInforma a)
    {
        CameraActionInforma camActionInfo = (CameraActionInforma)a;
        action = new CameraAction();
        CameraAction camAction = (CameraAction)action;
        camAction.type=type=camActionInfo.type;
        offset = new Vector3 (camActionInfo.px, camActionInfo.py, camActionInfo.pz);
        eulerAngle = new Vector3 (camActionInfo.rx, camActionInfo.ry, camActionInfo.rz);
        camAction.px=camActionInfo.px;
        camAction.py=camActionInfo.py;
        camAction.pz=camActionInfo.pz;
        camAction.rx=camActionInfo.rx;
        camAction.ry=camActionInfo.ry;
        camAction.rz=camActionInfo.rz;
        camAction.time = camActionInfo.t;
        camAction.speed = camActionInfo.speed;
        timeInput.text = camActionInfo.t.ToString ();
        speedInput.text = camActionInfo.speed.ToString();
        if (camAction.type == 0) {
```

```
            typeB.isOn = false;typeA.isOn = true;
        } else if (camAction.type == 1) {

            typeA.isOn = false;typeB.isOn = true;
        }
        UpdateInput ();
        this.actionInforma = a;
        return base.LoadAction(a);
    }

    void Start () {
        target = Manager.Instace.gonggong;
    }

    void Update () {
        if (preShowRotate) {
            if (SceneCtrl.running) {
                preShowRotate = false;
            }
            Manager.Instace.mainCamera.transform.RotateAround (target.transform.position,
Vector3.up, float.Parse (speedInput.text)*Time.deltaTime);
            if (Input.GetMouseButtonDown (1)) {
                preShowRotate = false;
            }
        }
    }

    public void UpdateInput(){
        CameraAction camAction = (CameraAction)action;
        camAction.type = type;
        camAction.time = float.Parse (timeInput.text);
        camAction.speed = float.Parse (speedInput.text);
        try{
            //CameraActionInforma camActionInfo = (CameraActionInforma)actionInforma;
            if (cameraActionInforma==null)
            {
                cameraActionInforma = (CameraActionInforma)actionInforma;
            }
            //moveToInforma.points=points;
            cameraActionInforma.type = type;
            cameraActionInforma.t = camAction.time;
```

```
            cameraActionInforma.speed = camAction.speed;
        }catch(System.Exception e)
        {
            Debug.LogError(e);
        }
    }
```

CameraActionUI 脚本的功能由若干个方法完成，下面分别解析这几个方法：

1）CreateAction() 方法：声明 Action，即 CameraAction；设置 Action 的 isonce 属性为 false；声明 Actioninfo，即 CameraActionInforma；设置 CameraActionInforma 的 Action 名称为 CameraAction；将 Action 添加到 state 状态中。

2）LoadAction() 方法：用于加载 Actioninfo 信息，根据 Actioninfo 来设置 UI 控件中的属性和 Action 的属性，具体实现如下：

- 首先是加载镜头特写的 ActionInfo，即 CameraActionInfoma；然后声明新的 Action，即 CameraAction；将 Actioninfo 中的位置属性，即 px、py、pz、rx、ry、rz 赋值给 CameraAction 的对应属性；Actioninfo 中的 type 属性赋值给 CameraAction 的 type 属性。
- 同时 CameraActioninfoma 中的 t 和 speed 属性赋值给 CameraAction 的 time（时间）和 speed（速度）属性。
- 对于相关 UI 控件的信息，也通过 CameraActioninfoma 的时间和速度变量赋值给 timeInput（时间输入框）和 speedInput（速度输入框）。当 CameraAction 中的 type 变量为 0 时，即表示选择了镜头缩放的特写状态，UI 控件 typeA 显示为勾选状态，typeB 显示为未勾选状态。当 CameraAction 中的 type 变量为 1 时，即表示选择了镜头旋转的特写状态，UI 控件 typeB 显示为勾选状态，typeA 显示为未勾选状态。
- 最后调用 UpdateInput() 方法来更新 Actioninfo 的信息。

3）UpdateInput() 方法：用于更新 Actioninfo 的信息。在该脚本中主要进行如下工作：获取 timeInput 和 speedInput 控件中的 text 输入值，如果 CameraActioninfoma 存在，就把输入值赋值给 CameraActioninfoma 中的 t 和 speed 变量，同时把脚本中已经有的 type 值也赋值给 CameraActioninfoma 的 type 变量。

4）Update() 方法：当镜头处于预览旋转模式时，即 preShowRotate 属性为 true 时，镜头就进行播放旋转的特写。此时如果场景处于运行状态或当鼠标按下右键时，设置 preShowRotate 属性为 false，即镜头不再播放旋转特写效果。

5）SetType() 方法：根据所给的 typeid 值来对脚本中的 type 变量赋值，最后调用 UpdateInput() 方法来更新 Actioninfo 的信息。

6）SetCamPostion() 方法：根据 Manager 中 MainCamera 的 Transform 对 CameraActioninfoma 的 px、py、pz、rx、ry、rz 属性值进行赋值。

7）PreShow() 方法用于预览镜头缩放的特写，主要实现了以下的功能：如果 Manager 中的 MainCamera 存在且镜头特写的目标对象存在，则对 MainCamera 的 transform 调用 Dotween 插件的 DoMove() 方法对 position 添加 offset 的 vector3 变量来移动镜头，其中的时间值来自 timeInput 控件中的输入值，然后调用 DoRotate 方法根据 eulerAngle 变量来旋转镜头。

8）PreShowRotate() 方法用于预览镜头旋转的特写，主要实现了以下的功能：如果 Manager 中的 MainCamera 存在且镜头特写的目标对象存在，则对 MainCamera 的 transform 调用 Dotween 插件的 DoMove() 方法对 position 添加 offset 的 vector3 变量来移动镜头，其中的时间值为 0，然后调用 DoRotate 方法根据 eulerAngle 变量来旋转镜头，其中的时间值也设置为 0。

# 7.7　销毁物体行为

## 7.7.1　Action 功能

可以销毁场景里的某一个三维模型，其 UI 界面如图 7-12 所示。

图 7-12　销毁模型 UI

## 7.7.2　操作流程

系统默认添加此 Action 的 3D 模型为销毁物体的目标，也可以设置场景中其他 3D 模型为销毁物体的目标。操作步骤是直接将右上角对象面板中的模型拖拽到［拖拽目标至框内］文本框中即可。

## 7.7.3　脚本解析

1）本 Action 的功能体现在 DeleteObj 类里，该类继承于 Action 类，其主要的功能是将场景内的某一个 3D 模型销毁。它包含如下属性：

```
public class DeleteObj : Action<Main> {
        public GameObject target;
        public string targetName;
```

| 属性名称 | 属性类型 | 作用 |
| --- | --- | --- |
| targetName | string | 设置销毁物体的目标模型的名字 |
| target | GameObject | 设置销毁物体的目标模型 |

```
        public override void DoAction (Main m)
        {
                if (target==null)
                    {
                        if (string.IsNullOrEmpty(targetName))
                        {
```

```
                    target = m.gameObject;
                }
                else
                {
                    target = GameObject.Find("Parent/" + targetName);
                }
            }
            GameObject.Destroy(target);
        }
}
```

本脚本的功能由若干个方法完成，下面分别解析这几个方法：

DoAction 方法是一个多态函数，在本类中其作用是：如果代表销毁物体目标的模型变量为空，则就将绑定此 Action 的三维模型作为销毁物体的目标变量；如果为非空，则通过 GameObject 的 Find 方法可以查找到该三维模型（当用户将资源列表中的模型拖拽到场景里后，则场景中的三维模型会自动添加到一个名称为 Parent 的父对象上），然后通过 GameObject 的 Destroy 方法，销毁该物体。

2）本 ActionUI 的功能体现在 DeleteObjUI 类里，该类继承于 ActionUI 类，其主要的功能是可以将 UI 界面具象化，使用户可以直观地编辑更改其中的功能数据。它包含如下属性：

```
public class DeleteObjUI : ActionUI {
    public GameObject target;
    public string targetName;
    public Text targetText;
    private List<string> targetPath;
    public bool isloading;
    DeleteObj deleteObj;
    DeleteObjInforma delInformal;
```

| 属性名称 | 属性类型 | 作用 |
|---|---|---|
| targetName | string | 设置销毁物体的目标模型的名称 |
| target | GameObject | 设置销毁物体的目标模型 |
| targetText | Text | 设置销毁物体 UI 显示目标物体的名称的文本 |
| targetPath | List<string> | 设置销毁物体的目标模型的路径列表 |
| isloading | bool | 设置的销毁物体目标是否正在加载 |
| deleteObj | DeleteObj | 设置销毁物体的执行脚本 |
| delInformal | DeleteObjInforma | 设置销毁物体的数据脚本 |

```
    private string targetNamePath, rootName;
    public override Action<Main> CreateAction()
    {
        action = new DeleteObj();
        DeleteObj transObj = (DeleteObj)action;
```

```
        actionInforma = new DeleteObjInforma (false);
        GetStateInfo().actionList.Add(actionInforma);
        actionInforma.name = "DeleteObj";
        return base.CreateAction();
    }

    public override Action<Main> LoadAction (ActionInforma actionInforma)
    {
            delInformal = (DeleteObjInforma)actionInforma;
            this.actionInforma = actionInforma;
            action = new DeleteObj();
                deleteObj = (DeleteObj)action;
                    isloading = true;
                targetName = delInformal.targetName;
            rootName = delInformal.rootName;
                deleteObj.targetName = delInformal.targetName;

            if (!string.IsNullOrEmpty(delInformal.targetName))
                {
                    string[] shortName = delInformal.targetName.Split('/');
                    if (shortName.Length>0)
                    {

                        targetText.text = shortName[shortName.Length - 1];

                    }

                }
            isloading = false;
                return action;
    }


    public void UpdateInput()
    {
        if (!isloading)
        {

            deleteObj = (DeleteObj)action;
            deleteObj.target = target;
            //deleteObj.targetName=
            if (target && !target.GetComponent<ConstantHighlighting>())
```

```
{
    target.AddComponent<ConstantHighlighting>();
}

if (!string.IsNullOrEmpty(targetName))
{
    string[] shortName = targetName.Split('/');
    if (shortName.Length > 0)
        targetText.text = shortName[shortName.Length - 1];
}
//targetText.text = targetName;
//          if (target.Equals (null)) {
//              targetText.text = " 拖拽目标至框内 ";
//          }
try
{
    delInformal = (DeleteObjInforma)actionInforma;
    //string targetNamePath=target.name;
    targetNamePath = rootName;
    if (targetPath != null)
    {
        foreach (string item in targetPath)
        {
            targetNamePath = targetNamePath.Insert(targetNamePath.Length, "/");
            targetNamePath = targetNamePath.Insert(targetNamePath.Length, item);
        }
    }
    if (!string.IsNullOrEmpty(targetNamePath))
    {
        delInformal.targetName = targetNamePath;
        delInformal.rootName = rootName;
    }
    else
    {
        delInformal.targetName = target.name;
    }
}
catch (Exception e)
{
    Debug.Log(e);
}
```

```
        }
    }

    public void SetGameObject()
    {
        //          if (item.isDragging) {
        //                  target = item.dragedItem.GetTarget ();
        //                  targetName = target.name;
        //                  UpdateInput ();
        //          }
    }

    public void ReturnGameObject()
    {
        //          if (item.isDragging) {
        //              target = lastTarget;
        //              if (lastTarget == null) {
        //                  targetName = " 拖拽目标至框内 ";
        //              } else {
        //                  targetName = lastTarget.name;
        //              }
        //              UpdateInput ();
        //          }
    }
    public void DropGameObject()
    {
        if (item.isDragging)
        {
            target = item.dragedItem.GetTarget();
            rootName = target.name;
            targetName = target.name;
            UpdateInput();
        }
    }
}
```

本脚本的功能由若干个方法完成，下面分别解析这几个方法：

1）CreateAction 方法是一个多态函数，在本类中其作用是填写销毁物体的信息。

2）LoadAction 是信息传递函数，用于在运行时将在 DeleteObjUIInforma 中储存的销毁物体的信息传递进 DeleteObjUI 脚本中。如果目标模型名称不为空，则按照“/”字符切割字符串，取最后一部分显示在文本框上。

3）UpdateInput 函数中是更新信息方法，用于将在 DeleteObjUI 中储存的销毁物体的信息传递进 DeleteObjUIInforma 以及 DeleteObjUI 脚本中。首先判断是否处于加载状态，如果不是，则看 GameObject 的 GetComponent 方法检测目标模型是否有 ConstantHighlighting 脚本，如果不为空，则直接获取；如果为空，则用 GameObject 的 AddComponent 方法新增一个该脚本。如果目标模型名称不为空，则按照“/”字符切割字符串，取最后一部分显示在文本框上。

4）SetGameObject 和 DropGameObject 为拖拽模型到文本框内的函数。

5）ReturnGameObject 是返回销毁物体目标的函数，用于获取当前选择的模型。

# 第 8 章 位移变换功能

位移变换功能由向目标移动行为、设为可移动物体行为、物体缩放行为、物体旋转行为、物体移动行为等功能组成。

## 8.1 向目标移动

### 8.1.1 Action 功能

可以对场景中的物体添加指定线路的移动，主要作用是通过规划线路来让物体在一定时间内沿着指定的方向移动，其 UI 界面如图 8-1 所示。

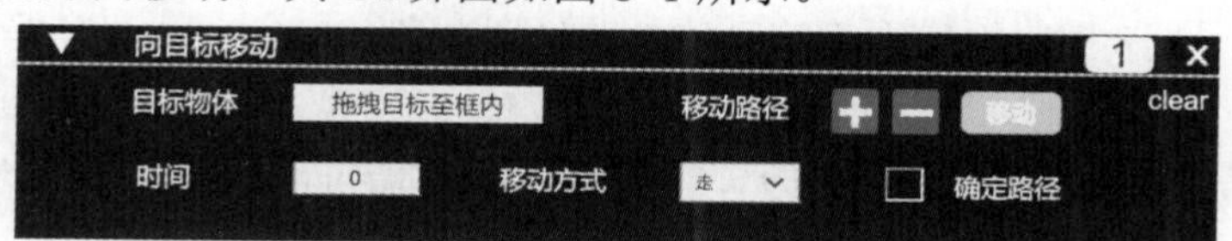


图 8-1 向目标移动 Action 的 UI 界面

### 8.1.2 操作流程

操作流程：拖拽目标至目标物体的框内，则可以选中目标物体，选中后的结果如图 8-2 所示。

移动路径：单击“+”，可以在对象位置添加移动路径点；单击“-”，可以删除最近添加的路径点，如图 8-3 所示。

图 8-2 操作流程

图 8-3 移动路径

生成路径点后，用户可以通过坐标轴来移动对象物体，移动后所显示的粉色线路就是目标对象的移动路径。此时可以继续单击“移动路径”中的“+”来添加路径点，通过不断添加路径点可以自由地生成复杂路径。移动路径的示例图如图 8-4 ～图 8-6 所示。

当移动路径编辑完成以后，勾选□确定路径，原先显示的移动路径会被隐藏掉，取消勾选则又会显示路径和路径点。

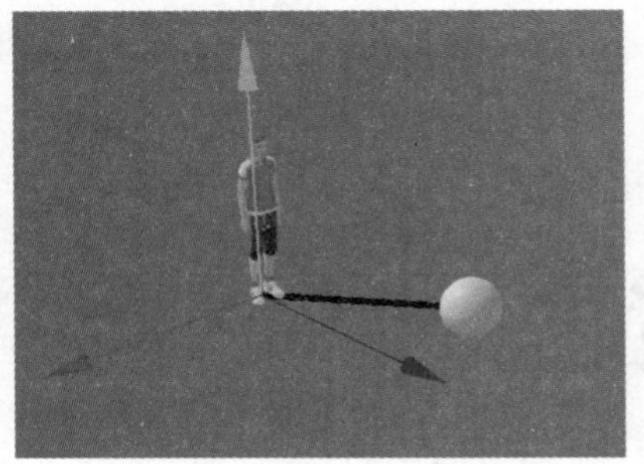

图 8-4　移动对象产生路径

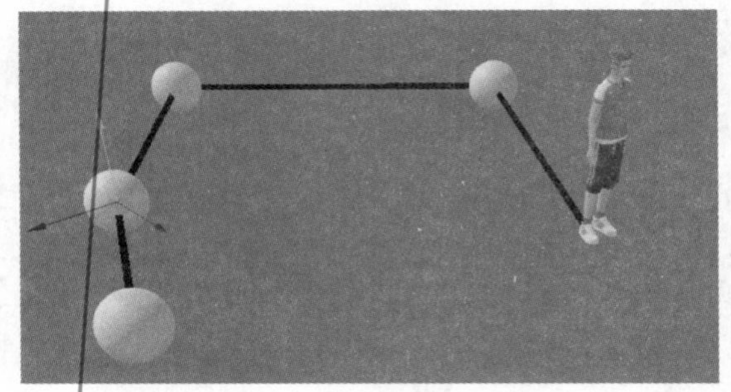

图 8-5　添加路径点

图 8-6　确定路径点后

移动路径确定好后，需要在左下角的输入框中输入移动所需要的时间［时间 0］。时间的计量单位是秒，表示目标物体完成整段移动路径所花费的时间，如果值是零，则不会触发对象移动。

单击右上角的［clear］按钮（见图 8-1），则会删除该绑定的 Action，取消向目标移动。

## 8.1.3　脚本解析

本 Action 的功能主要表现在 MoveToward 类里，MoveToward 类继承于 Action 类，其主要的功能是让目标对象沿着所给的路径进行移动。它包含如下属性：

```
public GameObject target;
    public string targetName;
    public List<GameObject> keyObjs;
    public float time=0;
    public float forward=0;
    List<Vector3> points;
    Animator animator;
```

| 属性说明 | 属性类型 | 作用 |
|---|---|---|
| target | GameObject | 目标对象 |
| targetName | string | 目标对象名称 |
| keyObjs | List<GameObject> | 路径点的组 |
| time | float | 路径移动时间 |
| forward | float | 用于修改移动动画的变量 |
| points | List<Vector3> | 路径点位置，用于记录位置 |
| animator | Animator | 目标对象上的动画组件，用于播放行走和跑动动画 |

MoveToward 类的 DoAction 方法脚本内容如下：

```
public override void DoAction(Main m)
    {
        if (target == null) {
            if (string.IsNullOrEmpty (targetName)) {
                target = m.gameObject;
            } else {
                target = GameObject.Find ("Parent/" + targetName);
            }
        }
        animator = target.GetComponent<Animator> ();
        if (target.GetComponent<Rigidbody> () == null) {
            target.AddComponent<Rigidbody> ().useGravity=false;
            target.GetComponent<Rigidbody> ().isKinematic = true;
        }

        if (points == null)
        {
            points = new List<Vector3> ();
            for (int i = 0; i < keyObjs.Count; i++)
            {
                points.Add (keyObjs [i].transform.position);
            }

            if (animator != null){
                animator.SetFloat ("Forward", (forward + 1f) / 2f);
            }
            target.transform.DOPath (points.ToArray (), time, DG.Tweening.PathType.CatmullRom,
PathMode.Full3D).SetLookAt (0).SetEase (Ease.Linear).OnComplete (() => {
                if (animator != null){
                    animator.SetFloat ("Forward", 0);
                }
            });
        }
        else
        {
            if (animator != null) {
                animator.SetFloat ("Forward", (forward + 1f) / 2f);
            }
            target.transform.DOPath (points.ToArray (), time, DG.Tweening.PathType.CatmullRom,
PathMode.Full3D).SetLookAt (0).SetEase (Ease.Linear).OnComplete (() => {
                if (animator != null) {
```

```
                animator.SetFloat ("Forward", 0);
            }
        });
    }
}
```

DoAction 方法是一个多态函数，在本类中的作用是：

- 如果目标对象为空，接着判断对象名字是否为空，如果为空，则该对象是 main 物体对象，否则根据存在的对象名字在场景中的 Parent 物体下找到该物体对象。
- 获取对象物体的 Animator 组件。如果对象物体不存在 Rigidbody 组件，则添加该组件，设置 Rigidbody 组件属性 useGravity 为 false，即不使用重力，设置 Rigidbody 组件属性 isKinematic 为 true，即不受力的影响。
- 如果路径点位置 points 为空，则声明新的 points，根据所有路径点 Keyobjs，添加 KeyObjs 中的路径点的位置到 Points 组中。
- 如果动画组件 animator 不为空，则根据 Forward 值的不同来播放不同的动画。
- 目标对象使用插件 Dotween 的 Dopath 方法，通过遍历 Points 修改目标对象的 Transform 来实现向所给的路径点移动，由于 Points 的前后顺序不同，Points 的路径点不同，所以能产生不同的移动轨迹。当移动完毕后，如果动画组件 animator 不为空，则对象物体播放动画变量 Forward 值为 0 时的动画。

该 Action 的 UI 表现主要是在 MoveTowardUI 类中实现的，MoveTowardUI 类继承于 ActionUI 类，其主要的功能是路径点的生成、删除和路线的显示，它包含如下属性：

```
public GameObject keyObj;
    public GameObject target;
    public string targetName;
    public Text targetText;
    public InputField timeInput;
    public List<GameObject> keyObjs;
    public Dropdown moveType;
    MoveTowardInforma moveTowardInfo;
    MoveToward moveToward;
```

| 属性说明 | 属性类型 | 作用 |
| --- | --- | --- |
| target | GameObject | 目标对象 |
| targetName | string | 目标对象名称 |
| keyObjs | List<GameObject> | 路径点的组 |
| timeInput | InputField | 移动路径所需的时间输入栏 |
| moveType | Dropdown | 移动类型选择的下拉栏 |
| MoveTowardInforma | MoveTowardInforma | 对应 Action 的保存信息 |
| moveToward | MoveToward | 对应的 Action |
| targetText | Text | 目标对象名字 |
| keyObj | GameObject | 单个路径点预设，用于在场景中生成路径点 |

MoveTowardUI 类的部分脚本内容如下：

```
public override Action<Main> CreateAction()
```

```
    {
        action = new MoveToward();
        action.isOnce = true;
        actionInforma = new MoveTowardInforma(true);
        GetStateInfo().actionList.Add(actionInforma);
        actionInforma.name = "MoveToward";
        return base.CreateAction();
    }

    public override Action<Main> LoadAction(ActionInforma a)
    {
        moveTowardInfo = (MoveTowardInforma)a;
//      this.actionInforma = a;
        action = new MoveToward();
        moveToward = (MoveToward)action;print (moveTowardInfo.targetName);
        targetName=moveTowardInfo.targetName;
        targetText.text = moveTowardInfo.targetName;
        timeInput.text = moveTowardInfo.t.ToString ();
        moveType.value = (int)moveTowardInfo.forward;
        moveToward.targetName = moveTowardInfo.targetName;
        if (keyObjs == null) {
            keyObjs = new List<GameObject> ();
        } else {
            keyObjs.Clear ();
        }
        for (int i = 0; i < moveTowardInfo.xs.Count; i++) {
            Vector3 pos = new Vector3 (moveTowardInfo.xs [i], moveTowardInfo.ys [i], moveTowardInfo.
zs [i]);

            GameObject go = Instantiate<GameObject> (keyObj, pos, Quaternion.identity);
            go.GetComponent<VTest> ().owner = gameObject;
            go.SetActive (true);
            keyObjs.Add (go);
        }
        this.actionInforma = a;
        return base.LoadAction(a);
    }

    void Start () {
        target = Manager.Instace.gonggong;
    timeInputField.onValueChanged.AddListener(delegate(string a) { ActionTimeChanged(); });
    }
    void ActionTimeChanged()
```

```
{
    if (moveToward != null)
    {
        moveToward.duringTime = float.Parse(timeInputField.text);
        moveTowardInfo.durtime = moveToward.duringTime;
    }
}

void Update () {
    if (keyObjs != null ) {
        if (Manager.Instace._Playing) {
            SetKeyObjsVisibility (false);
        }
        GetComponent<LineRenderer> ().SetPosition (0, target.transform.position);
        GetComponent<LineRenderer> ().numPositions = keyObjs.Count + 1;
        for (int i = 0; i < keyObjs.Count; i++) {
            GetComponent<LineRenderer> ().SetPosition (i + 1, keyObjs [i].transform.position);
        }
    }
    //SetKeyObjsVisibility (gameObject.activeSelf);
}

public void UpdateInput(){
    moveToward = (MoveToward)action;
    targetText.text = targetName;
    moveToward.target = target;
    moveToward.time = float.Parse (timeInput.text);
    moveToward.keyObjs = keyObjs;
    moveToward.forward = moveType.value;
    try{
        moveTowardInfo = (MoveTowardInforma)actionInforma;
        //moveToInforma.points=points;
        moveTowardInfo.targetName = targetName;
        moveTowardInfo.t = moveToward.time;
        moveTowardInfo.forward = moveType.value;
    }catch{
    }
}
```

该脚本的功能由若干个方法完成，下面分别解析这几个方法：

1）Start() 方法：先在 Manager.cs 脚本中获取 target 目标对象，然后给 Inputfield 控件添加委托方法 ActionTimeChanged。在 ActionTimeChanged 方法中，如果向目标移动的 Action 存在且不为空，则把输入的变量赋值给 Action 的 durringTime（延迟时间），同时也赋值给向目标移动的 Action 信息 moveTowardInfo 中的 durtime 变量。

2）Update() 方法：

- 如果路径组 keyobjs 不为空，此时 Mangaer 调用静态方法判断是不是运行状态，如果是，则调用 SetKeyObjsVisibility() 方法来隐藏场景中显示的路线和路径点。
- 如果路径组 keyobjs 不为空，则获取 LineRender 组件，调用 LineRender 组件的 SetPosition 方法，然后设置 LineRender 组件 numPositions 变量，调用 SetPosition 方法对 KeyObjs 每个路径点进行连线，显示在场景中。

3）CreateAction() 方法：声明新的 Action、MoveToward。设置 Action 的 isonce 属性为 true，命名 Action，将 Action 添加到 state 状态中，主要实现了 Action 的初始化工作。

4）LoadAction() 方法：

- 将 Action 中的信息赋值给 MoveTowardUI 脚本中的属性 targetName、targetText.text、timeInput.text、moveType.value、moveToward.targetName。
- 如果 keyobjs 路径点组为空，则声明新的 Keyobjs 属性，否则调用 KeyObjs 的 Clear() 方法清空 List。
- 用 for 循环遍历路径点个数，获取 Actioninfo 中的路径点位置，用 Instantiate() 方法在场景中生成显示用的路径点，同时设置路径点的属性。

5）AddKeyPoint() 方法：添加路径点方法，用于在场景中添加路径点。

- 如果 keyobjs 路径点组为空，则声明新的 Keyobjs 属性。
- 用 Instantiate() 方法，根据对象 target 的位置，在场景中生成路径点。在路径组 Keyobjs 中添加新成的路径点 keyobj，然后在 Actioninfo 中添加该路径点的位置信息 xs、ys、zs。调用 UpdateInput() 方法，更新 Action 和 Actioninfo 的变量信息。

6）UpdateInput() 方法：用于更新于 UI 对应的 Action 信息和 ActionInfo 信息。

7）RemoveKeyPoint() 方法：删除路径点方法，用于在场景中删除最新生成的路径点。

- 如果 keyobjs 路径点组为空，则声明新的 Keyobjs 属性。
- 获取最新生成的路径点，调用 Destroy() 方法删除该路径点，同时在路径组 Keyobjs 组中移除该路径点，在 Actioninfo 中也同时删除该路径点的位置信息。

8）SavePath() 方法：主要用于保存已经生成的移动路径。

- 遍历 keyobjs 路径组，把每个路径点的位置信息保持到 Actioninfo 中。
- 调用 SetKeyObjsVisibility() 方法，如果已经确认了移动路径，则隐藏所有的路径点和路径的线路，否则显示所有路径点和线路。

## 8.2　设为可移动物体

### 8.2.1　Action 功能

给对象物体添加可拖拽移动和拖拽旋转功能。该 Action 的 UI 界面如图 8-7 所示。

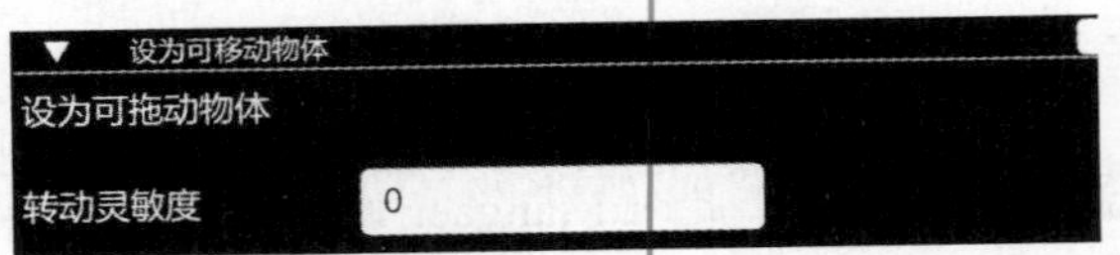


图 8-7　设为可移动物体 Action 的 UI 界面

## 8.2.2　操作流程

在 Action 选择面板中选择添加 Action“设为可移动物体”，如图 8-8 所示。然后在 UI 界面中设置转动灵敏度，建议设置为 100 ～ 1000，如数值小于 100，则物体的转动效果会十分不明显，如图 8-9 所示。

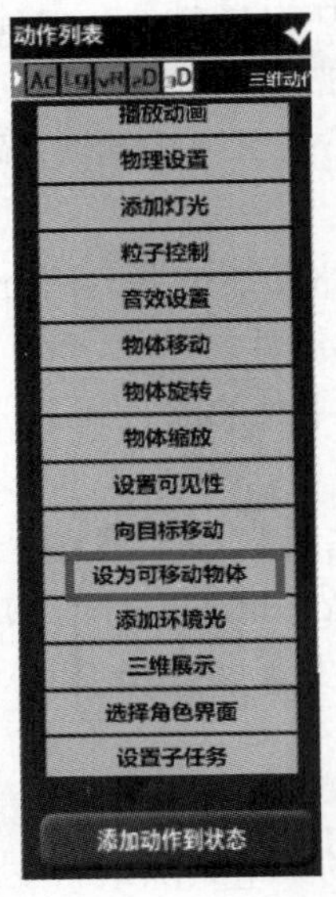


图 8-8　动作面板

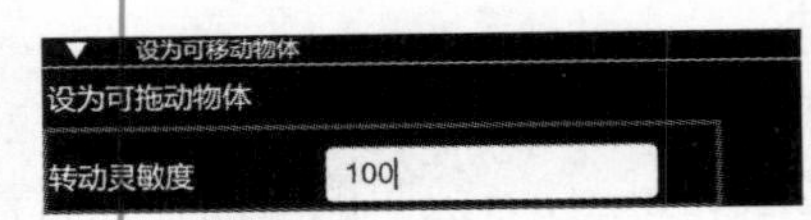


图 8-9　转动灵敏度设置

设置完成后，即可运行场景，查看 Action 效果，此时用鼠标按住物体可以拖动物体到屏幕的任意位置。

按住 Ctrl 键拖动鼠标，则对象物体会随着鼠标的移动进行转动。

## 8.2.3　脚本解析

本 Action 的功能主要表现在 Dragaction 类里，Dragaction 类继承于 Action 类，其主要的功能是给目标对象添加 DragActionObj 脚本，设置 DragActionObj 的 rotateSensitivity 属性。它包含如下属性：

```
public float rotateSensitivity;
```

| 属性说明 | 属性类型 | 作用 |
|---|---|---|
| rotateSensitivity | float | 用于设置转动的灵敏度 |

Dragaction 类的脚本内容如下：

```
public override void DoAction(Main m)
    {
        Rigidbody[] parts = m.gameObject.GetComponentsInChildren<Rigidbody> ();
        if (parts.Length == 0) {
            if (m.gameObject.GetComponent<Rigidbody> () != null) {
                if (m.gameObject.GetComponent<DragableObj> () == null) {
                    m.gameObject.AddComponent<DragableObj> ().rotateSensitivity = rotateSensitivity;
                } else {
                    m.gameObject.GetComponent<DragableObj> ().rotateSensitivity = rotateSensitivity;
                }
            } else {
                Rigidbody rbody = m.gameObject.AddComponent<Rigidbody> ();
                rbody.useGravity = false;
                rbody.isKinematic = true;
                m.gameObject.AddComponent<DragableObj> ().rotateSensitivity = rotateSensitivity;
            }
        } else {
            foreach (Rigidbody item in parts) {
                item.gameObject.AddComponent<DragableObj> ().rotateSensitivity = rotateSensitivity;
            }
        }
    }
```

DoAction 方法说明：主要用于执行 Action 的内容。Dragaction 类中该 DoAction 方法主要内容解析如下：

- 通过 GetComponentsInChildren<Rigidbody> () 来判断目标对象是否有子物体。当目标对象不包含子物体时，再判断是否有 Rigibody 组件和 DragActionObj 组件，如果没有就添加这些组件。然后根据 Action 中的 rotateSensitivity 属性来对 DragActionObj 的 rotateSensitivity 属性赋值。
- 通过 GetComponentsInChildren<Rigidbody> () 来判断目标对象是否有子物体。当目标对象包含子物体时，则对每个子物体添加 DragACtionObj 组件，同时也对 rotateSensitivity 属性赋值。

下面来解析用于拖拽和转动的组件 DragActionObj 脚本，该脚本主要是用来给对象物体添加可拖拽功能。它包含如下属性：

```
public float rotateSensitivity=1;
    public Transform cameraTransform;
    public Camera camera;
    bool isDragging,rotateMode;
    float distance;
    float offsetX,offsetY;
```

| 属性说明 | 属性类型 | 作用 |
|---|---|---|
| rotateSensitivity | float | 用于设置转动的灵敏度 |
| cameraTransform | Transform | 用于设置目标对象的选择方向 |
| camera | Camera | 获取主摄像机 |
| isDragging,rotateMode | bool | 判断是否拖动完成，判断是否进入转动模式 |
| distance | float | 用于设置拖动距离的相关属性 |
| offsetX,offsetY; | float | 用于设置目标对象位置的相关属性 |

DragActionObj 的部分脚本内容如下：

```
void Start () {
        SetCamera();
    }
    public void SetCamera(Camera cam=null)
    {
        if (cam == null && cameraTransform==null)
        {
            cameraTransform = Camera.main.transform;
            camera = Camera.main;
        }
        else if(cam!=null)
        {
            cameraTransform = cam.transform;
            camera = cam;
        }
    }

    void Update () {
        ApplyDragging ();
        SwitchMode ();
    }

    void ApplyDragging(){
        //if (isDragging) {
        //    Vector3 tarMousePos = Camera.main.ScreenToWorldPoint (new Vector3(Input.mousePosition.
x+offsetX, Input.mousePosition.y+offsetY, distance));
        //    transform.position = tarMousePos;
        //    if(Input.GetMouseButtonUp(0)){
        //        isDragging=false;
        //    }
        //}
        if (isDragging)
        {
            Vector3 tarMousePos = camera.ScreenToWorldPoint(new Vector3(Input.mousePosition.x +
```

```
offsetX, Input.mousePosition.y + offsetY, distance));
                transform.position = tarMousePos;
                if (Input.GetMouseButtonUp(0))
                {
                    isDragging = false;
                }
            }
        }

        void OnMouseDown(){
            if (!rotateMode) {
                Vector3 objScreenPos = camera.WorldToScreenPoint(transform.position);
                offsetX = objScreenPos.x - Input.mousePosition.x;
                offsetY = objScreenPos.y - Input.mousePosition.y;
                isDragging = true;
                Vector3 objToCam = transform.position - camera.transform.position;
                float angle = Vector3.Angle(camera.transform.forward, objToCam);
                distance = Mathf.Cos (angle * Mathf.PI / 180f) * objToCam.magnitude;
            }
        }
        void OnMouseDrag(){
            if (rotateMode) {
                //          cameraTransform.RotateAround (transform.position, Vector3.up, Input.GetAxis ("Mouse
X") * 60 * Time.deltaTime);
                //          cameraTransform.RotateAround (transform.position, Vector3.right, Input.GetAxis ("Mouse
Y") * 60 * Time.deltaTime);
                Debug.Log("OnMouseDrag");
                transform.RotateAround (transform.position, Vector3.up, -Input.GetAxis ("Mouse X") *
rotateSensitivity * Time.deltaTime);
                transform.RotateAround (transform.position, cameraTransform.right, Input.GetAxis ("Mouse
Y") * rotateSensitivity * Time.deltaTime);
            }
        }

        void SwitchMode(){
            if (Input.GetKeyDown (KeyCode.LeftControl)) {
                rotateMode = true;
            }
            if (Input.GetKeyUp (KeyCode.LeftControl)) {
                rotateMode = false;
            }
        }
```

该脚本的功能由若干个方法完成，下面分别解析这几个方法：

1）SetCamera() 方法：在 Start() 方法中直接调用，用于初始化 Camera 的相关属性。主要实现内容如下：

- 当脚本的 cameraTransform 变量和 Camera 变量为空时，则对其赋值，camera 即为 Camera.main 主摄像机，cameraTransform 为主摄像机的 transform。
- 同时也可以在 SetCamera() 方法中传入 Camera 类型，对 cameraTransform 变量和 Camera 变量赋值。

2）ApplyDragging() 方法：在 Update() 方法中直接调用，用于设置可拖拽功能，调节目标对象的 position 属性。主要实现内容如下：

- 当 isDragging 为 true 时，表示正在拖拽物体，此时目标对象的位置则为鼠标在屏幕中的位置，用 camera.ScreenToWorldPoint() 来设置，具体使用了 offsetX、offsetY、disdence 属性来确定鼠标位置和目标对象的偏移量。
- 当 isDragging 为 true 时，鼠标左键抬起，isDragging 设置为 false。

3）OnMouseDown() 方法：当鼠标左键单击物体时脚本自动调用的方法，在该脚本中主要用来设置拖拽相关属性的初始值，主要实现内容如下：

- 当 rotateMode 为 false，即不处于转动模式时，offseX 属性为屏幕中目标对象的 position 的 X 值和鼠标 position 的 X 值的差，offseY 属性为屏幕中目标对象的 position 的 Y 值和鼠标 position 的 Y 值的差。
- 不处于转动模式时，然后设置 isDragging 属性为 true，表示开始拖动物体，接着根据 Mathf.Cos (angle * Mathf.PI / 180f) * objToCam.magnitude 公式计算出 distance 距离的值。

4）OnMouseDrage() 方法：是当鼠标拖动物体时脚本自动调用的方法，在该脚本中主要用来设置目标对象的转动，主要实现内容如下：

- 当 rotateMode 为 true，即处于转动模式时，调用目标对象的 transform.RotateAround() 方法来转动对象物体。在水平方向上，该物体沿着 y 轴旋转，旋转的偏移量由鼠标 X 轴上的偏移值和转动的灵敏度 rotateSensitivity 决定。在垂直方向上，该物体沿着摄像机的 Red 轴进行旋转，旋转的偏移量由鼠标 Y 轴上的偏移值和转动的灵敏度 rotateSensitivity 决定。

5）SwitchMode() 方法：在 Update() 方法中调用，用于切换拖拽模式和转动模式。当 Ctrl 键按下时，rotateMode 为 true，即处于转动模式，当 Ctrl 键抬起时，rotateMode 为 false，即处于拖拽模式。

该 Action 的 UI 主要表现在 DragableObjUI 类里，DragableObjUI 类继承于 ActionUI 类，其主要的功能是设置 sensitivity 相关的 UI 控件，对 acitioninfo 进行初始化和赋值。它包含如下属性：

```
public InputField sensitivity;
```

| 属性说明 | 属性类型 | 作用 |
|---|---|---|
| sensitivity | InputField | UI 控件，用于设置转动灵敏度的输入 |

DragableObjUI 类的脚本内容如下：

```
public override Action<Main> CreateAction()
    {
        action = new Dragaction();
        //          action.isOnce = true;
        actionInforma = new DragactionInforma(true);
        GetStateInfo().actionList.Add(actionInforma);
        actionInforma.name = "DragObj";
        return base.CreateAction();
    }

    public override Action<Main> LoadAction(ActionInforma actionInforma)
    {
        DragactionInforma setVInforma = (DragactionInforma)actionInforma;
        //actionInforma = a;
        //this.actionInforma = a;
        this.actionInforma = actionInforma;
        action = new Dragaction();
        Dragaction setVisibility = (Dragaction)action;
        setVisibility.rotateSensitivity = setVInforma.rotateS;
        sensitivity.text = setVInforma.rotateS.ToString ();
        return action;
    }

    public void UpdateInput(){
        Dragaction dragaction = (Dragaction)action;
        try{
            dragaction.rotateSensitivity=float.Parse(sensitivity.text);
            DragactionInforma setVInforma = (DragactionInforma)actionInforma;
            setVInforma.rotateS=float.Parse(sensitivity.text);
        }catch{

        }
    }
```

该 UI 脚本的功能由若干个方法完成，下面分别解析这几个方法：

1）CreateAction() 方法：用于声明 Action 和 Actioninfo 信息，具体实现如下：

■　在方法中声明 Action，即 Dragaction。

■　在方法中声明 Actioninfo，即 Dragactioninforma，添加 Actioninfo 到 State 状态中，设置 actioninfo 的名称为 DragObj。

2）LoadAction() 方法：用于加载 Actioninfo 信息，根据 Actioninfo 来设置 UI 控件中的属性和 Action 的属性，具体实现如下：

- 加载 Actioninfo，即 Dragactioninforma, 然后在方法中声明 Action，即 Dragaction。
- 把 Dragactioninforma 中的 rotateS 属性赋值给 Dragaction 的 rotateSensitivity，同时也赋值给 UI 控件 sensitivity 中的 text 值。

3）UpdateInput() 方法：用于更新 Actioninfo 的信息，具体实现如下：

- 把该脚本 UI 控件 sensitivity 中的 text 值赋值给 Action 和 Actioninfo 对应的属性值，即 Dragactioninforma 中的 rotateS 属性和 Dragaction 的 rotateSensitivity 属性。

## 8.3 物体缩放

### 8.3.1 Action 功能

可以控制目标物体在一个指定的时间内平缓地放大或缩小到目标倍率。物体缩放 UI 如图 8-10 所示。

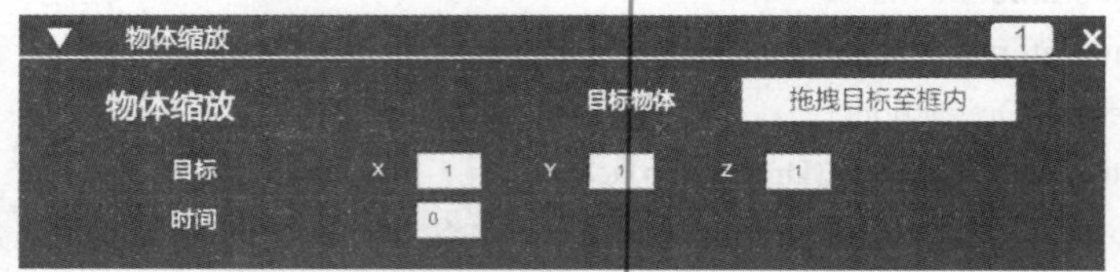


图 8-10　物体缩放 UI

### 8.3.2 操作流程

在的文本框中可以输入想要缩放到的倍率值（该值是相对于目标物体当前大小的倍率，默认为 1,1,1），在中可以修改物体平滑缩放到目标大小所需的时间（若为 0 则物体会瞬间变成目标大小）。在中可以修改目标物体，若不修改，则默认目标是当前动作挂载的物体，若要修改只需要从属性面板中拖动一个物体到白框中放下即可，操作成功后会在框中显示目标物体的名字。

### 8.3.3 脚本解析

1. TransScale

本 Action 的功能体现在 TransScale 类中，该类继承于 Action 类，其主要的功能是可以控制目标物体向指定的倍率缩放。

它包含如下属性：

```
public Vector3 Target_V3;
public float durationTime;
public string targetName;
public GameObject target;
```

| 属性名称 | 属性类型 | 作用 |
| --- | --- | --- |
| Target_V3 | Vector3 | 要缩放的目标倍率 |
| durationTime | float | 缩放到目标大小的时间 |
| targetName | string | 目标物体的名字 |
| target | GameObject | 目标物体 |

```
public override void DoAction(Main m)
    {
        if (target == null)
        {
            if (string.IsNullOrEmpty(targetName))
            {
                target = m.gameObject;
            }
            else
            {
                target = GameObject.Find("Parent/" + targetName);
            }
        }
        // 平滑缩放
        Vector3 t = new Vector3(target.transform.localScale.x * Target_V3.x, target.transform.localScale.y *
Target_V3.y, target.transform.localScale.z * Target_V3.z);
        target.transform.DOScale(t, durationTime);
    }
```

该脚本中的主要功能在 DoAction(Main m) 方法中。DoAction 方法是一个多态函数，在本类中其作用是：判断目标名字如果是空，则将默认物体设为目标，如果目标名字不为空，则通过目标名字查找目标。后面通过插件实现在预定时间内平滑缩放目标物体。

2. TransScaleUI

本 Action 的 UI 设置功能主要体现在 TransScaleUI 类里，该类继承于 ActionUI 类，其主要功能是负责监听用户输入的相关数据。它包含如下属性：

```
public InputField trans_X;
public InputField trans_Y;
public InputField trans_Z;
public InputField durationTime;
public GameObject target;
public Text targetText;
private TransRotateInformatransMoveInforma;
```

| 属性名称 | 属性类型 | 作用 |
| --- | --- | --- |
| trans_X | InputField | 要在 X 轴上缩放的倍率 |
| trans_Y | InputField | 要在 Y 轴上缩放的倍率 |
| trans_Z | InputField | 要在 Z 轴上缩放的倍率 |
| durationTime | InputField | 缩放的持续时间 |
| target | GameObject | 缩放的目标物体 |
| targetText | Text | 显示目标物体名字的文本 |
| transRotateInforma | TransRotateInforma | 存储该动作相关数据的类 |

```
public override Action<Main> CreateAction()
    {
        action = new TransScale();
        action.isOnce = true;
        TransScale transScale = (TransScale)action;
        ////// 注意
        transScale.Target_V3 = Vector3.one;
        actionInforma = new TransScaleInforma(true);
        GetStateInfo().actionList.Add(actionInforma);
        actionInforma.name = "TransScale";
        return base.CreateAction();
    }

    public override Action<Main> LoadAction(ActionInforma actionInforma)
    {
        transScaleInforma = (TransScaleInforma)actionInforma;
        action = new TransScale();
        TransScale transScale = (TransScale)action;
        //this.actionInforma = actionInforma;

        transScale.Target_V3.x = transScaleInforma.trans_X;
        transScale.Target_V3.y = transScaleInforma.trans_Y;
        transScale.Target_V3.z = transScaleInforma.trans_Z;

        transScale.targetName = transScaleInforma.targetName;
        transScale.durationTime = transScaleInforma.durationTime;
        transScale.target = target;

        if (string.IsNullOrEmpty(transScaleInforma.targetName))
        {
            targetText.text = " 拖拽物体至此框内 ";
        }
        else
        {
            targetText.text = transScaleInforma.targetName;
        }

        // 设置 UI 界面属性
        trans_X.text = transScaleInforma.trans_X.ToString();
        trans_Y.text = transScaleInforma.trans_Y.ToString();
        trans_Z.text = transScaleInforma.trans_Z.ToString();
        durationTime.text = transScaleInforma.durationTime.ToString();
```

```
        this.actionInforma = actionInforma;
        return action;
    }
    /// <summary>
    /// x 输入框的值改变时
    /// </summary>
    public void Changed_X()
    {
        try
        {
            TransScale transScale = (TransScale)action;
            transScale.Target_V3.x = float.Parse(trans_X.text);
            if (transScaleInforma == null)
            {
                transScaleInforma = (TransScaleInforma)actionInforma;
            }
            transScaleInforma.trans_X = float.Parse(trans_X.text);
        }
        catch (System.Exception e)
        {
            Debug.LogError(e);
        }
    }
    /// <summary>
    /// y 输入框的值改变时
    /// </summary>
    public void Changed_Y()
    {
        try
        {
            TransScale transScale = (TransScale)action;
            transScale.Target_V3.y = float.Parse(trans_Y.text);
            if (transScaleInforma == null)
            {
                transScaleInforma = (TransScaleInforma)actionInforma;
            }
            transScaleInforma.trans_Y = float.Parse(trans_Y.text);
        }
        catch (System.Exception e)
        {
            Debug.LogError(e);
        }
```

```
}
/// <summary>
/// z 输入框的值改变时
/// </summary>
public void Changed_Z()
{
    try
    {
        TransScale transScale = (TransScale)action;
        transScale.Target_V3.z = float.Parse(trans_Z.text);
        if (transScaleInforma == null)
        {
            transScaleInforma = (TransScaleInforma)actionInforma;
        }
        transScaleInforma.trans_Z = float.Parse(trans_Z.text);
    }
    catch (System.Exception e)
    {
        Debug.LogError(e);
    }
}
/// <summary>
/// 时间输入框的值改变时
/// </summary>
public void Changed_T()
{
    try
    {
        TransScale transScale = (TransScale)action;
        transScale.durationTime = float.Parse(durationTime.text);
        if (transScaleInforma == null)
        {
            transScaleInforma = (TransScaleInforma)actionInforma;
        }
        transScaleInforma.durationTime = float.Parse(durationTime.text);
    }
    catch (System.Exception e)
    {
        Debug.LogError(e);
    }
}
```

```
public void DropGameObject()
{
    if (item.isDragging)
    {
        target = item.dragedItem.GetTarget();
        targetText.text = target.name;

        try
        {
            TransScale transScale = (TransScale)action;
            transScale.target = target;
            transScale.targetName = target.name;
            if (transScaleInforma == null)
            {
                transScaleInforma = (TransScaleInforma)actionInforma;
            }
            transScaleInforma.targetName = target.name;
        }
        catch (System.Exception e)
        {
            Debug.LogError(e);
        }
    }
}
```

在该脚本中共有七个方法：

1）public override Action<Main> CreateAction()：该方法是一个多态函数，在该类中的作用是在创建该动作时，创建和绑定该动作相关的脚本和信息。另外还将执行脚本中的缩放，大小初始化为默认的（1，1，1）（即物体既不放大也不缩小）。

2）public override Action<Main> LoadAction(ActionInforma actionInforma)：该方法也是一个多态函数，在该类中的作用是读取储存在数据类中的属性，并将其同步到执行类和该动作的 UI 界面中。

在这里读取存储数据脚本中的数据有缩放倍率、目标物体的名字和缩放时间。将读取的这些数据都同步赋值到执行动作的脚本和 UI 界面中。同时会判断目标物体名字：若是空则将 UI 界面用于显示目标名字的文本改为“拖拽物体至此框内”。

3）public void Changed_X()：该方法用于监听 UI 界面目标缩放 X 轴输入框的修改，并将修改后的值同步到用于存储和动作执行的脚本中。

4）public void Changed_Y()：该方法用于监听 UI 界面目标缩放 Y 轴输入框的修改，并将修改后的值同步到用于存储和动作执行的脚本中。

5）public void Changed_Z()：该方法用于监听 UI 界面目标缩放 Z 轴输入框的修改，并将修改后的值同步到用于存储和动作执行的脚本中。

6）public void Changed_T()：该方法用于监听 UI 界面物体缩放时间文本输入框的修改，同时在修改后做出判断：不允许输入小于 0 的时间，如果输入的值小于 0 则自动将该值调整为 0，然后再将该值同步到用于存储和动作执行的脚本中。

7）public void DropGameObject()：该方法在这里用于监听修改目标物体，当用户拖动目标物体于 UI 界面上显示目标名字的文本框上放下时，可以获取到用户拖动的目标物体。然后获取目标物体的名字将会显示在 UI 界面显示名字的文本框中。再将目标物体同步到执行动作中，就将目标物体的名字记录在存储数据的脚本中。

## 8.4 物体旋转

### 8.4.1 Action 功能

可以控制目标物体在一个指定的时间内平缓地旋转到目标角度。物体旋转 UI 如图 8-11 所示。

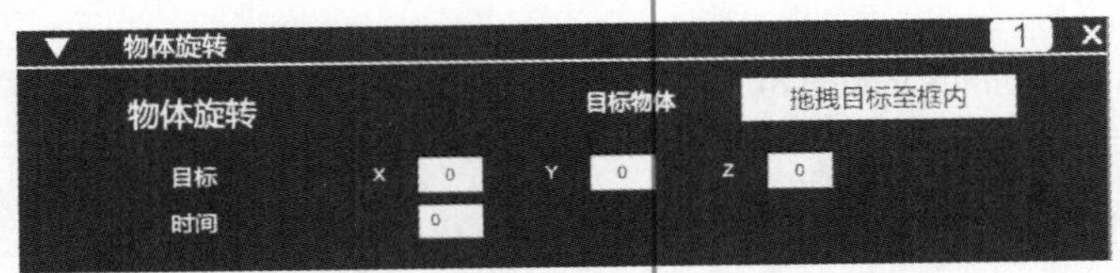


图 8-11　物体旋转 UI

### 8.4.2 操作流程

在目标 X 0 Y 0 Z 0 的文本框中可以输入想要旋转的目标角度（该角度是相对于目标物体当前的角度），在时间 0 中可以修改物体旋转到目标角度所需的时间（若为 0 则物体会瞬间旋转到目标角度）。在目标物体 拖拽物体至此框内 的白色方框中可以修改目标物体，若不修改则默认目标是当前动作挂载的物体，若要修改只需要从属性面板中拖动一个物体到白框中放下即可，成功后会在框中显示目标物体的名字目标物体 cylinder*0。

### 8.4.3 脚本解析

1．TransRotate

本 Action 的功能体现在 TransRotate 类中，该类继承于 Action 类，其主要的功能是可以控制目标物体向指定的角度旋转。它包含如下属性：

```
public Vector3 Target_V3;
public float durationTime;
public string targetName;
public GameObject target;
```

| 属性名称 | 属性类型 | 作用 |
| --- | --- | --- |
| Target_V3 | Vector3 | 要旋转的目标角度 |
| durationTime | float | 旋转到目标角度的时间 |
| targetName | string | 目标物体的名字 |
| target | GameObject | 目标物体 |

```
public override void DoAction(Main m)
    {
      if (target == null)
      {
        if (string.IsNullOrEmpty(targetName))
        {
          target = m.gameObject;
        }
        else
        {
          target = GameObject.Find("Parent/" + targetName);
        }
      }
      // 平滑旋转
      target.transform.DOLocalRotate(Target_V3,durationTime, RotateMode.WorldAxisAdd);
    }
```

该脚本中的主要功能在 DoAction(Main m) 方法中。DoAction 方法是一个多态函数，在本类中其作用是：判断目标名字，如果为空则将默认物体设为目标，如果目标名字不为空则通过目标名字查找目标。后面通过插件实现在预定时间内平滑旋转到目标角度。

2. TransRotateUI

本 Action 的 UI 设置功能主要体现在 TransRotateUI 类里，该类继承于 ActionUI 类，其主要功能是负责监听用户输入的相关数据。

它包含如下属性：

```
public InputField trans_X;
public InputField trans_Y;
public InputField trans_Z;
public InputField durationTime;
public GameObject target;
public Text targetText;
private TransRotateInformatransMoveInforma;
```

| 属性名称 | 属性类型 | 作用 |
| --- | --- | --- |
| trans_X | InputField | 要在 X 轴上移动的角度 |
| trans_Y | InputField | 要在 Y 轴上移动的角度 |
| trans_Z | InputField | 要在 Z 轴上移动的角度 |
| durationTime | InputField | 旋转的持续时间 |
| target | GameObject | 旋转的目标物体 |
| targetText | Text | 显示目标物体名字的文本 |
| transRotateInforma | TransRotateInforma | 存储该动作相关数据的类 |

```
public override Action<Main> CreateAction()
    {
        action = new TransRotate();
        action.isOnce = true;
        TransRotate transRotate = (TransRotate)action;
        transRotate.Target_V3 = Manager.Instace.gonggong.transform.localEulerAngles;
        actionInforma = new TransRotateInforma(true);
        GetStateInfo().actionList.Add(actionInforma);
        actionInforma.name = "TransRotate";
        return base.CreateAction();
    }

    public override Action<Main> LoadAction(ActionInforma actionInforma)
    {
        transRotateInforma = (TransRotateInforma)actionInforma;
        action = new TransRotate();
        TransRotate transRotate = (TransRotate)action;
        //this.actionInforma = actionInforma;

        transRotate.Target_V3.x = transRotateInforma.trans_X;
        transRotate.Target_V3.y = transRotateInforma.trans_Y;
        transRotate.Target_V3.z = transRotateInforma.trans_Z;

        transRotate.targetName = transRotateInforma.targetName;
        transRotate.durationTime = transRotateInforma.durationTime;
        transRotate.target = target;

        if (string.IsNullOrEmpty(transRotateInforma.targetName))
        {
            targetText.text = " 拖拽物体至此框内 ";
        }
        else
        {
            targetText.text = transRotateInforma.targetName;
        }

        // 设置 UI 界面属性
        trans_X.text = transRotateInforma.trans_X.ToString();
        trans_Y.text = transRotateInforma.trans_Y.ToString();
        trans_Z.text = transRotateInforma.trans_Z.ToString();
        durationTime.text = transRotateInforma.durationTime.ToString();
        isLoadData = true;
```

```
        this.actionInforma = actionInforma;
        return action;
    }
    /// <summary>
    /// x 输入框的值改变时
    /// </summary>
    public void Changed_X()
    {
        try
        {
            TransRotate transRotate = (TransRotate)action;
            transRotate.Target_V3.x = float.Parse(trans_X.text);
            if (transRotateInforma == null)
            {
                transRotateInforma = (TransRotateInforma)actionInforma;
            }
            transRotateInforma.trans_X = float.Parse(trans_X.text);
        }
        catch (System.Exception e)
        {
            Debug.LogError(e);
        }
    }
    /// <summary>
    /// y 输入框的值改变时
    /// </summary>
    public void Changed_Y()
    {
        try
        {
            TransRotate transRotate = (TransRotate)action;
            transRotate.Target_V3.y = float.Parse(trans_Y.text);
            if (transRotateInforma == null)
            {
                transRotateInforma = (TransRotateInforma)actionInforma;
            }
            transRotateInforma.trans_Y = float.Parse(trans_Y.text);
        }
        catch (System.Exception e)
        {
            Debug.LogError(e);
        }
```

```
}
/// <summary>
/// z 输入框的值改变时
/// </summary>
public void Changed_Z()
{
    try
    {
        TransRotate transRotate = (TransRotate)action;
        transRotate.Target_V3.z = float.Parse(trans_Z.text);
        if (transRotateInforma == null)
        {
            transRotateInforma = (TransRotateInforma)actionInforma;
        }
        transRotateInforma.trans_Z = float.Parse(trans_Z.text);
    }
    catch (System.Exception e)
    {
        Debug.LogError(e);
    }
}
/// <summary>
/// 时间输入框的值改变时
/// </summary>
public void Changed_T()
{
    try
    {
        TransRotate transRotate = (TransRotate)action;
        transRotate.durationTime = float.Parse(durationTime.text);
        if (transRotateInforma == null)
        {
            transRotateInforma = (TransRotateInforma)actionInforma;
        }
        transRotateInforma.durationTime = float.Parse(durationTime.text);
    }
    catch (System.Exception e)
    {
        Debug.LogError(e);
    }
}
```

```
        public void DropGameObject()
        {
            if (item.isDragging)
            {
                target = item.dragedItem.GetTarget();
                targetText.text = target.name;

                try
                {
                    TransRotate transRotate = (TransRotate)action;
                    transRotate.target = target;
                    transRotate.targetName = target.name;
                    if (transRotateInforma == null)
                    {
                        transRotateInforma = (TransRotateInforma)actionInforma;
                    }
                    transRotateInforma.targetName = target.name;
                }
                catch (System.Exception e)
                {
                    Debug.LogError(e);
                }
            }
        }
```

在该脚本中共有七个方法：

1）public override Action<Main> CreateAction()：该方法是一个多态函数，在该类中的作用是在创建该动作时，创建和绑定该动作相关的脚本和信息。另外还将执行脚本中的旋转角度初始化为目标物体原本的角度（即物体不旋转）。

2）public override Action<Main> LoadAction(ActionInforma actionInforma)：该方法也是一个多态函数，在该类中的作用是读取储存在数据类中的属性并将其同步到执行类和该动作的 UI 界面中。

在这里读取存储数据的脚本中的数据有旋转的角度、目标物体的名字和旋转时间。将读取的这些数据都同步赋值到执行动作的脚本和 UI 界面中。同时会判断目标物体名字，若为空则将 UI 界面用于显示目标名字的文本改为“拖拽物体至此框内”。

3）public void Changed_X()：该方法用于监听 UI 界面目标旋转 X 轴输入框的修改，并将修改后的值同步到用于存储和动作执行的脚本中。

4）public void Changed_Y()：该方法用于监听 UI 界面目标旋转 Y 轴输入框的修改，并将修改后的值同步到用于存储和动作执行的脚本中。

5）public void Changed_Z()：该方法用于监听 UI 界面目标旋转 Z 轴输入框的修改，并将修改后的值同步到用于存储和动作执行的脚本中。

6）public void Changed_T()：该方法用于监听 UI 界面物体旋转时间文本输入框的修改，同时在修改后做出判断不允许输入小于 0 的时间，如果输入的值小于 0 则自动将该值调整为 0，然后再将该值同步到用于存储和动作执行的脚本中。

7）public void DropGameObject()：该方法在这里用于监听修改目标物体，当用户拖动目标物体于 UI 界面上显示目标名字的文本框上放下时可以获取到用户拖动的目标物体。然后获取目标物体的名字将之显示在 UI 界面上的显示名字的文本框中。再将目标物体同步到执行动作中，将目标物体的名字记录在存储数据的脚本中。

# 8.5 物体移动

## 8.5.1 Action 功能

可以控制目标物体在一个指定的时间内平缓地移动到目标位置，物体移动 UI 如图 8-12 所示。

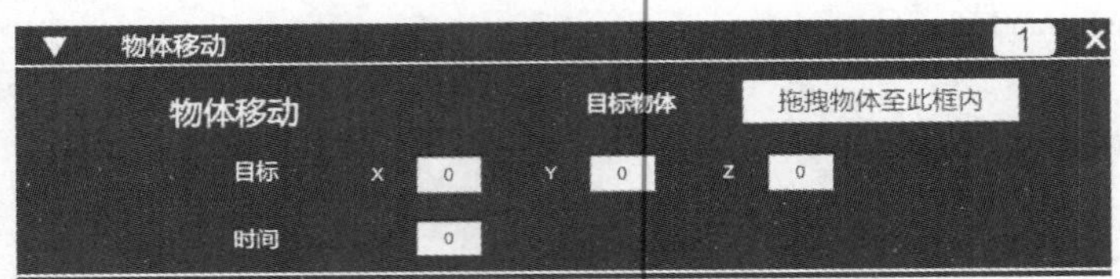


图 8-12　物体移动 UI

## 8.5.2 操作流程

在目标 X 0 Y 0 Z 0 的文本框中可以输入想要移动到的目标位置（该位置是相对于目标物体的位置），在时间 0 中可以修改物体平滑移动到目标位置所需的时间（若为 0 则物体会瞬移到目标位置）。在目标物体 拖拽物体至此框内的白色方框中可以修改目标物体，若不修改则默认目标是当前动作挂载的物体，若要修改只需要从属性面板中拖动一个物体到白框中放下即可，成功后会在框中显示目标物体的名字目标物体 cylinder*0。

## 8.5.3 脚本解析

1. TransMove

本 Action 的功能体现在 TransMove 类中，该类继承于 Action 类，其主要的功能是可以控制目标物体向指定位置移动。

它包含如下属性：

```
public Vector3 Target_V3;
public float durationTime;
public string targetName;
public GameObject target;
```

| 属性名称 | 属性类型 | 作用 |
| --- | --- | --- |
| Target_V3 | Vector3 | 要移动到的目标位置 |
| durationTime | float | 移动到目标位置的时间 |
| targetName | string | 目标物体的名字 |
| target | GameObject | 目标物体 |

```
public override void DoAction(Main m)
    {
        if (target == null)
        {
            if (string.IsNullOrEmpty(targetName))
            {
                target = m.gameObject;
            }
            else
            {
                target = GameObject.Find("Parent/" + targetName);
            }
        }
        Vector3 ta = Target_V3 + target.transform.position;
        target.transform.DOLocalMove(ta, durationTime);
}
```

该脚本中的主要功能在 DoAction(Main m) 方法中。DoAction 方法是一个多态函数，在本类中其作用是：判断目标名字，如果为空则将默认物体设为目标，如果目标名字不为空则通过目标名字查找目标。后面将相对的目标位置转换为实际移动的位置再通过插件实现在预定时间内平滑移动。

2. TransMoveUI

本 Action 的 UI 设置功能主要体现在 TransMoveUI 类里，该类继承于 ActionUI 类，其主要功能是负责监听用户输入的相关数据。它包含如下属性：

```
public InputField trans_X;
public InputField trans_Y;
public InputField trans_Z;
public InputField moveTime;
public GameObject target;
public Text targetText;
private TransMoveInforma transMoveInforma;
```

| 属性名称 | 属性类型 | 作用 |
| --- | --- | --- |
| trans_X | InputField | 要移动到的目标位置的 X 轴 |
| trans_Y | InputField | 要移动到的目标位置的 Y 轴 |
| trans_Z | InputField | 要移动到的目标位置的 Z 轴 |
| moveTime | InputField | 移动持续的时间 |
| target | GameObject | 移动的目标物体 |
| targetText | Text | 显示目标物体名字的文本 |
| transMoveInforma | TransMoveInforma | 存储该动作相关数据的类 |

```
public override Action<Main> CreateAction()
{
    action = new TransMove();
    action.isOnce = true;
    TransMove transMove = (TransMove)action;
    transMove.Target_V3 =Vector3.zero;
    actionInforma = new TransMoveInforma(true);
    GetStateInfo().actionList.Add(actionInforma);
    actionInforma.name = "TransMove";
    return base.CreateAction();
}

public override Action<Main> LoadAction(ActionInforma actionInforma)
{
    transMoveInforma = (TransMoveInforma)actionInforma;
    action = new TransMove();
    TransMove transMove = (TransMove)action;
    //this.actionInforma = actionInforma;

    transMove.Target_V3.x = transMoveInforma.trans_X;
    transMove.Target_V3.y = transMoveInforma.trans_Y;
    transMove.Target_V3.z = transMoveInforma.trans_Z;

    transMove.targetName = transMoveInforma.targetName;
    transMove.durationTime = transMoveInforma.durationTime;
    transMove.target = target;
    if (string.IsNullOrEmpty(transMoveInforma.targetName))
    {
        targetText.text = " 拖拽物体至此框内 ";
    }
    else
    {
        targetText.text = transMoveInforma.targetName;
    }

    // 设置 UI 界面属性
    trans_X.text = transMoveInforma.trans_X.ToString();
    trans_Y.text = transMoveInforma.trans_Y.ToString();
    trans_Z.text = transMoveInforma.trans_Z.ToString();
    moveTime.text = transMoveInforma.durationTime.ToString();
    this.actionInforma = actionInforma;
    return action;
```

```
}
/// <summary>
/// x 输入框的值改变时
/// </summary>
public void Changed_X()
{
    try
    {
        TransMove transMove = (TransMove)action;
        transMove.Target_V3.x = float.Parse(trans_X.text);
        if (transMoveInforma == null)
        {
            transMoveInforma = (TransMoveInforma)actionInforma;
        }
        transMoveInforma.trans_X = float.Parse(trans_X.text);
    }
    catch (System.Exception e)
    {
        Debug.LogError(e);
    }
}
/// <summary>
/// y 输入框的值改变时
/// </summary>
public void Changed_Y()
{
try
    {
        TransMove transMove = (TransMove)action;
        transMove.Target_V3.y = float.Parse(trans_Y.text);
        if (transMoveInforma == null)
        {
            transMoveInforma = (TransMoveInforma)actionInforma;
        }
        transMoveInforma.trans_Y = float.Parse(trans_Y.text);
    }
    catch (System.Exception e)
    {
        Debug.LogError(e);
    }
}
/// <summary>
```

```
/// z 输入框的值改变时
/// </summary>
public void Changed_Z()
{
    try
    {
        TransMove transMove = (TransMove)action;
        transMove.Target_V3.z = float.Parse(trans_Z.text);
        if (transMoveInforma == null)
        {
            transMoveInforma = (TransMoveInforma)actionInforma;
        }
        transMoveInforma.trans_Z = float.Parse(trans_Z.text);
    }
    catch (System.Exception e)
    {
        Debug.LogError(e);
    }
}
/// <summary>
/// 时间输入框的值改变时
/// </summary>
public void Changed_T()
{
    try
    {
        TransMove transMove = (TransMove)action;
        float t = float.Parse(moveTime.text);
        // 判断如果输入的时间的值小于 0 则修改为 0

        if (t<0)
        {
            t = 0;
            moveTime.text = "0";
        }
        transMove.durationTime = t;
        //Debug.LogError(t);
        if (transMoveInforma == null)
        {
            transMoveInforma = (TransMoveInforma)actionInforma;
        }
        transMoveInforma.durationTime = t;
```

```
        }
        catch (System.Exception e)
        {
            Debug.LogError(e);
        }
    }
    public void DropGameObject()
    {
        if (item.isDragging)
        {
            target = item.dragedItem.GetTarget();

            targetText.text = target.name;

            try
            {
                TransMove transMove = (TransMove)action;
                transMove.target = target;
                transMove.targetName = target.name;
                if (transMoveInforma == null)
                {
                    transMoveInforma = (TransMoveInforma)actionInforma;
                }
                transMoveInforma.targetName = target.name;
            }
            catch (System.Exception e)
            {
                Debug.LogError(e);
            }
        }
    }
```

在该脚本中共有七个方法：

1）public override Action<Main> CreateAction()：该方法是一个多态函数，在该类中的作用是在创建该动作时创建和绑定该动作相关的脚本和信息。另外还对执行动作的脚本中的目标位置变量进行归零初始化。

2）public override Action<Main> LoadAction(ActionInforma actionInforma)：该方法也是一个多态函数，在该类中的作用是读取储存在数据类中的属性，并将其同步到执行类和该动作的 UI 界面中。

在这里读取存储数据的脚本中的数据有目标位置的坐标、目标物体的名字和移动时间。将读取的这些数据都同步赋值到执行动作的脚本和 UI 界面中。同时会判断目标物体名字，若为空则将 UI 界面用于显示目标名字的文本改为“拖拽物体至此框内”。

3）public void Changed_X()：该方法用于监听 UI 界面的目标位置 X 轴输入框的修改，并将修改后的值同步到用于存储和动作执行的脚本中。

4）public void Changed_Y()：该方法用于监听 UI 界面的目标位置 Y 轴输入框的修改，并将修改后的值同步到用于存储和动作执行的脚本中。

5）public void Changed_Z()：该方法用于监听 UI 界面的目标位置 Z 轴输入框的修改，并将修改后的值同步到用于存储和动作执行的脚本中。

6）public void Changed_T()：该方法用于监听 UI 界面的物体移动时间文本输入框的修改，同时在修改后做出判断不允许输入小于 0 的时间，如果输入的值小于 0 则自动将该值调整为 0，然后再将该值同步到用于存储和动作执行的脚本中。

7）public void DropGameObject()：该方法在这里用于监听修改目标物体，当用户拖动目标物体于 UI 界面上显示目标名字的文本框上放下时，可以获取到用户拖动的目标物体。然后获取目标物体的名字将之显示在 UI 界面上的显示名字的文本框中。再将目标物体同步到执行动作中，将目标物体的名字记录在存储数据的脚本中。

# 多媒体播放功能

播放设置功能包括动画控制、粒子控制、音效设置、播放视频。

## 9.1 动画控制

### 9.1.1 Action 功能

可以给场景中的三维模型设置动画，其 UI 如图 9-1 所示。

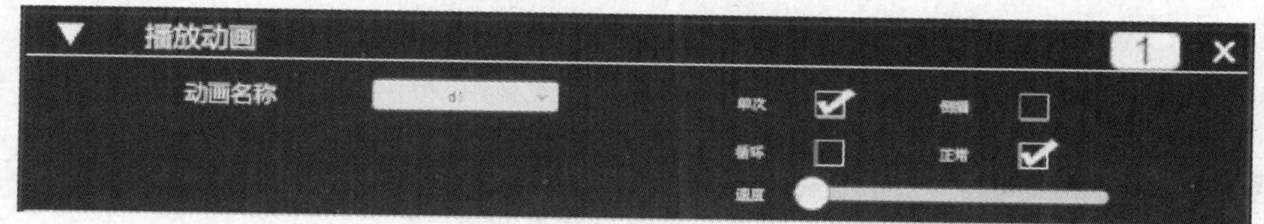


图 9-1 动画控制 UI

### 9.1.2 操作流程

操作流程：单击下拉框，系统弹出所有可供选择的粒子状态，如图 9-2 所示。单击播放状态单选框，选择想要播放的动画是否倒序播放。单击播放状态单选框，选择想要播放的动画是否循环播放。

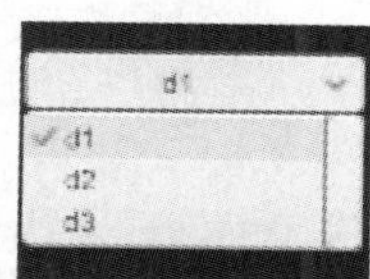


图 9-2 可供选择的粒子状态

### 9.1.3 脚本解析

1）本 Action 的功能体现在 ParticleControl 类里，该类继承于 Action 类，主要的功能是控制场景内粒子特效的播放状态。它包含如下属性：

```
public class PlayAnimation :Action<Main>{
```

```
    //public GameObject target;
    //public string targetName;
    public string animationName;
    public AnimationClip clip;
  public float speed=1;
```

| 属性名称 | 属性类型 | 作用 |
|---|---|---|
| targetName | string | 设置播放动画的目标模型的名字 |
| target | GameObject | 设置播放动画的目标模型 |
| animationName | string | 设置播放动画的名称 |
| clip | AnimationClip | 设置播放动画的片段 |
| speed | float | 设置播放动画的速度 |

```
    public override void  DoAction(Main m)
    {
         //Debug.LogError("55555");
         m.gameObject.GetComponent<Animator>().Play(animationName);
         // Debug.LogError(animationName);
         m.gameObject.GetComponent<Animator>().speed = speed;

    }

    public PlayAnimation(string name)
    {
         id = 5;
         animationName = name;
         isOnce = true;
    }

    public PlayAnimation()
    {
         id = 5;
         isOnce = true;
    }
}
```

本脚本的功能由若干个方法完成，下面分别解析这几个方法：

① DoAction 是一个多态函数，在本类中其作用是：通过 GameObject 的 GetComponent 方法获取动画组件，将动画播放的速度赋值给该组件的 speed 属性。

② PlayAnimation 是构造函数，用来在实例化时将在 UI 界面中编辑的动画信息传递进脚本的各个字段中，拥有无参数构造函数和有参数构造函数两种。

2）本 ActionUI 的功能体现在 PlayAnimationControl UI 类里，该类继承于 ActionUI 类，其主要的功能是可以将 UI 界面具象化，使用户可以直观地编辑更改其中的功能数据。它包含如下属性：

```
public class PlayAnimationUI :ActionUI {
    //public GameObject target;
    //public string targetName;
  public Text targetText;
    PlayAnimation playAnimation;
    Animator ani;
    List<AnimationClip> clips;
    public Dropdown dropdown;
    bool IsLoop = false;
    public Toggle toggleOnce;
    public Toggle toggleLoop;
    public Toggle toggleNormal;
    public Toggle toggleInverse;
    public Slider speedSlider;
    List<string> stringList = new List<string>();
PlayAnimationInforma playAnimationInforma;
```

| 属性名称 | 属性类型 | 作用 |
|---|---|---|
| targetName | string | 设置播放动画的目标模型的名字 |
| target | GameObject | 设置播放动画的目标模型 |
| playAnimation | PlayAnimation | 设置播放动画的脚本 |
| targetText | Text | 设置播放动画目标的文本框 |
| ani | Animator | 设置播放动画的组件 |
| clips | List<AnimationClip> | 设置播放动画的片段列表 |
| dropdown | Dropdown | 设置播放动画的片段下拉框 |
| IsLoop | bool | 设置动画是否循环播放 |
| toggleOnce | Toggle | 设置播放动画的单次播放单选框 |
| toggleNormal | Toggle | 设置播放动画的正常播放单选框 |
| toggleInverse | Toggle | 设置播放动画的倒序播放单选框 |
| toggleLoop | Toggle | 设置播放动画的循环播放单选框 |
| speedSlider | Slider | 设置播放动画的播放速度拉动条 |
| playAnimationInforma | PlayAnimationInforma | 设置播放动画的数据 |
| stringList | List<string> | 设置播放动画的名称列表 |

```
  void Start()
  {
      Init();
  }

  void Init()
```

```
{
    if (clips == null)
    {
        playAnimation = (PlayAnimation)action;

        ani = Manager.Instace.gonggong.GetComponent<Animator>();
        if (ani != null)
        {
            clips = new List<AnimationClip>(ani.runtimeAnimatorController.animationClips);

            foreach (AnimationClip a in clips)
            {
                if (!a.name[0].Equals('0') && !a.name.EndsWith("loop"))
                {
                    stringList.Add(a.name);
                }
            }

            UpdateDropdownView(stringList);
        }
        else
        {
            dropdown.captionText.text = null;
            dropdown.options.Clear();
            dropdown.enabled = false;
        }
    }
    toggleOnce.onValueChanged.AddListener(delegate(bool isL) { Change(); });
    toggleLoop.onValueChanged.AddListener(delegate(bool isL) { Change(); });
    toggleNormal.onValueChanged.AddListener(delegate(bool isL) { Change(); });
    toggleInverse.onValueChanged.AddListener(delegate(bool isL) { Change(); });
    dropdown.onValueChanged.AddListener(delegate(int a) { Change(); });
    speedSlider.onValueChanged.AddListener(delegate(float a) { GetSpeed(); });
    timeInputField.onValueChanged.AddListener(delegate(string a) { ActionTimeChanged(); });
    Change();
}
void ActionTimeChanged()
{
    if (playAnimation != null)
    {
        playAnimation.duringTime = float.Parse( timeInputField.text);
        playAnimationInforma.durtime = playAnimation.duringTime;
```

```
        }
    }

    void GetSpeed()
    {
        playAnimation.speed = speedSlider.value;
        playAnimationInforma.speed = playAnimation.speed;
    }

    void Change()
    {

        if (toggleOnce.isOn&&toggleNormal.isOn)// 单次播放
        {

            playAnimation.animationName = dropdown.captionText.text;

        }
        else if(toggleLoop.isOn&&toggleNormal.isOn)// 循环播放
        {
            playAnimation.animationName =  dropdown.captionText.text+"loop";

        }
        else if (toggleOnce.isOn && toggleInverse.isOn)// 倒播单次
        {

            playAnimation.animationName = "0" + dropdown.captionText.text;

        }
        else// 倒播循环
        {

            playAnimation.animationName = "0" + dropdown.captionText.text + "loop";
        }

        playAnimationInforma.animationName = playAnimation.animationName;
    }

    void UpdateDropdownView(List<string> clips)
    {
        dropdown.options.Clear();
        Dropdown.OptionData tempData;
```

```
        for (int i = 0; i < clips.Count; i++)
        {
            tempData = new Dropdown.OptionData();
            tempData.text = clips[i];
            dropdown.options.Add(tempData);


        }

        if (playAnimationInforma.animationName == null)
        {
            dropdown.captionText.text = stringList[0];
        }
        else
        {
            if(playAnimationInforma.animationName.StartsWith("0")&&playAnimationInforma.animationName.
EndsWith("loop"))
            {
                toggleInverse.isOn = true;
                toggleLoop.isOn = true;
                toggleNormal.isOn = false;
                toggleOnce.isOn = false;


            }
            else if (playAnimationInforma.animationName.StartsWith("0") && !playAnimationInforma.
animationName.EndsWith("loop"))
            {
                toggleInverse.isOn = true;
                toggleLoop.isOn = false;
                toggleNormal.isOn = false;
                toggleOnce.isOn = true;
            }
            else if (!playAnimationInforma.animationName.StartsWith("0") && !playAnimationInforma.
animationName.EndsWith("loop"))
            {
                toggleNormal.isOn = true;
                toggleLoop.isOn = false;
                toggleInverse.isOn = false;
                toggleOnce.isOn = true;
            }
            else
            {
                toggleNormal.isOn = true;
```

```
            toggleLoop.isOn = true;
            toggleInverse.isOn = false;
            toggleOnce.isOn = false;
        }
        string s = null;
        if (playAnimationInforma.animationName.StartsWith("0"))
        {
            s = playAnimationInforma.animationName.Replace("0", "");
            if (s.EndsWith("loop"))
            {
                s = s.Replace("loop", "");
            }
            for (int i = 0; i < dropdown.options.Count; i++)
            {
                if (dropdown.options[i].text==s)
                {
                    dropdown.value = i;
                }
            }
            if (dropdown.captionText.text!=s)
            {
                dropdown.captionText.text = s;
            }

        }
        else
        {
            if (playAnimationInforma.animationName.EndsWith("loop"))
            {
                s = playAnimationInforma.animationName.Replace("loop", "");
                for (int i = 0; i < dropdown.options.Count; i++)
                {
                    if (dropdown.options[i].text == s)
                    {
                        dropdown.value = i;
                    }
                }
                if (dropdown.captionText.text != s)
                {
                    dropdown.captionText.text = s;
                }
            }
```

```
                else
                {
                    for (int i = 0; i < dropdown.options.Count; i++)
                    {
                        if (dropdown.options[i].text == playAnimationInforma.animationName)
                        {
                            dropdown.value = i;
                        }
                    }
                    if (dropdown.captionText.text != playAnimationInforma.animationName)
                    {
                        dropdown.captionText.text = playAnimationInforma.animationName;
                    }
                    //dropdown.captionText.text = playAnimationInforma.animationName;
                }

            }
        }

    }

    public override Action<Main> CreateAction()
    {
        playAnimation = new PlayAnimation();

        actionInforma = new PlayAnimationInforma(true);
        playAnimationInforma = (PlayAnimationInforma)actionInforma;

        GetStateInfo().actionList.Add(actionInforma);
        actionInforma.name = "PlayAnimation";
        action = playAnimation;
        GetSpeed();
        Init();
        return base.CreateAction();
    }

    public override Action<Main> LoadAction(ActionInforma a)
    {
        playAnimationInforma = (PlayAnimationInforma)a;
        actionInforma = a;
        action = new PlayAnimation(playAnimationInforma.animationName);
        playAnimation=(PlayAnimation)action;
```

```
        //targetText.text = playAnimationInforma.targetName;
        //targetName = playAnimationInforma.targetName;
        playAnimation.speed = playAnimationInforma.speed;
        speedSlider.value = playAnimation.speed;
        playAnimation.duringTime = playAnimationInforma.durtime;
        timeInputField.text = playAnimation.duringTime.ToString();
        //ResLoader.resLoader.StartCoroutine (ResLoader.resLoader.EndFrame (() => {
        //      target = GameObject.Find ("Parent/" + targetName);
        //      UpdateTarget ();
        //}));

        ani = Manager.Instace.gonggong.GetComponent<Animator>();
        clips = new List<AnimationClip>(ani.runtimeAnimatorController.animationClips);
        foreach (AnimationClip c in clips)
        {
            if (c.name == playAnimationInforma.animationName)
            {
                playAnimation.clip = c;
            }
            if (!c.name[0].Equals('0')&&!c.name.EndsWith("loop"))
            {
                stringList.Add(c.name);

            }
        }
        UpdateDropdownView(stringList);

        return action;
    }

    //public void SetGameObject()
    //{
    //      if (item.isDragging)
    //      {
    //          target = item.dragedItem.GetTarget();
    //          targetName = target.name;
    //          UpdateTarget();
    //      }
    //}

    //public void ReturnGameObject()
    //{
```

```
//      if (item.isDragging)
//      {
//          target = null;
//          targetName = "";
//          UpdateTarget();
//      }
//}

public void UpdateTarget(){
    try{
        clips.Clear ();
    }catch{
    }
    playAnimation = (PlayAnimation)action;
    //playAnimation.target = target;
    //playAnimation.targetName = targetName;
    //targetText.text = targetName;
    PlayAnimationInforma changeColorInforma = (PlayAnimationInforma)actionInforma;
    //changeColorInforma.targetName = targetName;
    //try{
    //      //ani=target.GetComponent<Animator>();
    //}catch{
    //}
    if (ani != null)
    {
        dropdown.enabled = true;
        clips =new List<AnimationClip>( ani.runtimeAnimatorController.animationClips);

        //print (clips.Count);
        UpdateDropdownView(stringList);
    }
    else
    {
        //print (clips.Count);
        dropdown.captionText.text = null;
        dropdown.options.Clear();
        dropdown.enabled = false;
    }
  }
}
```

本脚本的功能由若干个方法完成，下面分别解析这几个方法：

① CreateAction 是一个多态函数，在本类中的作用是填写播放信息：选择要播放的动画使用 Dropdown 组件，单击后弹出下拉框，将所有可以选择的动画一一列出，以供使用者选择。鼠标左右拖动拉动条，可以调节播放速度。鼠标分别单击单选框，可选择正序倒序播放、单次循环播放两种方式。

② LoadAction 是信息传递函数，用来在运行时将在 PlayAnimationInforma 中储存的播放动画的状态信息传递进 PlayAnimation 脚本中。

③ Init 是初始化信息函数，首先判断动画片段是否为空，不为空则判定动画组件是否为空，不为空则将动画名称放在动画名列表里，然后调用更新下拉框函数 UpdateDropdownView，为空则清空下拉框。给所有单选框和下拉框绑定 Change 函数，拉动条绑定 GetSpeed 函数。

④ Change 是更新单选框、下拉框的信息函数。

⑤ UpdateDropdownView 是更新下拉框内容函数，传入参数动画名字符串，将值传入下拉框的 options 列表中。如果当前动画名为空，则默认为列表第一个动画，否则通过判断名字中“0”“loop”字符，更改单选框状态，最后消除特殊识别字符。

⑥ SetGameObject 和 DropGameObject 是将目标粒子特效拖拽至文本框内的函数。

⑦ UpdateTarget 是更新播放动画目标的函数。判定动画组件是否为空，不为空则将动画名称放在动画名列表里，然后调用更新下拉框函数 UpdateDropdownView；为空则清空下拉框。

## 9.2　粒子控制

### 9.2.1　Action 功能

可以给场景中的三维模型设置一个粒子特效，其 UI 如图 9-3 所示。

图 9-3　粒子效果 UI

### 9.2.2　操作流程

操作流程：单击 [类型 播放] 下拉框，系统会弹出所有可供选择的粒子状态，如图 9-4 所示。然后单击想要用的状态，设置成此特效的状态（本 Action 只能用来控制粒子特效）。

系统默认的设置是添加此 Action 的粒子特效物体，也可以设置场景中其他粒子特效物体，操作步骤是直接将右上角对象面板中的模型拖拽到 [拖拽目标至框内] 文本框中，然后下拉框中所设置的粒子状态即可作用于该粒子特效上。

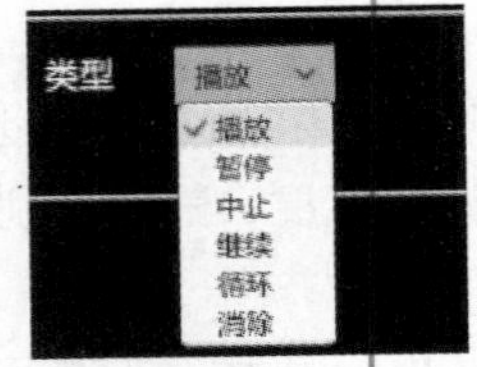

图 9-4　可供选择的粒子状态

### 9.2.3　脚本解析

1）本 Action 的功能体现在 ParticleControl 类里，该类继承于 Action 类，其主要的功能是控制场景内粒子特效的播放状态。它包含如下属性：

```
public class ParticleControl : Action<Main>{
    public string targetName;
    public GameObject target;
    public int _Etype=0;
    public bool _IsOder=false;
  public float _Dtime=0;
```

| 属性名称 | 属性类型 | 作用 |
| --- | --- | --- |
| targetName | string | 设置粒子控制的目标模型的名字 |
| target | GameObject | 设置粒子控制的目标模型 |
| _Etype | int | 设置粒子控制的播放状态 |
| _IsOder | bool | 设置粒子控制操作是否可以进行 |
| _Dtime | float | 设置粒子控制的粒子动画时间 |

```
    public override void DoAction(Main m)
    {
        if (target == null)
        {
            if (string.IsNullOrEmpty(targetName))
            {
                target = m.gameObject;
            }
            else
            {
                target = GameObject.Find("Parent/" + targetName);
            }
        }

        _IsOder = true;
        if (target.GetComponent<FreeEffectMainC>() != null)
        {
```

```
            if (_Dtime == 0)
            {
                target.GetComponent<FreeEffectMainC>().StopEffect();
                target.GetComponent<FreeEffectMainC>().Etype = _Etype;
                target.GetComponent<FreeEffectMainC>().isOder = _IsOder;
            }
            else
            {
                target.GetComponent<FreeEffectMainC>().StopEffect();
                if (_Etype == 1 || _Etype == 2 || _Etype == 5)
                {
                    target.GetComponent<FreeEffectMainC>().OpenEffect();
                }
                target.GetComponent<FreeEffectMainC>().isOder = false;
                target.GetComponent<FreeEffectMainC>().Dtime = _Dtime;
                target.GetComponent<FreeEffectMainC>().Etype = _Etype;
            }
        }

    }
    public ParticleControl ()
    {
        SetSituation();
    }


    public ParticleControl(int type,bool order, float time)
    {
        _Etype = type;
        _IsOder = order;
        _Dtime = time;
    }

}
```

本脚本的功能由若干个方法完成，下面分别解析这几个方法：

① DoAction 是一个多态函数，在本类中其作用是：

■ 如果代表设置粒子控制目标的粒子特效为空，则就将绑定此 Action 的三维模型（必须是粒子特效）作为粒子控制的目标变量；如果为非空，则通过 GameObject 的 Find 方法可以查找到该粒子特效（当用户将资源列表中的模型拖拽到场景里后，则场景中的粒子特效会自动添加到一个名称是 Parent 的父对象上）。

■ 如果代表粒子控制目标的 FreeEffectMainC 脚本为非空，则判断粒子动画时间，时间为零则粒子控制结束，时间非零就执行对应的粒子控制操作；如果代表粒子控制目标的 FreeEffectMainC 脚本为空，则退出函数。

② ParticleControl 是构造函数，用来在实例化时将在 UI 界面中编辑的信息传递进 DoAction 方法中。

2）本 ActionUI 的功能体现在 ParticleControl UI 类里，该类继承于 ActionUI 类，其主要的功能是可以将 UI 界面具象化，使用户可以直观地编辑更改其中的功能数据。它包含如下属性：

```
public class ParticleControlUI : ActionUI
{
    public GameObject target,lastTarget;
    public Text targetText;
    public string targetName;
    public Dropdown TP;
```

| 属性名称 | 属性类型 | 作用 |
|---|---|---|
| targetName | string | 设置粒子控制的目标模型的名字 |
| target | GameObject | 设置粒子控制的目标模型 |
| lastTarget | GameObject | 设置粒子控制的上一个模型 |
| targetText | Text | 设置粒子控制目标的文本框 |
| TP | Dropdown | 设置粒子控制操作的下拉框 |

```
    public override Action<Main> CreateAction()
    {

        action = new ParticleControl();
        actionInforma = new ParticleControlInforma(true);
        GetStateInfo().actionList.Add(actionInforma);
        actionInforma.name = "ParticleControl";
        return base.CreateAction();
    }

    public override Action<Main> LoadAction(ActionInforma a)
    {
        ParticleControlInforma particleControlInforma = (ParticleControlInforma)a;
        action = new ParticleControl();
        ParticleControl particleControl = (ParticleControl)action;

        particleControl.targetName = particleControlInforma.targetName;
        targetText.text = particleControlInforma.targetName;

        particleControl._Etype = particleControlInforma.t;
        particleControl._IsOder =particleControlInforma.o;
```

```
        particleControl._Dtime = particleControlInforma.d;

        TP.value = particleControlInforma.t;
        DT.text = particleControlInforma.d.ToString();
        //action = new ParticleControl(particleControlInforma.t, particleControlInforma.o, particleControlInforma.d);
        this.actionInforma = a;
        return action;
    }

    //ParticleControl particleControl;
    public void UpInput(){

        ParticleControl particleControl = (ParticleControl)action;

        particleControl.target = target;
        particleControl._Etype = TP.value;
        particleControl._Dtime = float.Parse(DT.text);
        try
        {
            ParticleControlInforma particleControlInforma = (ParticleControlInforma)actionInforma;
            particleControlInforma.targetName = targetName;
            particleControlInforma.t = TP.value;
            particleControlInforma.o = true;
            particleControlInforma.d = float.Parse(DT.text);
        }
        catch
        {
        }
    }
    public void SetGameObject()
    {
        if (item.isDragging)
        {
            target = item.dragedItem.GetTarget();
            targetName = target.name;
            //              UpdateTarget ();
        }
    }

    public void ReturnGameObject()
    {
        if (item.isDragging)
        {
```

```
                target = lastTarget;
                if (lastTarget == null)
                {
                    targetName = " 拖拽目标至框内 ";
                }
                else
                {
                    targetName = lastTarget.name;
                }
                //              UpdateTarget ();
            }
        }

        public void DropGameObject()
        {
            if (item.isDragging)
            {
                lastTarget = item.dragedItem.GetTarget();
                targetText.text = targetName;
                UpInput();
            }
        }
}
```

本脚本的功能由若干个方法完成，下面分别解析这几个方法：

① CreateAction 是一个多态函数，在本类中其作用是：

填写粒子控制信息：选择粒子播放状态使用 Dropdown 组件，单击后弹出下拉框，将所有可以选择的选项一一列出，以供使用者选择。如果要控制其他粒子特效，则要在右上角模型列表中将对应模型拖动到文本框中。

② LoadAction 是信息传递函数，用来在运行时将在 ParticleControlInforma 中储存的粒子控制的状态信息传递进 ParticleControl 脚本中。

③ SetGameObject() 和 DropGameObject() 是将目标粒子特效拖拽至文本框内的函数。操作方法是直接将右上角对象面板中的模型拖拽到文本框中。

④ ReturnGameObject() 是返回粒子控制目标的函数，用于获取当前选择的粒子控制目标。

## 9.3 音效设置

### 9.3.1 Action 功能

可以给场景中的三维模型设置某个音频片段，其 UI 如图 9-5 所示。

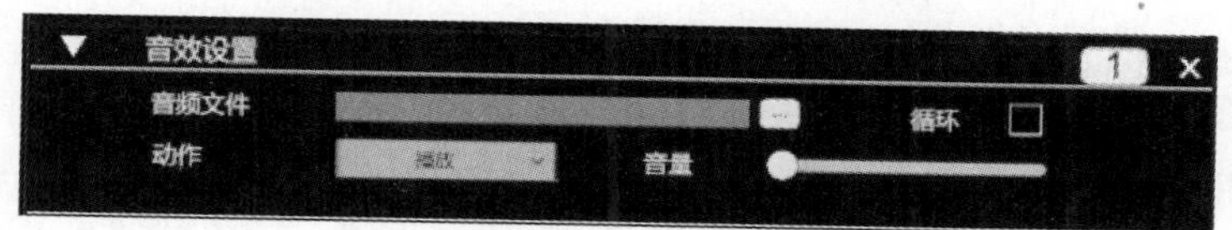


图 9-5　音效设置 UI

## 9.3.2　操作流程

单击浏览按钮，系统会弹出文件选择界面，让使用者选择音频文件，如图 9-6 所示。其中，音频格式可以选择“.wav”格式或“.ogg”格式，找到想要选择的音频文件，设置成添加此 Action 的 3D 模型的音频片段。

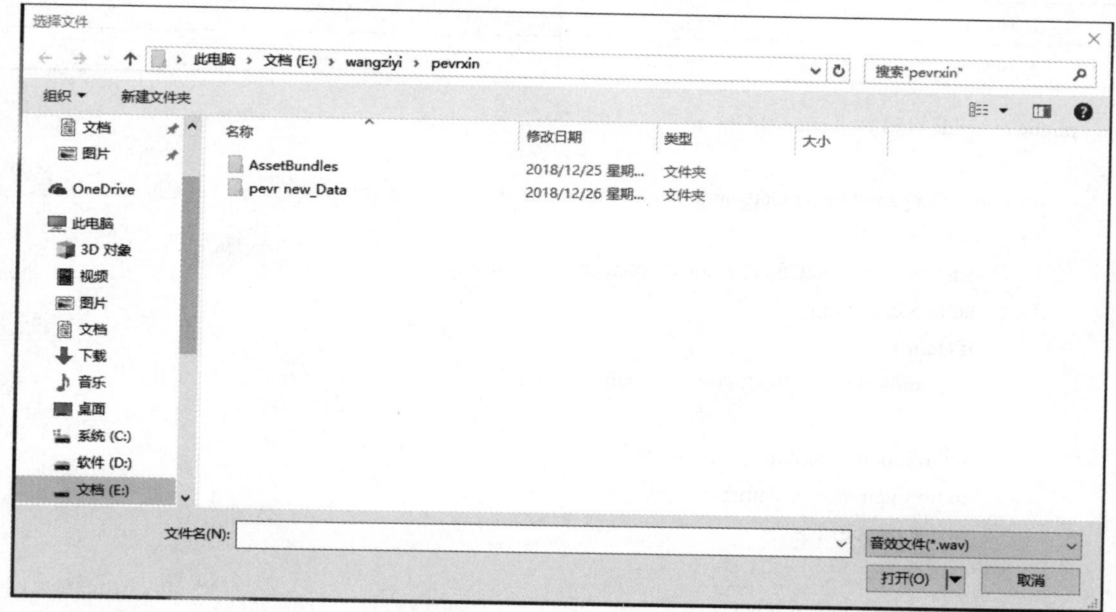


图 9-6　文件选择界面

单击下拉框，系统会弹出可供选择的所有音频播放状态，如图 9-7 所示。单击单选框来控制音频是否循环播放，默认状态为不循环。单击并左右拖动上的白色圆圈，可以调节音频的音量大小。

图 9-7　所有音频播放状态

## 9.3.3　脚本解析

1）本 Action 的功能体现在 PlayAudio 类里，该类继承于 Action 类，其主要的功能是控制场景内粒子特效的播放状态。它包含如下属性：

```
public class PlayAudio : Action<Main> {
    public AudioSource audioS;
    public AudioClip clip;
    public bool isLoop;
    public int mode;
    public float volume;
```

| 属性名称 | 属性类型 | 作用 |
|---|---|---|
| audioS | AudioSource | 设置音效的控制组件 |
| clip | AudioClip | 设置音效的音频片段 |
| mode | int | 设置音效的播放状态 |
| isLoop | bool | 设置音效操作是否循环播放 |
| volume | float | 设置音效的音量 |

```
    public override void DoAction (Main m)
    {
        audioS = m.gameObject.GetComponent<AudioSource> ();
        if (audioS == null) {
            audioS = m.gameObject.AddComponent<AudioSource> ();
            audioS.clip = clip;
            if (!clip) {
                audioS.clip = ResLoader.resLoader.currentClip;
            }
            audioS.loop = isLoop;
            audioS.volume = volume;
            switch (mode) {
            case 0:
                if (!audioS.isPlaying) {
                    audioS.Play ();
                }
                break;
            case 1:
                if (audioS.isPlaying) {
                    audioS.Stop ();
                }
                break;
            }
        } else {
            audioS.clip = clip;
            audioS.loop = isLoop;
            audioS.volume = volume;
            switch (mode) {
```

```
                case 0:
                    if (!audioS.isPlaying) {
                        audioS.Play ();
                    }
                    break;
                case 1:
                    if (audioS.isPlaying) {
                        audioS.Stop ();
                    }
                    break;
            }
        }
    }
}
```

本脚本的功能由若干个方法完成，下面分别解析这几个方法：

DoAction 是一个多态函数，在本类中其作用是：如果代表音效设置目标的三维模型上的 AudioSource 组件为空，则通过 GameObject 的 AddComponent 方法自动新增一个 AudioSource 组件绑定到此 Action 的三维模型上；如果为非空，则通过 GameObject 的 GetComponent 方法可以查找到该三维模型上的 AudioSource 组件，然后将用户选择的音频片段添加进 AudioSource 组件中，为播放做准备。如果 clip 为空，则系统自动选择一段默认的音频文件，若非空则添加用户选择的音频片段，然后设置音频是否循环、音量信息，通过使用者选择的播放状态来选择音频的播放与停止。

2）本 ActionUI 的功能体现在 PlayAudioUI 类里，该类继承于 ActionUI 类，其主要的功能是将 UI 界面具象化，使用户可以直观地编辑更改其中的功能数据。它包含如下属性：

```
public class PlayAudioUI : ActionUI
{
    public Text audioPath;
    public AudioClip clip;
    public AudioSource audioS;
    public Toggle loopToggle;
    public Dropdown modeSwitch;
    public Slider volumeSlider;
    string path;
```

| 属性名称 | 属性类型 | 作用 |
| --- | --- | --- |
| audioPath | Text | 设置音频文件的文件名 |
| clip | AudioClip | 设置音效的音频片段 |
| audioS | AudioSource | 设置音效的音频组件 |
| loopToggle | Toggle | 设置音效是否循环播放的单选框 |
| volumeSlider | Slider | 设置音效音频音量的拉动条 |
| path | string | 设置音效音频文件的路径 |

```
public override Action<Main> CreateAction()
{
    action = new PlayAudio();
    actionInforma = new PlayAudioInforma (true);
    GetStateInfo().actionList.Add(actionInforma);
    actionInforma.name = "PlayAudio";
    return base.CreateAction();
}

public override Action<Main> LoadAction (ActionInforma actionInforma)
{
    PlayAudioInforma paInforma = (PlayAudioInforma)actionInforma;

    this.actionInforma = actionInforma;

    audioPath.text = paInforma.fileName;
    gameObject.SetActive (true);
    ResLoader.resLoader.GetClip (paInforma.filePath,ref clip);
    path=paInforma.filePath;
    loopToggle.isOn = paInforma.isLoop;
    volumeSlider.value = paInforma.volume;
    modeSwitch.value = paInforma.mode;
    action = new PlayAudio();
    PlayAudio playAudio = (PlayAudio)action;
    playAudio.isLoop = paInforma.isLoop;
    playAudio.volume = paInforma.volume;
    playAudio.mode = paInforma.mode;
    return action;
}

public void GetAudio()
{
    try{
        FileInfo fileInfo = new FileInfo (IOHelper.GetAudioFileName ());
        audioPath.text = fileInfo.Name;

        PlayAudioInforma painforma=(PlayAudioInforma)actionInforma;
        painforma.fileName=fileInfo.Name;
        StartCoroutine(GetClip(fileInfo.FullName));
    }catch{
    }
}
```

```
IEnumerator GetClip(string path)
{
        WWW www = new WWW(@"file://"+path);
        yield return www;
        clip = www.GetAudioClip(false, false);
        SetAudioClip ();

        try{
              PlayAudioInforma painforma=(PlayAudioInforma)actionInforma;
              painforma.filePath=path;
        }catch{
        }
}

public void SetAudioClip(){
      PlayAudio playAudio = (PlayAudio)action;
      playAudio.clip = clip;
}

public void SetLoop(bool loop){
      PlayAudio playAudio = (PlayAudio)action;
      try{
            PlayAudioInforma painforma=(PlayAudioInforma)actionInforma;
            painforma.isLoop=loop;
            playAudio.isLoop = loop;
      }catch{
      }
}

public void SetVolume(float num){
      PlayAudio playAudio = (PlayAudio)action;
      try{
            PlayAudioInforma painforma=(PlayAudioInforma)actionInforma;
            painforma.volume=num;
            playAudio.volume = num;
      }catch{
      }
}

public void SetMode(int id){
      PlayAudio playAudio = (PlayAudio)action;
      try{
            PlayAudioInforma painforma=(PlayAudioInforma)actionInforma;
```

```
                painforma.mode=id;
                playAudio.mode = id;
            }catch{
            }
        }

}
```

该脚本的功能由若干个方法完成，下面分别解析这几个方法：

① CreateAction 是一个多态函数，在本类中其作用是填写音频控制信息：选择音频播放状态使用 Dropdown 组件，单击弹出下拉框，将所有的选项一一列出，以供使用者选择。音量控制使用 Slide 组件，可以平滑地改变数值。循环控制使用 Toggle 组件，形成单选框。

② LoadAction 是信息传递函数，用来在运行时将在 PlayAudioInforma 中储存的音频设置的状态信息传递进 PlayAudio 脚本中，包括音频文件、循环与否、播放状态、音量。

③ GetAudio 是打开文件选择框的函数，绑定在浏览按钮上，当触发单击事件时调用，并将文件名显示在文本框上。

④ GetClip 是协程函数，通过 WWW 类加载本地文件的方法，加载使用者选择的音频文件，并转换为 clip 格式，并将 WWW 载入的 clip 传入 PlayAudioInforma 脚本中。

⑤ SetAudioClip 是用来将 WWW 载入的 clip 传入 PlayAudio 脚本中的方法。

⑥ SetLoop 是设置是否循环播放的函数，绑定在 Toggle 组件对应的 UI 上，并将信息传入 PlayAudio 和 PlayAudioInforma 脚本中。

⑦ SetVolume 是设置音量的函数，绑定在 Slide 组件对应的 UI 上，并将信息传入 PlayAudio 和 PlayAudioInforma 脚本中。

## 9.4 播放视频

### 9.4.1 Action 功能

可以从计算机中寻找视频在界面上进行播放，其 UI 如图 9-8 所示。

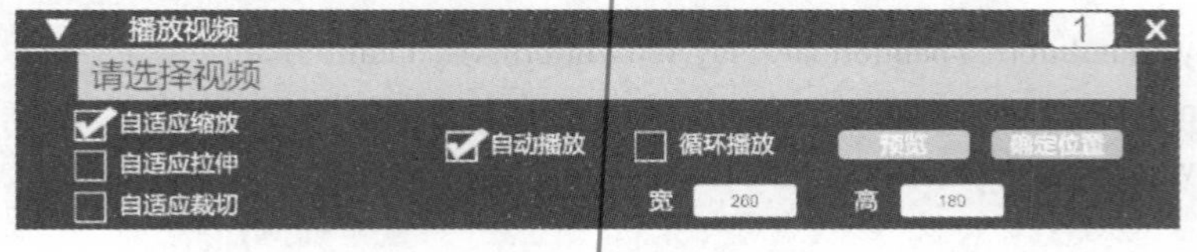


图 9-8　播放视频 UI

### 9.4.2 操作流程

单击 请选择视频 ，弹出图 9-9 所示文件选择对话框，在这里可以选择设备上需要播放的视频，选择完成后会将选择的视频路径显示在选择框中，如图 9-10 所示。

在处可以选择播放时的拉伸适应模式，勾选则在运行到该动作时会自动播放视频（默认勾选），若不要自动播放将勾选取消。勾选之后可以开启循环播放，单击按钮可以预览要播放的视频的尺寸和位置。单击按钮可以保存修改后的位置和大小信息。在处可以通过修改输入框中的数值对要播放的视频尺寸进行修改。

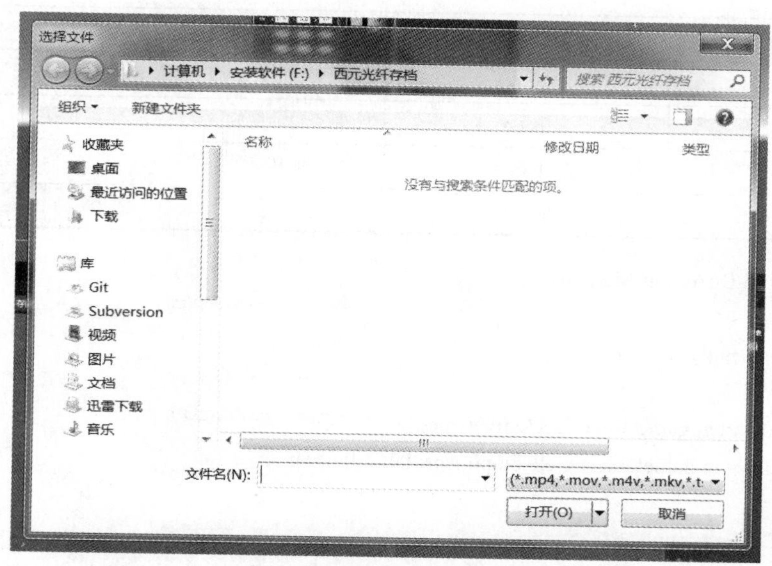


图 9-9　文件选择对话框

图 9-10　视频的路径显示在选择框中

### 9.4.3　脚本解析

1）ShowVideo。本 Action 的部分功能体现在 ShowVideo 类里，该类继承于 Action 类，其主要的功能是将存储在数据存储类中的相关数据在执行动作时将之记录并传递给播放视频的类。它包含如下属性：

```
public RectTransform canvas;
public float w = 260;
public float h = 180;
public string videoPath;
public int ajustMode;
public Vector3 showPos;
public bool autoPlay = true;
public bool loop = false;
UICtrller uiCtrller;
```

| 属性名称 | 属性类型 | 作用 |
|---|---|---|
| canvas | RectTransform | 管理视频在界面上的位置 |
| w | float | 视频的宽度 |
| h | float | 视频的高度 |
| videoPath | string | 视频路径 |
| ajustMode | int | 自适应拉伸模式 |
| showPos | Vector3 | 视频播放在界面上的位置信息 |
| autoPlay | bool | 是否自动播放 |
| loop | bool | 是否循环播放 |
| uiCtrller | UICtrller | UI 管理类 |

```
public override void DoAction(Main m)
    {
        if (canvas != null)
        {
            canvas.parent.gameObject.SetActive(true);
            uiCtrller = m.gameObject.GetComponent<UICtrller>();

            if (uiCtrller == null)
            {
                uiCtrller = m.gameObject.AddComponent<UICtrller>();
            }

            canvas.sizeDelta = new Vector2(w, h);
            uiCtrller.videoPlayer = canvas.gameObject;
            uiCtrller.videoPath = videoPath;
            uiCtrller.ajustMode = ajustMode;
            uiCtrller.autoPlay = autoPlay;
            uiCtrller.loop = loop;
            uiCtrller.isMouseDown = true;
            uiCtrller.videoPos = showPos;
            uiCtrller.SetVideo();
        }
    }
```

本脚本的部分功能由 DoAction（Main m）方法完成。

DoAction 是一个多态函数，在本类中的作用是：首先判断管理位置的 canvas，不为空则将本来隐藏的用于播放视频的物体取消隐藏；从动作载体上获取 UI 管理脚本，如果没有就添加；然后调整播放视频的尺寸大小为设置好的值；最后将相关属性设置同步到 UI 管理类中。

2）ShowVideoUI。

```
public Text videoPathText;
public InputField w;
public InputField h;
public string videoPath;
public string videoName;
public Transform preShow;
public int ajustMode;
RectTransform videoRect;
public Toggle autoPlay;
public Toggle loop;
public Toggle scaleMode1;
public Toggle scaleMode2;
public Toggle scaleMode3;
ShowVideo showVideo;
ShowVideoInforma sVideoInforma;
```

| 属性名称 | 属性类型 | 作用 |
|---|---|---|
| videoPathText | Text | 显示视频路径的文本框 |
| w | InputField | 视频的宽度 |
| h | InputField | 视频的高度 |
| videoPath | string | 视频路径 |
| videoName | string | 视频名 |
| preShow | Transform | 播放视频的预设物体 |
| ajustMode | int | 视频自适应拉伸模式 |
| videoRect | RectTransform | 管理视频在界面上的位置 |
| autoPlay | Toggle | 是否自动播放选项框 |
| loop | Toggle | 是否循环播放选项框 |
| scaleMode1 | Toggle | 自适应拉伸模式 1 选项框 |
| scaleMode2 | Toggle | 自适应拉伸模式 2 选项框 |
| scaleMode3 | Toggle | 自适应拉伸模式 3 选项框 |
| showVideo | ShowVideo | 执行动作类 |
| sVideoInforma | ShowVideoInforma | 储存动作数据类 |

```
void Awake()
    {
        preShow = Manager.Instace.transform.Find("VideoPlayer");
    }

    void OnEnable()
    {
```

```
        if (preShow)
        {
            if (!videoRect)
            {
                videoRect = Instantiate<GameObject>(preShow.GetChild(0).gameObject, preShow).
GetComponent<RectTransform>();
            }
            PreShowVisibility(false);
            SetPreShowSize();
        }
    }
    /// <summary>
    /// 设置可见性
    /// </summary>
    /// <param name="isShow"></param>
    public void PreShowVisibility(bool isShow)
    {
        videoRect.gameObject.SetActive(isShow);
    }
    /// <summary>
    /// 设置宽度及高度
    /// </summary>
    public void SetPreShowSize()
    {
        try
        {
            RectTransform rt = videoRect;
            rt.sizeDelta = new Vector2(float.Parse(w.text), float.Parse(h.text));
        }
        catch(System.Exception e)
        {
            Debug.LogError(e);
        }
    }
    public override Action<Main> CreateAction()
    {
        action = new ShowVideo();
        action.isOnce = true;
        actionInforma = new ShowVideoInforma(true);
        showVideo = (ShowVideo)action;
        if (!videoRect)
        {
```

```
            videoRect = Instantiate<GameObject>(preShow.GetChild(0).gameObject, preShow).
GetComponent<RectTransform>();
        }
        showVideo.canvas = videoRect;
        GetStateInfo().actionList.Add(actionInforma);
        actionInforma.name = "ShowVideo";
        return base.CreateAction();
    }

    public override Action<Main> LoadAction(ActionInforma actionInforma)
    {
        sVideoInforma = (ShowVideoInforma)actionInforma;
        w.text = sVideoInforma.w.ToString();
        h.text = sVideoInforma.h.ToString();
        action = new ShowVideo();
        showVideo = (ShowVideo)action;
        if (!videoRect)
        {
            videoRect = Instantiate<GameObject>(preShow.GetChild(0).gameObject, preShow).
GetComponent<RectTransform>();
        }
        showVideo.canvas = videoRect;
        if (string.IsNullOrEmpty(sVideoInforma.videopath))
        {
            showVideo.videoPath = "";
        }
        else
        {
            showVideo.videoPath = ResLoader.targetPath + @"\videos\" + sVideoInforma.videopath;
            showVideo.videoPath = Application.dataPath + @"\videos\" + sVideoInforma.videopath;
        }
        showVideo.ajustMode = sVideoInforma.ajustMode;
        showVideo.showPos = new Vector3(sVideoInforma.px, sVideoInforma.py, sVideoInforma.pz);
        videoRect.localPosition = showVideo.showPos;
        if (!string.IsNullOrEmpty(sVideoInforma.videopath))
        {
            ResLoader.resLoader.StartCoroutine(ResLoader.resLoader.GetVideoRes(ResLoader.targetPath + @"\
videos\" + sVideoInforma.videopath,videoPathText));
        }
        videoPath = ResLoader.targetPath + @"\videos\" + sVideoInforma.videopath;
        videoPathText.text = showVideo.videoPath;
        showVideo.w = sVideoInforma.w;
```

```
        showVideo.h = sVideoInforma.h;
        autoPlay.isOn = sVideoInforma.AutoPlay;
        loop.isOn = sVideoInforma.Loop;
        switch (showVideo.ajustMode)
        {
            case 1: scaleMode1.isOn = true;
                scaleMode2.isOn = false;
                scaleMode3.isOn = false;
                break;
            case 2: scaleMode2.isOn = true;
                scaleMode1.isOn = false;
                scaleMode3.isOn = false;
                break;
            case 3: scaleMode3.isOn = true;
                scaleMode1.isOn = false;
                scaleMode2.isOn = false;
                break;
            default:
                break;
        }
        return base.LoadAction(actionInforma);
}

/// <summary>
/// 更新输入内容
/// </summary>
public void UpdateInput()
{
    if (showVideo==null)
    {
        showVideo = (ShowVideo)action;
    }
    try
    {
        showVideo.w = float.Parse(w.text);
        showVideo.h = float.Parse(h.text);
        showVideo.showPos = videoRect.localPosition;
        GetInforma();
        sVideoInforma.w = float.Parse(w.text);
        sVideoInforma.h = float.Parse(h.text);
        sVideoInforma.videopath = videoName;
        sVideoInforma.px = videoRect.localPosition.x;
```

```
            sVideoInforma.py = videoRect.localPosition.y;
            sVideoInforma.pz = videoRect.localPosition.z;
        }
        catch(System.Exception e)
        {
            Debug.LogError(e);
        }
    }

    /// <summary>
    /// 获取视频地址
    /// </summary>
    public void GetVideo()
    {
        try
        {
            FileInfo fileInfo = new FileInfo(IOHelper.GetVideoName());
            videoPath = fileInfo.FullName;
            videoName = fileInfo.Name;
            CopyVideo();
            showVideo = (ShowVideo)action;
            showVideo.videoPath = videoPath;
            videoPathText.text = videoPath;
            GetInforma();
            sVideoInforma.videopath = videoName;
            UpdateInput();
        }
        catch (System.Exception e)
        {
            Debug.Log(e);
        }
    }
    /// <summary>
    /// 将视频复制到软件目录下
    /// </summary>
    void CopyVideo()
    {
        if (Directory.Exists(Application.dataPath + @"\videos"))
        {
            File.Copy(videoPath, Application.dataPath + @"\videos\" + videoName, true);
        }
        else
```

```
        {
            Directory.CreateDirectory(Application.dataPath + @"\videos");
            File.Copy(videoPath, Application.dataPath + @"\videos\" + videoName, true);
        }
}


/// <summary>
/// 缩放模式 1
/// </summary>
/// <param name="a"></param>
public void SetScaleModel1(Toggle toggle)
{

    if (toggle.isOn)
    {
        GetInforma();
        sVideoInforma.ajustMode = 1;
        showVideo.ajustMode = 1;
    }
}
/// <summary>
/// 缩放模式 2
/// </summary>
/// <param name="toggle"></param>
public void SetScaleModel2(Toggle toggle)
{
    if (toggle.isOn)
    {
        GetInforma();
        sVideoInforma.ajustMode = 2;
        showVideo.ajustMode = 2;
    }
}
/// <summary>
/// 缩放模式 3
/// </summary>
/// <param name="toggle"></param>
public void SetScaleModel3(Toggle toggle)
{
    if (toggle.isOn)
    {
```

```
                GetInforma();
                sVideoInforma.ajustMode = 3;
                showVideo.ajustMode = 3;
            }
        }
        /// <summary>
        /// 设置是否自动播放
        /// </summary>
        /// <param name="toggle"></param>
        public void SetAutoPlay(Toggle toggle)
        {
            GetInforma();
            sVideoInforma.AutoPlay = toggle.isOn;
            showVideo.autoPlay = toggle.isOn;
        }
        /// <summary>
        /// 设置是否循环播放
        /// </summary>
        /// <param name="toggle"></param>
        public void SetLoop(Toggle toggle)
        {
            GetInforma();
            sVideoInforma.Loop = toggle.isOn;
            showVideo.loop = toggle.isOn;
        }
        /// <summary>
        /// 获取储存数据的脚本
        /// </summary>
        public void GetInforma()
        {
            if (sVideoInforma == null)
            {
                sVideoInforma = (ShowVideoInforma)actionInforma;
            }
        }
```

在该脚本中有 15 个方法：

① void Awake()：在该方法中查找播放视频的预设物体。

② void OnEnable()：在该方法中判断管理播放视频位置和大小的载体是否为空，如果为空则寻找并赋值，然后设置播放视频的物体为不可见并设置其宽度及高度。

③ public void PreShowVisibility（bool isShow）：该方法用于设置视频的可见性。

④ public void SetPreShowSize()：该方法用于修改视频的宽度和高度。

⑤ public override Action<Main> CreateAction()：该方法是一个多态函数，在该类中的作用是在创建该动作时创建和绑定该动作相关的脚本和信息。

⑥ public override Action<Main> LoadAction（ActionInforma actionInforma）：该方法也是一个多态函数，在该类中的作用是读取储存在数据类中的属性并将其同步到执行类和该动作的 UI 界面中。

在这里获取存储在数据类中视频的宽度和高度并将之同步到 UI 界面中显示视频宽高的文本框中，然后判断用于管理播放视频位置和大小的载体是否为空，如果为空再重新赋值，再将之赋值给执行动作类。后面判断储存在数据类中的视频地址是否为空，若不为空则在该地址前加上相关路径并将之赋值给动作执行类。之后从数据存储类中获取了自适应拉伸模式，视频在界面上的位置、视频是否自动播放、是否循环播放等属性同步赋值给动作执行类和 UI 界面中。

⑦ public void UpdateInput()：该方法主要用于监听在 UI 界面上对视频的宽高和视频在界面上位置的修改。当上述属性在 UI 界面中被修改时，该方法会将修改后的这些属性同步到动作执行类和数据存储类中。

⑧ public void GetVideo()：该方法的作用是在用户单击 UI 界面中的视频路径文本框时，自动打开一个可以选择视频文件的对话框，方便用户快速找出自己需要的视频文件。最后将用户选择的文件路径保存到数据存储类中。

⑨ void CopyVideo()：该方法是在获取视频路径时将对应的视频复制一份到当前软件目录下，这样可以避免之前选择的视频路径被改变后无法找到视频的问题。

⑩ public void SetScaleModel1（Toggle toggle）：该方法用于监听 UI 界面上自适应拉伸模式 1 的变化，当用户在 UI 界面上选择自适应拉伸模式 1 时会调用该方法，并将自适应拉伸模式的修改同步到动作执行类和数据存储类中。

⑪ public void SetScaleModel2（Toggle toggle）：该方法用于监听 UI 界面上自适应拉伸模式 2 的变化，当用户在 UI 界面上选择自适应拉伸模式 2 时会调用该方法，并将自适应拉伸模式的修改同步到动作执行类和数据存储类中。

⑫ public void SetScaleModel3（Toggle toggle）：该方法用于监听 UI 界面上自适应拉伸模式 3 的变化，当用户在 UI 界面上选择自适应拉伸模式 3 时会调用该方法，并将自适应拉伸模式的修改同步到动作执行类和数据存储类中。

⑬ public void SetAutoPlay（Toggle toggle）：该方法用于监听 UI 界面上设置自动播放的选项，当用户勾选或取消勾选时该方法会将修改后的值同步到动作执行类和数据存储类中。

⑭ public void SetLoop（Toggle toggle）：该方法用于监听 UI 界面上设置循环播放的选项，当用户勾选或取消勾选时该方法会将修改后的值同步到动作执行类和数据存储类中。

⑮ public voisd GetInforma()：该方法用于在该类中获取存储数据的类以便于对该类中数据的访问。

# 第 10 章 角色设置功能

角色设置功能包括设置第一人称行为、设置第三人称行为、跟随主角行为。

## 10.1 设置第三人称行为

### 10.1.1 Action 功能

可以给场景中的三维模型设置第三人称视角，其 UI 界面如图 10-1 所示。

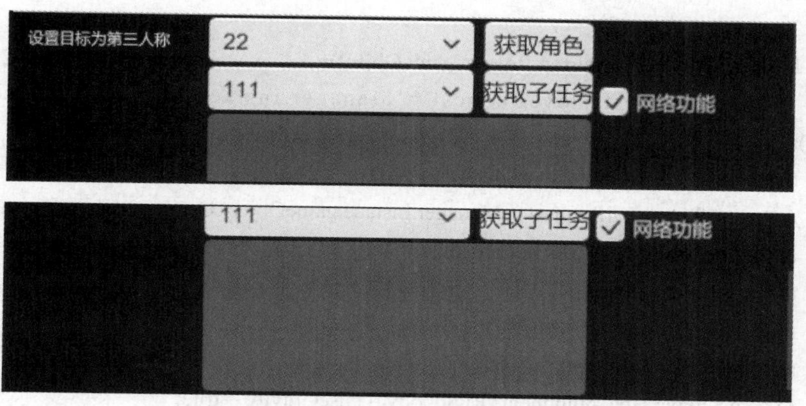


图 10-1 第三人称视角 UI 界面

### 10.1.2 操作流程

单击获取角色按钮，获取当前角色列表。单击下拉框，系统会弹出所有可供选择的角色。单击获取子任务按钮，获取当前角色列表。单击下拉框，系统会弹出所有可供选择的任务。单击网络功能单选框可以选择是否为局域网联机模式。

### 10.1.3 脚本解析

1）本 Action 的功能体现在 SetThirdPerson 类里，该类继承于 Action 类，其主要的功能是可以将场景内某一物体设置成可自由操作的第三人称视角，操作类似于 GTA 游戏。它包含如下属性：

```
public class SetThirdPerson :Action<Main> {

    public string num;
    public string task;
    public bool isNet;
```

| 属性名称 | 属性类型 | 作用 |
|---|---|---|
| num | string | 设置第三人称的角色 |
| task | string | 设置第三人称的任务 |
| isNet | bool | 设置第三人称操作是否联网 |

```
  public override void DoAction(Main m)
  {
      if (isNet)
      {
          Manager.Instace.Substance = m.gameObject;
          if (Manager.Instace.GetCurrentRoleType() == num)
          {
              Manager.Instace.SetCurrentRole(m.gameObject);
                MoveRequest moveRequest = Manager.Instace.gameObject.GetComponent<
MoveRequest>();
              moveRequest.SetLocalPlayer(m.transform);
              AnimatorRequest arRequest = Manager.Instace.gameObject.GetComponent<AnimatorRequest>();
              arRequest.SetLocalPlayer(m.transform);
              arRequest.isnet = true;
              moveRequest.enabled = true;
              arRequest.enabled = true;// 动画同步
              m.gameObject.GetComponent<Rigidbody>().useGravity = true;
              m.gameObject.GetComponent<Rigidbody>().isKinematic = false;
              m.gameObject.GetComponent<Animator>().enabled = true;
              m.gameObject.AddComponent<ThirdPersonCtr>();
              m.gameObject.AddComponent<ThirdPersonCharacter>();

      m.gameObject.AddComponent<GameObjectId>().TransformName = num;
               Manager.Instace.playerMng.transformDict.Add(num, m.transform);
          }
      }
      else
      {
          m.gameObject.GetComponent<Rigidbody>().useGravity = true;
```

```
            m.gameObject.GetComponent<Rigidbody>().isKinematic = false;
            m.gameObject.GetComponent<Animator>().enabled = true;
            m.gameObject.AddComponent<ThirdPersonUserControl>();
            m.gameObject.AddComponent<ThirdPersonCharacter>();

        }
    }

    public SetThirdPerson()
    {
        SetSituation();
    }

}
```

本脚本的功能由若干个方法完成，下面分别解析这几个方法：

DoAction 方法是一个多态函数，在本类中其作用是：首先判断是否为联机模式，如果是联机模式则判断获取到的模型名称是否为第一人称物体名称，如果是则继续执行。将绑定此 Action 的 3D 模型设置为同步角色，开始位置同步以及动画同步，设置网络，位置与动画同步状态为真。使用 GameObject 的 GetComponent 方法，找到刚体组件 Rigidbody，并开启重力，关闭反向动力学 IK。使用 GameObject 的 GetComponent 方法，找到动画组件 Animator，并将组件激活。然后使用 GameObject 的 AddComponent 方法添加 GameObjectId、ThirdPersonUserControl 和 ThirdPersonCtr 脚本，将该模型添加进角色字典。如果不是联机模式，则激活第三人称控制器，将行走速度、跑步速度、跳跃速度的数据赋值给第一人称控制器，隐藏绑定此 Action 的 3D 模型。

2）本 ActionUI 的功能体现在 PlayAudioUI 类里，该类继承于 ActionUI 类，其主要的功能是可以将 UI 界面具象化，使用户可以直观地编辑更改其中的功能数据。它包含如下属性：

```
public class SetThirdPersonUI :ActionUI{
    SetThirdPerson setThirdPerson;
    SetThirdPersonInforma setThirdPersonInforma;

    public InputField inputField;
    public Dropdown playerList;
    public Toggle isNet;
    public Dropdown actionDropdown;
    public Transform actionlist;
    public GameObject actionItem;
    List<string> actionNames;
  GameObject btn;
```

| 属性名称 | 属性类型 | 作用 |
| --- | --- | --- |
| inputF | InputField | 设置第三人称输入框 |
| setThirdPerson | SetThirdPerson | 设置第三人称脚本 |
| setThirdPersonInforma | SetThirdPersonInforma | 设置第三人称数据 |
| playerList | Dropdown | 设置第三人称角色列表下拉框 |
| isNet | Toggle | 设置第三人称联网单选框 |
| actionDropdown | Dropdown | 设置第三人称任务列表下拉框 |
| actionlist | Transform | 设置第三人称展示 Action 的列表 |
| actionItem | GameObject | 设置第三人称展示 Action 列表的模板 |
| actionNames | List<string> | 设置第三人称 Action 名称 |
| btn | GameObject | 设置第三人称模型 |

```
void Do()
{
    inputField.onEndEdit.AddListener(delegate(string s) { ChangeListener(); });
    print(Manager.Instace.roleChoose);
    btn = Manager.Instace.roleChoose.AddRole(setThirdPerson, Manager.Instace.objectTopic[Manager.Instace.
gonggong]);
}
void Awake()
{
    Events.isNetMode = isNet.isOn;
    actionNames = new List<string>();
}

public void ChangeListener()
{
    //setFirstPerson.num = drop.value;
    //setFirstPerson.num = inputField.text;
    setThirdPerson.num = playerList.captionText.text;
    setThirdPersonInforma.ChooseNum = setThirdPerson.num;
    btn.transform.Find("Text").GetComponent<Text>().text = setThirdPerson.num;

}
void ChangeListener2()
{
    //setFirstPerson.task = inputTask.text;
    setThirdPersonInforma.task = setThirdPerson.task;
    btn.transform.Find("Task").GetComponent<Text>().text = setThirdPerson.task;

}
public override Action<Main> CreateAction()
{
```

```
        action = new SetThirdPerson();
        actionInforma = new SetThirdPersonInforma(true);

        setThirdPersonInforma = (SetThirdPersonInforma)actionInforma;
        setThirdPerson = (SetThirdPerson)action;
        GetStateInfo().actionList.Add(actionInforma);

        GetStateInfo().actionList.Add(actionInforma);
        actionInforma.name = "SetThirdPerson";
        Do();

        return base.CreateAction();
    }

    public override Action<Main> LoadAction(ActionInforma actionInforma)
    {
        SetThirdPersonInforma setThirdPersonInforma = (SetThirdPersonInforma)actionInforma;
        this.actionInforma = actionInforma;
        action = new SetThirdPerson();

        setThirdPerson = (SetThirdPerson)action;
        //this.actionInforma = actionInforma;
        if (setThirdPersonInforma != null)
        {

            setThirdPerson.isNet = setThirdPersonInforma.isNet;
            isNet.isOn = setThirdPersonInforma.isNet;
        }

        setThirdPerson.num = setThirdPersonInforma.ChooseNum;
        setThirdPerson.task = setThirdPersonInforma.task;
        //inputField.text = setFirstPersonInforma.ChooseNum.ToString();
        //inputTask.text = setFirstPersonInforma.task;
        Do();
        //--------------

        return action;
    }

    public void SetIsNet(bool isOn)
    {
        setThirdPerson.isNet = isOn;
```

```
        setThirdPersonInforma.isNet = isOn;
        Events.isNetMode = isOn;
    }

    public override void Close()
    {
        Manager.Instace.roleChoose.DeleteRole(setThirdPerson);
        base.Close();
    }

    public void GetPlayers()
    {
        if (Manager.Instace.playerNames == null)
        {
            Manager.Instace.playerNames = new List<string>();
        }
        playerList.ClearOptions();
        playerList.AddOptions(Manager.Instace.playerNames);
    }

    public void AddAction(Toggle item)
    {
        if (!actionNames.Contains(item.GetComponentInChildren<Text>().text))
        {
            actionNames.Add(item.GetComponentInChildren<Text>().text);
            GameObject temp = Instantiate(actionItem, actionlist);
            temp.SetActive(true);
            temp.GetComponent<Text>().text = item.GetComponentInChildren<Text>().text;
        }
    }

    public void GetActionList()
    {
        actionDropdown.ClearOptions();
        List<string> actionNames = new List<string>();
        foreach (KeyValuePair<string, SetCurrentStatePersonIdUI> item in Manager.Instace.cStatePersonIdDic)
        {
            actionNames.Add(item.Value.taskNameField.text);
        }
        actionDropdown.AddOptions(actionNames);
    }
}
```

本脚本的功能由若干个方法完成，下面分别解析这几个方法：

① CreateAction 方法是一个多态函数，在本类中其作用是填写设置第三人称信息：单击“获取角色”按钮，将角色列表加载到下拉框里，单击角色下拉框后，弹出所有的角色，以供使用者选择。单击“获取子任务”按钮，将任务列表加载到下拉框里，单击任务下拉框后，弹出所有的任务，以供使用者选择。联网模式使用 Toggle 组件，形成单选框。

② LoadAction 是信息传递函数，用来在运行时将在 SetThirdPerson Informa 中储存的音频设置的状态信息传递进 SetThirdPersonUI 及 SetThirdPerson 脚本中，包括联网信息、人物信息、角色信息等。

③ Do 给输入框绑定更新信息函数 ChangeListener，用来在输入信息时不断更新内容。

④ ChangeListener、ChangeListener2 是更新信息函数，将玩家在下拉框选择的角色以及任务根据选择更新，并显示在任务文本框里。

⑤ SetWalkSpeed、SetRunSpeed、SetJumpSpeed、SetHandForce 是更新输入信息函数，绑定在 InputField 组件上，每当输入框内字符串改变，并且不为空时，就调用该函数。

⑥ GetActionList、GetPlayers 分别是获取任务和角色列表的函数，并将列表内容传值给角色和任务下拉框列表。

⑦ SetIsNet 是控制是否联网的函数，绑定在 Toggle 组件对应的 UI 上，选中即联网，反之不联网。

# 10.2　设置第一人称

## 10.2.1　Action 功能

可以给场景中的三维模型设置第一人称视角，其 UI 界面如图 10-2 所示。

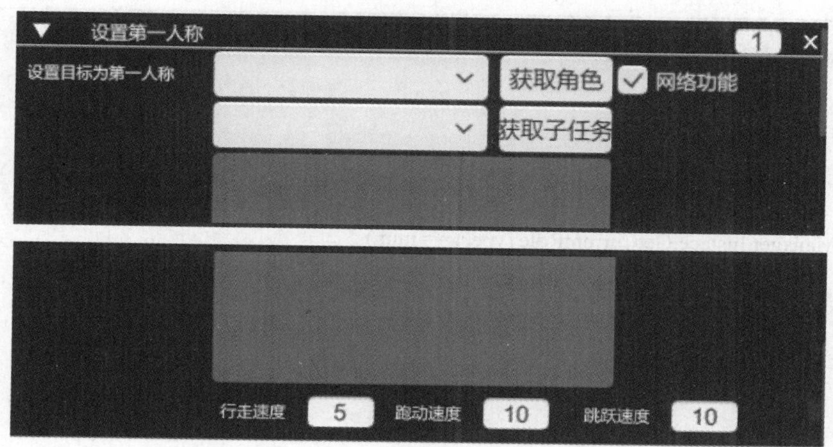


图 10-2　第一人称视角 UI

### 10.2.2 操作流程

单击获取角色按钮，获取当前角色列表。单击下拉框，系统会弹出所有可供选择的角色。单击获取子任务按钮，获取当前角色列表。单击下拉框，系统会弹出所有可供选择的任务。单击网络功能单选框可以选择是否为局域网联机模式。系统默认设置的是添加此 Action 的粒子特效物体。在输入框行走速度 5 跑动速度 10 跳跃速度 10 中，分别输入第一人称移动的行走速度、跑动速度、跳跃速度。

### 10.2.3 脚本解析

1）本 Action 的功能体现在 SetFirstPerson 类里，该类继承于 Action 类，其主要的功能是可以将场景内某一物体设置成可自由操作的第一人称视角，操作类似与 FPS 游戏。它包含如下属性：

```
public class SetFirstPerson :Action<Main>{
    public float walkSpeed;
    public float runSpeed;
    public float jumpSpeed;
    public string num;
    public string task;
    public bool isNet;
```

| 属性名称 | 属性类型 | 作用 |
|---|---|---|
| walkSpeed | float | 设置第一人称的行走速度 |
| runSpeed | float | 设置第一人称的跑动速度 |
| jumpSpeed | float | 设置第一人称的跳跃速度 |
| num | string | 设置第一人称操作是否可以进行 |
| task | string | 设置第一人称的任务 |
| isNet | bool | |

```
public override void DoAction(Main m)
{
    if (isNet)
    {

        if (Manager.Instace.GetCurrentRoleType() == num)
        {
            Manager.Instace.Substance = m.gameObject;
            if (VRSwitch.isVR)
            {
                //--------------------------------------------------
                Canvas mainCanvas = Manager.Instace.GetComponent<Canvas>();
                mainCanvas.renderMode = RenderMode.WorldSpace;
```

```
                Transform camHead = Manager.Instace.VRCamera.transform.GetChild(2);
                mainCanvas.transform.parent = camHead;
                mainCanvas.transform.localScale = Vector3.one * 0.0148f;
                mainCanvas.transform.rotation = Quaternion.identity;
                mainCanvas.transform.localPosition = new Vector3(-0.48f, 0, 6);

                VRSwitch.SetVR(true);
                Manager.Instace.VRCamera.SetActive(true);
                Manager.Instace.VRCamera.transform.position = Manager.Instace.Substance.transform.position;
                // 设置第一人称的朝向（旋转）
                Manager.Instace.VRCamera.transform.rotation = Manager.Instace.Substance.transform.rotation;
                //--------------------------------------------------
                Manager.Instace.SetCurrentRole(m.gameObject);
                VRMoveRequest moveRequest = Manager.Instace.gameObject.GetComponent<VRMove
Request>();

                moveRequest.SetLocalPlayer(m.transform);
                AnimatorRequest arRequest = Manager.Instace.gameObject.GetComponent<AnimatorRequest>();
                arRequest.SetLocalPlayer(m.transform);
                arRequest.isnet = true;
                moveRequest.enabled = true;
                arRequest.enabled = true;// 动画同步
            }
            else
            {
                Manager.Instace.SetCurrentRole(m.gameObject);
                MoveRequest moveRequest = Manager.Instace.gameObject.GetComponent<MoveRequest>();
                moveRequest.SetLocalPlayer(m.transform);
                AnimatorRequest arRequest = Manager.Instace.gameObject.GetComponent<AnimatorRequest>();
                arRequest.SetLocalPlayer(m.transform);
                arRequest.isnet = true;
                moveRequest.enabled = true;
                arRequest.enabled = true;// 动画同步
            }

        Manager.Instace.Substance.SetActive(false);
        }
        //m.gameObject.AddComponent<GameObjectId>().TransformId = GameObjectId.GetTransformId();
        m.gameObject.AddComponent<GameObjectId>().TransformName = num;
        m.gameObject.AddComponent<ThirdPersonUserControl>();
        m.gameObject.AddComponent<ThirdPersonCtr>();
        Debug.Log(num + "    " + m.transform);
        Manager.Instace.playerMng.transformDict.Add(num, m.transform);
```

```
        }
        else
        {
        //-----------
            Manager.Instace.Substance = m.gameObject;
            if (VRSwitch.isVR) {
                //----------------------------------------------------
                Canvas mainCanvas = Manager.Instace.GetComponent<Canvas> ();
                mainCanvas.renderMode = RenderMode.WorldSpace;
                Transform camHead = Manager.Instace.VRCamera.transform.GetChild (2);
                mainCanvas.transform.parent = camHead;
                mainCanvas.transform.localScale = Vector3.one * 0.0148f;
                mainCanvas.transform.rotation = Quaternion.identity;
                mainCanvas.transform.localPosition = new Vector3 (-0.48f, 0, 6);

                VRSwitch.SetVR (true);
                Manager.Instace.VRCamera.SetActive (true);
                Manager.Instace.VRCamera.transform.position=Manager.Instace.Substance.transform.position;
                // 设置第一人称的朝向（旋转）
                Manager.Instace.VRCamera.transform.rotation = Manager.Instace.Substance.transform.rotation;
                //----------------------------------------------------
            } else {
                Manager.Instace.FirstPerson.SetActive(true);
                // 设置第一人称的坐标
                Manager.Instace.FirstPerson.transform.position= Manager.Instace.Substance.transform.position+new
Vector3(0,1,0);
                // 设置第一人称的朝向（旋转）
                Manager.Instace.FirstPerson.transform.rotation= Manager.Instace.Substance.transform.rotation;
                Manager.Instace.FirstPerson.GetComponent<FirstPersonController>().SetWalkSpeed(walkSpeed);
                Manager.Instace.FirstPerson.GetComponent<FirstPersonController>().SetRunSpeed(runSpeed);
                Manager.Instace.FirstPerson.GetComponent<FirstPersonController>().SetJumpSpeed(jumpSpeed);


            }
            Manager.Instace.Substance.SetActive(false);
        }
    }
    public SetFirstPerson()
    {
        id = 4;
    }
}
```

本脚本的功能由若干个方法完成，下面分别解析这几个方法：

DoAction 方法是一个多态函数，在本类中其作用是：首先判断是否为联机模式，如果是联机模式则判断获取到的模型名称是否为第一人称物体名称，如果是则继续判断当前是否为 VR 模式，如果是 VR 模式则先将 UI 界面置于 VR 头盔的子午胎并调整位置朝向与缩放。激活 VR 相机，设置位置及朝向，将绑定此 Action 的 3D 模型设置为同步角色，开始位置同步以及动画同步，设置网络，同步状态为真。如果是 PC 模式，将绑定此 Action 的 3D 模型设置为同步角色，开始位置同步以及动画同步，设置网络，同步状态为真。隐藏绑定此 Action 的 3D 模型，并使用 GameObject 的 AddComponent 方法添加 GameObjectId、ThirdPersonUserControl、ThirdPersonCtr 脚本，将该模型添加进角色字典。如果不是联机模式，则判断是否是 VR 模式，如果是 VR 模式则先将 UI 界面置于 VR 头盔的子午胎并调整位置朝向与缩放。激活 VR 相机，设置位置及朝向，将绑定此 Action 的 3D 模型设置为同步角色，开始位置同步以及动画同步，设置网络，同步状态为真。如果为 PC 模式，则激活第一人称控制器，将行走速度、跑步速度、跳跃速度的数据赋值给第一人称控制器，隐藏绑定此 Action 的 3D 模型。

2）本 ActionUI 的功能体现在 PlayAudioUI 类里，该类继承于 ActionUI 类，其主要的功能是可以将 UI 界面具象化，使用户可以直观地编辑更改其中的功能数据。它包含如下属性：

```
public class SetFirstPersonUI:ActionUI {
    public InputField inputF;
    /// <summary>
    /// 行走速度输入框
    /// </summary>
        public InputField IF_WalkSpeed;
    /// <summary>
    /// 跑动速度输入框
    /// </summary>
     public InputField IF_ RunSpeed;
    /// <summary>
    /// 跳跃速度输入框
    /// </summary>
     public InputField IF_JumpSpeed;
     private string wSpeed = "5";
     private string rSpeed = "10";
     private string jSpeed = "10";
        HandForceCtrl hfcL, hfcR;
        float currentForce;
        SetFirstPerson setFirstPerson;
   SetFirstPersonInforma setFirstPersonInforma;

   //public InputField inputTask;
        public InputField inputField;
   public Dropdown playerList;
```

```
public Toggle isNet;
public Dropdown actionDropdown;
public Transform actionlist;
public GameObject actionItem;
List<string> actionNames;
    GameObject btn;
```

| 属性名称 | 属性类型 | 作用 |
|---|---|---|
| wSpeed | string | 设置第一人称的行走速度 |
| rSpeed | string | 设置第一人称的跑动速度 |
| jSpeed | string | 设置第一人称的跳跃速度 |
| hfcL | HandForceCtrl | 设置第一人称 VR 左手柄力度控制 |
| hfcR | HandForceCtrl | 设置第一人称 VR 右手柄力度控制 |
| inputF | InputField | 设置第一人称输入框 |
| IF_WalkSpeed | InputField | 设置第一人称行走速度输入框 |
| IF_ RunSpeed | InputField | 设置第一人称跑动速度输入框 |
| IF_JumpSpeed | InputField | 设置第一人称跳跃速度输入框 |
| currentForce | float | 设置第一人称 VR 脱离力度 |
| setFirstPerson | SetFirstPerson | 设置第一人称脚本 |
| setFirstPersonInforma | SetFirstPersonInforma | 设置第一人称数据 |
| inputTask | InputField | 设置第一人称任务输入框 |
| playerList | Dropdown | 设置第一人称角色列表下拉框 |
| isNet | Toggle | 设置第一人称联网单选框 |
| actionDropdown | Dropdown | 设置第一人称任务列表下拉框 |
| actionlist | Transform | 设置第一人称展示 Action 的列表 |
| actionItem | GameObject | 设置第一人称展示 Action 列表的模板 |
| actionNames | List<string> | 设置第一人称 Action 名称 |
| btn | GameObject | 设置第一人称模型 |

```
void Do()
{
        hfcL = Manager.Instace.ctrllerEventsL.GetComponent<HandForceCtrl>();
        hfcR = Manager.Instace.ctrllerEventsR.GetComponent<HandForceCtrl>();
      //drop.onValueChanged.AddListener(delegate(int a) { ChangeListener(); });
      //inputField.onEndEdit.AddListener(delegate (string s)
            {
                    ChangeListener();
            });
            //inputTask.onEndEdit.AddListener(delegate (string s)
            {
                    ChangeListener2();
            });
```

```
        print(Manager.Instace.roleChoose);
      btn=Manager.Instace.roleChoose.AddRole(setFirstPerson,Manager.Instace.objectTopic[Manager.Instace.
gonggong]);
    }

    void Awake()
    {
            Events.isNetMode = isNet.isOn;
    actionNames = new List<string> ();
    }

    //------------

    void Start()
    {
          hfcL = Manager.Instace.ctrllerEventsL.GetComponent<HandForceCtrl>();
          hfcR = Manager.Instace.ctrllerEventsR.GetComponent<HandForceCtrl>();
    }

    public void ChangeListener()
    {
        //setFirstPerson.num = drop.value;
            //setFirstPerson.num = inputField.text;
        setFirstPerson.num = playerList.captionText.text;
            setFirstPersonInforma.ChooseNum = setFirstPerson.num;
        btn.transform.Find("Text").GetComponent<Text>().text = setFirstPerson.num;
    }

    void ChangeListener2()
    {
        //setFirstPerson.task = inputTask.text;
            setFirstPersonInforma.task = setFirstPerson.task;
            btn.transform.Find("Task").GetComponent<Text>().text = setFirstPerson.task;
    }
    //------------

    public override Action<Main> CreateAction()
    {
            action = new SetFirstPerson();
            actionInforma = new SetFirstPersonInforma(true);
            setFirstPersonInforma = (SetFirstPersonInforma)actionInforma;
            setFirstPerson = (SetFirstPerson)action;
```

```
        if (setFirstPersonInforma != null)
        {
            setFirstPersonInforma.walkSpeed = float.Parse(IF_WalkSpeed.text);
            setFirstPerson.walkSpeed = float.Parse(IF_WalkSpeed.text);

            setFirstPersonInforma.runSpeed = float.Parse(IF_RunSpeed.text);
            setFirstPerson.runSpeed = float.Parse(IF_RunSpeed.text);

            setFirstPersonInforma.jumpSpeed = float.Parse(IF_JumpSpeed.text);
            setFirstPerson.jumpSpeed = float.Parse(IF_JumpSpeed.text);

        }
        GetStateInfo().actionList.Add(actionInforma);
    actionInforma.name = "SetFirstPerson";

        Do();
    //-----------
    return base.CreateAction();
}
public override Action<Main> LoadAction (ActionInforma actionInforma)
{
    setFirstPersonInforma = (SetFirstPersonInforma)actionInforma;
            action = new SetFirstPerson();
            setFirstPerson = (SetFirstPerson)action;
        //this.actionInforma = actionInforma;
            if (setFirstPersonInforma!=null)
        {
                if (setFirstPersonInforma.walkSpeed>0)
                {
                    IF_WalkSpeed.text = setFirstPersonInforma.walkSpeed.ToString();
                    setFirstPerson.walkSpeed = setFirstPersonInforma.walkSpeed;
                }
                else
                {
                    setFirstPerson.walkSpeed = float.Parse(IF_WalkSpeed.text);
                }
                if (setFirstPersonInforma.runSpeed>0)
                {
                    IF_RunSpeed.text = setFirstPersonInforma.runSpeed.ToString();
                setFirstPerson.runSpeed = setFirstPersonInforma.runSpeed;
                }
                else
```

```
                {
                        setFirstPerson.runSpeed = float.Parse(IF_RunSpeed.text);
                }
                 if (setFirstPersonInforma.jumpSpeed>0)
                {
                    IF_JumpSpeed.text = setFirstPersonInforma.jumpSpeed.ToString();
                        setFirstPerson.jumpSpeed = setFirstPersonInforma.jumpSpeed;
                }
                else
                {
                        setFirstPerson.jumpSpeed = float.Parse(IF_JumpSpeed.text);
                }

                setFirstPerson.isNet = setFirstPersonInforma.isNet;
                isNet.isOn= setFirstPersonInforma.isNet;
           //-----------
           }

       setFirstPerson.num = setFirstPersonInforma.ChooseNum;
       setFirstPerson.task = setFirstPersonInforma.task;
       //inputField.text = setFirstPersonInforma.ChooseNum.ToString();
       //inputTask.text = setFirstPersonInforma.task;

       Do();
       //--------------
       SetHandForce(setFirstPersonInforma.forceNum);
       return action;
   }
   public void SetHandForce(InputField ipt)
   {
       hfcL.SetForce(float.Parse(ipt.text));
       hfcR.SetForce(float.Parse(ipt.text));
       // 设置第一人称作用力
       Manager.Instace.FirstPerson.GetComponent<FPSForce>().forceNum=(float.Parse(ipt.text));
       try{
           SetFirstPersonInforma sfp = (SetFirstPersonInforma)actionInforma;
           sfp.forceNum = float.Parse (inputF.text);
       }catch{

       }
   }
   /// <summary>
```

```
/// 设置第一人称移动速度
/// </summary>
public void SetWalkSpeed(InputField walkSpeed)
{
    if (float.Parse(walkSpeed.text)<=0)
    {
        walkSpeed.text = wSpeed;
    }
    else
    {
        setFirstPerson.walkSpeed = float.Parse(walkSpeed.text);
        setFirstPersonInforma.walkSpeed = float.Parse(walkSpeed.text);
        wSpeed = walkSpeed.text;
    }


}
/// <summary>
/// 设置第一人称跑动速度
/// </summary>
/// <param name="runSpeed"></param>
public void SetRunSpeed(InputField runSpeed)
{
    if (float.Parse(runSpeed.text)<=0)
    {
        runSpeed.text = rSpeed;
    }
    else
    {
        setFirstPerson.runSpeed = float.Parse(runSpeed.text);
        setFirstPersonInforma.runSpeed = float.Parse(runSpeed.text);
        rSpeed = runSpeed.text;
    }

}
/// <summary>
/// 设置第一人称跳跃速度
/// </summary>
/// <param name="jumpSpeed"></param>
public void SetJumpSpeed(InputField jumpSpeed)
{
    if (float.Parse(jumpSpeed.text)<=0)
```

```
        {
            jumpSpeed.text = jSpeed;
        }
        else
        {
            setFirstPerson.jumpSpeed = float.Parse(jumpSpeed.text);
            setFirstPersonInforma.jumpSpeed = float.Parse(jumpSpeed.text);
            jSpeed = jumpSpeed.text;
        }

    }
    public void SetHandForce(float num)
    {
        hfcL = Manager.Instace.ctrllerEventsL.GetComponent<HandForceCtrl>();
        hfcR = Manager.Instace.ctrllerEventsR.GetComponent<HandForceCtrl>();
        hfcL.SetForce(num);
        hfcR.SetForce(num);
        inputF.text = num.ToString ();
        // 设置第一人称作用力
        Manager.Instace.FirstPerson.GetComponent<FPSForce>().forceNum=num;
    }

    public void SetIsNet(bool isOn)
    {
        setFirstPerson.isNet = isOn;
        setFirstPersonInforma.isNet = isOn;
        Events.isNetMode = isOn;
    }

    public override void Close()
    {
        Manager.Instace.roleChoose.DeleteRole(setFirstPerson);
        base.Close();
    }

    public void GetPlayers()
    {
        if (Manager.Instace.playerNames == null)
        {
            Manager.Instace.playerNames = new List<string>();
        }
        playerList.ClearOptions();
```

```
        playerList.AddOptions(Manager.Instace.playerNames);
        ChangeListener ();
    }

    public void AddAction(Toggle item){
        if (!actionNames.Contains (item.GetComponentInChildren<Text>().text)) {
            actionNames.Add (item.GetComponentInChildren<Text>().text);
            GameObject temp = Instantiate (actionItem, actionlist);
            temp.SetActive (true);
            temp.GetComponent<Text> ().text = item.GetComponentInChildren<Text>().text;
            Manager.Instace.cStatePersonIdDic [temp.GetComponent<Text> ().text].SetPersonId (playerList.
captionText.text);//action 注册相应角色
        }
    }

    public void GetActionList(){
        actionDropdown.ClearOptions ();
        List<string> actionNames = new List<string> ();
        foreach (KeyValuePair<string,SetCurrentStatePersonIdUI> item in Manager.Instace.cStatePersonIdDic) {
            actionNames.Add (item.Value.taskNameField.text);
        }
        actionDropdown.AddOptions (actionNames);
    }
    //------------
}
```

本脚本的功能由若干个方法完成，下面分别解析这几个方法：

① CreateAction 方法是一个多态函数，在本类中其作用是填写设置第一人称信息：单击“获取角色”按钮，将角色列表加载到下拉框里，单击角色下拉框后，弹出所有的角色，以供使用者选择。单击“获取子任务”按钮，将任务列表加载到下拉框里，单击任务下拉框后，弹出所有的任务，以供使用者选择。行走速度、跑动速度、跳跃速度使用输入框设定。联网模式使用 Toggle 组件，形成单选框。

② LoadAction 是信息传递函数，用来在运行时将在 SetFirstPerson Informa 中储存的音频设置的状态信息传递进 SetFirstPersonUI 及 SetFirstPerson 脚本中，包括联网信息、行走速度、跑动速度、跳跃速度等。

③ Do 是用来获取两个 VR 手柄上的 HandForceCtrl 脚本以及获取第一人称角色的函数。

④ SetWalkSpeed、SetRunSpeed、SetJumpSpeed、SetHandForce 是更新输入信息函数，绑定在 InputField 组件上，每当输入框内字符串改变，并且不为空时，就调用该函数。

⑤ GetActionList、GetPlayers 获取角色和任务列表，并将列表内容传值给角色和任务下拉框。

⑥ SetIsNet 是控制是否联网的函数，绑定在 Toggle 组件对应的 UI 上。

# 10.3　跟随主角行为

## 10.3.1　Action 功能

用于设置物体跟随第一人称，即给物体添加该 Action 以后物体会随着第一人称的移动进行移动，始终跟随主角，该 Action 的 UI 界面如图 10-3 所示。

图 10-3　跟随主角 Action 的 UI 界面

## 10.3.2　操作流程

在目标对象中添加“跟随主角”，再运行场景，目标对象会出现在主角周围且随着主角的移动而移动。运行后的示例图如图 10-4 所示。

图 10-4　跟随主角 Action 的运行界面

## 10.3.3　脚本解析

本 Action 的功能主要表现在 FollowPlayer 类里，FollowPlayer 类继承于 Action 类，其主要的功能是给目标对象添加 FollowPlayerGameobject 脚本，设置跟随对象。

FollowPlayer 的脚本内容如下：

```
public override void DoAction(Main m)
    {
        if (VRSwitch.isVR)
        {
```

```
                //---------------------------------------------------
                if (Manager.Instace.VRCamera.activeSelf) {
                m.gameObject.transform.SetParent(Manager.Instace.VRCamera.transform.Find(@"Camera (eye)"));
                }
                //---------------------------------------------------
            }
            else
            {
                GameObject.Find("Canvas").GetComponent<FollowPlayerGameobject>().AddFollow
GameObject(m.gameObject);
            }
        }
```

DoAction 方法说明：主要用于执行 Action 的内容。CameraAction 类中该 DoAction 方法主要内容解析如下：

- 当设置为 VR 模式，即 VRSwitch.isVR 为 true 时，设置跟随对象为 VR 主视角上的 camera 上。
- 当处于 PC 模式时，首先时找到场景中的 Canvas，获取 FollowPlayergGameobject 组件，调用 AddFollowGameObject() 方法来设置目标对象跟随主角。

该 Action 所用的关键组件是 FollowPlayergGameobject，该组件主要是用来设置跟随主角。该脚本的主要属性如下：

```
public Queue<GameObject> followGameobject = new Queue<GameObject>();
public GameObject firstPerson;
```

| 属性说明 | 属性类型 | 作用 |
|---|---|---|
| followGameobject | Queue<GameObject> | 跟随第一人称的物体的队列 |
| firstPerson | GameObject | 第一人称对象 |

该脚本的主要内容如下：

```
void Update () {
        if (firstPerson.activeSelf==true)
        {
            if (followGameobject.Count>0)
            {
                followGameobject.Dequeue().transform.SetParent(firstPerson.transform);

            }
        }
    }

    public void AddFollowGameObject(GameObject go)
    {
```

```
        followGameobject.Enqueue(go);
    }
```

该脚本的功能由若干个方法完成，下面分别解析这几个方法：

1）Update() 方法实现的功能如下：如果第一人称对象已经显示，设置 followGameobject 队列对象的 transform，设置队列对象的父级为第一人称对象。

2）AddFollowGameObject() 方法实现的功能如下：添加导入的对象物体到跟随队列 followGameobject 队列中。

跟随主角的 Action 的 UI 是由 FollowPlayerUI 脚本实现的。FollowPlayerUI 类继承与 ActionUI 类，用来编辑 Action 的 UI 设置内容。

FollowPlayerUI 类的脚本内容如下：

```
public override Action<Main> CreateAction()
    {
        action = new FollowPlayer();
        actionInforma = new FollowPlayerInforma(true);
        GetStateInfo().actionList.Add(actionInforma);
        actionInforma.name = "FollowPlayer";
        return base.CreateAction();
    }

    public override Action<Main> LoadAction (ActionInforma actionInforma)
    {
        FollowPlayerInforma followPlayerInforma = (FollowPlayerInforma)actionInforma;
        this.actionInforma = actionInforma;
        action = new FollowPlayer();

        return action;
    }
```

该 UI 脚本 FollowPlayerUI 类的功能由若干个方法完成，下面分别解析这几个方法：

1）CreateAction() 方法：用于声明 Action 和 Actioninfo 信息，具体实现如下：

- 在方法中声明 Action，即 FollowPlayer。
- 在方法中声明 Actioninfo，即 FollowPlayerInforma。添加 Actioninfo 到 State 状态中，设置 actioninfo 的名称为 FollowPlayer。

2）LoadAction() 方法：用于加载 Actioninfo 信息，根据 Actioninfo 来设置 UI 控件中的属性和 Action 的属性，具体实现如下：

- 加载 Actioninfo，即 FollowPlayerInforma。
- 声明 Action，即 FollowPlayer，返回该 Action。

# 第 11 章 VR 行为

本章包括 VR 按钮行为、激光提示信息、划动触发器行为、VR 按钮行为。

## 11.1 VR 按钮行为

### 11.1.1 Action 功能

可以给场景里设置一个 VR 模式下使用的按钮，其 UI 界面如图 11-1 所示。

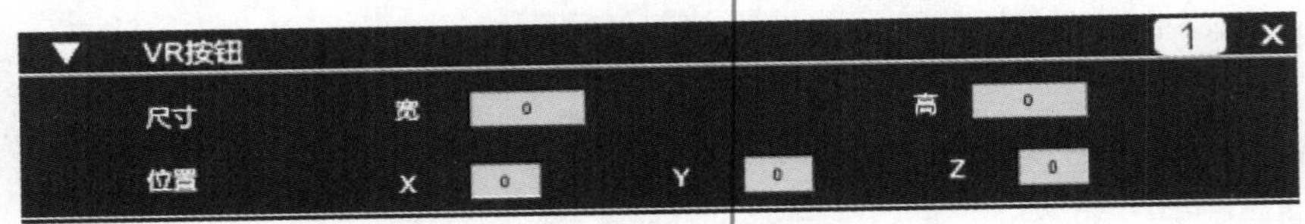


图 11-1 VR 按钮 UI

### 11.1.2 操作流程

分别在宽、高、X、Y、Z 输入框中输入按钮的宽与高，以及基于添加此 Action 的 3D 模型的 position 数据（Vector3 类型数据）中的 x、y、z 的偏移量。

### 11.1.3 脚本解析

本 Action 的功能体现在 ParticleControl 类里，该类继承于 Action 类，其主要的功能是可以控制场景内粒子特效的播放状态。它包含如下属性：

```
public class ShowBtn : Action<Main>
{
    public GameObject currentUI;
        public float w, h, x, y, z;
    public int id, tarid;
    public static int globalId=0;
```

| 属性名称 | 属性类型 | 作用 |
| --- | --- | --- |
| currentUI | GameObject | 设置 VR 按钮的 UI 组件 |
| w | float | 设置 VR 按钮的宽度 |
| h | float | 设置 VR 按钮的长度 |
| x | float | 设置 VR 按钮的 X 轴偏移量 |
| y | float | 设置 VR 按钮的 Y 轴偏移量 |
| z | float | 设置 VR 按钮的 Z 轴偏移量 |
| id | int | 设置 VR 按钮的编号 |
| tarid | int | 设置 VR 按钮的目标标号 |
| globalId | int | 设置 VR 按钮的编号（静态） |

```
    public override void DoAction(Main m)
    {
        Debug.Log(w + ":" + h);
        RectTransform uiTrans = currentUI.GetComponent<RectTransform>();
        uiTrans.GetComponent<BoxCollider>().size = new Vector3(w, h, 5);
        uiTrans.sizeDelta = new Vector2(w, h);
        Vector3 rootPos = m.gameObject.transform.position;
        currentUI.transform.position = rootPos + new Vector3(x, y, z);
    }
}
```

本脚本的功能由若干个方法完成，下面分别解析这几个方法：

1）DoAction 方法是一个多态函数，在本类中其作用是：通过 GameObject 的 GetComponent 方法可以获取 VR 按钮的 UI 界面所在的三维模型上的 RectTransform 组件。然后通过 GameObject 的 GetComponent 方法可以获取此三维模型上的 BoxCollider 组件，并给 size 属性赋值宽和高。修改该 UI 界面的宽和高，将绑定到此 Action 的三维模型的位置信息 position 属性（Vector3 类型数据）与偏移量相加，赋值给 UI 界面的位置信息 position 属性。

2）本 ActionUI 的功能体现在 ShowBtnUI 类里，该类继承于 ActionUI 类，其主要的功能是可以将 UI 界面具象化，使用户可以直观地编辑更改其中的功能数据。它包含如下属性：

```
public class ShowBtnUI : ActionUI
{
    public GameObject uiPre;
    public GameObject currentUI;
    public InputField w, h, mx, my, mz;
    public string w1 = "50", h1 = "20", mx1 = "0", my1 = "0", mz1 = "0";
    ShowBtn sb;
  ShowBtnInforma sbi;
```

| 属性名称 | 属性类型 | 作用 |
| --- | --- | --- |
| audioPath | Text | 设置音频文件的文件名 |
| clip | AudioClip | 设置音频片段 |
| audioS | AudioSource | 设置音频组件 |
| loopToggle | Toggle | 设置音频文件是否循环播放的单选框 |
| volumeSlider | Slider | 设置音频音量的拉动条 |
| path | string | 设置音频文件的路径 |

```
// Use this for initialization
void Start () {

}

// Update is called once per frame
void Update () {

}

/// <summary>
/// 设置宽度
/// </summary>
/// <param name="W"></param>
public void SetW(InputField W)
{
    if (float.Parse(W.text) <= 0)
    {
        W.text = w1;
    }
    else
    {
        sb.w = float.Parse(W.text);
        sbi.w = float.Parse(W.text);
        w1 = W.text;
    }
}
/// <summary>
/// 设置长度
/// </summary>
/// <param name="H"></param>
public void SetH(InputField H)
{
    if (float.Parse(H.text) <= 0)
    {
        H.text = w1;
    }
    else
    {
        sb.h = float.Parse(H.text);
        sbi.h = float.Parse(H.text);
        h1 = H.text;
```

```
        }
    }

    /// <summary>
    /// 设置位置 x
    /// </summary>
    /// <param name="x"></param>
    public void Setx(InputField x)
    {
        if (float.Parse(x.text) <= 0)
        {
            x.text = w1;
        }
        else
        {
            sb.x = float.Parse(x.text);
            sbi.mx = float.Parse(x.text);
            mx1 = x.text;
        }
    }
    /// <summary>
    /// 设置位置 y
    /// </summary>
    /// <param name="y"></param>
    public void Sety(InputField y)
    {
        if (float.Parse(y.text) <= 0)
        {
            y.text = w1;
        }
        else
        {
            sb.y = float.Parse(y.text);
            sbi.my = float.Parse(y.text);
            my1 = y.text;
        }
    }
    /// <summary>
    /// 设置位置 z
    /// </summary>
    /// <param name="z"></param>
    public void Setz(InputField z)
```

```
{
    if (float.Parse(z.text) <= 0)
    {
        z.text = w1;
    }
    else
    {
        sb.z = float.Parse(z.text);
        sbi.mz = float.Parse(z.text);
        mz1 = z.text;
    }
}

public override Action<Main> CreateAction()
{
    action = new ShowBtn();
actionInforma = new ShowBtnInforma(false);
    sb = (ShowBtn)action;
    sbi = (ShowBtnInforma)actionInforma;
    print(sbi);
    if (sbi != null)
    {
        sb.w = float.Parse(w.text);
        sb.h = float.Parse(h.text);
        sb.x = float.Parse(mx.text);
        sb.y = float.Parse(my.text);
        sb.z = float.Parse(mz.text);
        sbi.w = float.Parse(w.text);
        sbi.h = float.Parse(h.text);
        sbi.mx = float.Parse(mx.text);
        sbi.my = float.Parse(my.text);
        sbi.mz = float.Parse(mz.text);
        print("yes" + w.text);
    }

    print("no" + w.text);
    GetStateInfo().actionList.Add(actionInforma);
    actionInforma.name = "ShowBtn";

    ShowBtn showbtn = (ShowBtn)action;
    ShowBtn.globalId += 1;
    showbtn.id=ShowBtn.globalId;
```

```
        GameObject go= Instantiate<GameObject> (BtnInfo.template, BtnInfo.template.transform.parent);
        print(go.name + "123456789" + BtnInfo.template.transform.parent.name);
        go.GetComponent<BtnInfo> ().SetInfo (ShowBtn.globalId, ShowBtn.globalId.ToString ());
        go.GetComponent<BtnInfo> ().showBtnUI = this;
        go.SetActive (true);
        currentUI = Instantiate<GameObject>(uiPre);
        showbtn.currentUI = currentUI;
        return base.CreateAction();
    }

    public override Action<Main> LoadAction(ActionInforma actionInforma)
    {
        ShowBtnInforma showbtnInforma = (ShowBtnInforma)actionInforma;
        this.actionInforma = actionInforma;
        action = new ShowBtn();
        ShowBtn showbtn = (ShowBtn)action;
//      this.actionInforma = actionInforma;
        GameObject go= Instantiate<GameObject> (BtnInfo.template, BtnInfo.template.transform.parent);
        print(go.name + "~~~~~~~~~~" + BtnInfo.template.transform.parent.name);
        go.GetComponent<BtnInfo> ().SetInfo (showbtnInforma.targetID, showbtnInforma.targetID.ToString ());
        go.GetComponent<BtnInfo> ().showBtnUI = this;
        go.SetActive (true);

        currentUI = Instantiate<GameObject>(uiPre);
        showbtn.currentUI = currentUI;
        // 设置 UI 界面属性
        print(w.text + "~~~" + h.text);
        //w.text = showbtnInforma.w.ToString();
        //h.text = showbtnInforma.h.ToString();
        //mx.text = showbtnInforma.mx.ToString();
        //my.text = showbtnInforma.my.ToString();
        //mz.text = showbtnInforma.mz.ToString();
        print(w.text + ":::" + h.text);
        //UpdateInput();
    showbtn.tarid = showbtnInforma.targetID;
        showbtn.w = showbtnInforma.w;
        showbtn.h = showbtnInforma.h;
        showbtn.x = showbtnInforma.mx;
        showbtn.y = showbtnInforma.my;
        showbtn.z = showbtnInforma.mz;
        return action;
    }
```

```
public void SaveTargetID(int targetID){
    ShowBtnInforma showbtnInforma = (ShowBtnInforma)actionInforma;
    showbtnInforma.targetID = targetID;
}

public void UpdateInput()
{
    ShowBtn showbtn = (ShowBtn)action;
    showbtn.w = float.Parse(w.text);
    showbtn.h = float.Parse(h.text);
    showbtn.x = float.Parse(mx.text);
    showbtn.y = float.Parse(my.text);
    showbtn.z = float.Parse(mz.text);
    // 存储属性代码
    try
    {
        ShowBtnInforma showbtnInforma = (ShowBtnInforma)actionInforma;
        showbtnInforma.w = float.Parse(w.text);
        showbtnInforma.h = float.Parse(h.text);
        showbtnInforma.mx = float.Parse(mx.text);
        showbtnInforma.my = float.Parse(my.text);
        showbtnInforma.mz = float.Parse(mz.text);
    }
    catch { }
}
}
```

本脚本的功能由若干个方法完成，下面分别解析这几个方法：

1）CreateAction 方法是一个多态函数，在本类中其作用是填写 VR 按钮信息：分别在按钮宽度、按钮高度、按钮 X 轴偏移量、按钮 Y 轴偏移量、按钮 Z 轴偏移量的输入框中输入对应的数据。

2）LoadAction 是信息传递函数，用来在运行时将在 ShowBtnInforma 中储存的 VR 按钮信息传递进 ShowBtn 脚本中，包括按钮宽度、按钮高度、按钮 X 轴偏移量、按钮 Y 轴偏移量、按钮 Z 轴偏移量。实例化 VR 按钮模板，并设置在 panel 的子物体。通过 GameObject 的 GetComponent 方法可以获取到 BtnInfo 脚本，并且调用其中的 SetInfo 函数，并传入目标 ID，将本脚本传递给其中的 showBtnUI 属性。实例化 VR 按钮画布 Canvas, 并将其传递给 ShowBtn 脚本的 currentUI 属性，读取 ShowBtnInforma 中储存的数据并一一赋值给输入框，以及 showBtn 脚本中的对应数据。

3）SetW、SetH、Setx、Sety、Setz 分别是根据使用者在输入框内写入的新数据，更新对应的属性的函数，绑定在各个输入框上，输入信息结束时调用，并将数据显示在文本框上。

4）UpdateInput 是更新所有输入框内的信息的函数，并将按钮宽度、按钮高度、按钮 X

轴偏移量、按钮 Y 轴偏移量、按钮 Z 轴偏移量的信息传入 PlayAudio 和 PlayAudioInforma 脚本中。

5）SaveTargetID 是用来设置 VR 按钮目标 ID 的函数。

## 11.2　激光提示信息

### 11.2.1　Action 功能

该 Action 是一个在 VR 状态下起作用的动作。当用户激活手柄的激光，将激光指向添加了激光提示信息的物体之后，该物体旁边会显示用户设置的提示信息。其 UI 界面如图 11-2 所示。

图 11-2　激光提示 UI

### 11.2.2　操作流程

在动作列表中选择“发送消息”，将该动作添加到状态中。单击打开折叠后将出现图 11-2 所示界面。单击输入框输入需要显示的文本即可。以 VR 模式进入场景后将激光指向目标物体，物体旁边会显示所输入的文本信息。

### 11.2.3　脚本解析

该 Action 的功能体现在 ShowMsg 类里，该类继承于 Action 类，其主要的功能是获取包含 ObjMsg 脚本的物体，ObjMsg 类是一个继承自 MonoBehaviour 的类，可以挂在场景中的物体上，ObjMsg 仅包含一个保存字符串的 msg 属性，获取到该物体后将用户设置的提示信息赋值给 ObjMsg 属性。ShowMsg 包含如下属性：

```
public class ShowMsg : Action<Main> {
    public string msg;
```

| 属性名称 | 属性类型 | 作用 |
|---|---|---|
| msg | string | 保存用户设置的提示信息的变量 |

```
    public override void DoAction(Main m)
    {
        ObjMsg objMsg = m.gameObject.GetComponent<ObjMsg> ();
        if (objMsg == null) {
```

```
            objMsg = m.gameObject.AddComponent<ObjMsg> ();
        }
        objMsg.msg = msg;
    }
}
```

本 Action 的界面交互实现包含在 ShowMsgUI 类中，该类继承自 ActionUI 类，其主要功能是为用户设置激光提示信息提供操作接口，实现将用户输入的文本信息传递给 ShowMsg 对象的对应变量，保存用户输入的文本信息保存到 ShowMsgInforma 对象中，同时实现 Action 从存档文件中加载时初始化激光提示信息。它包含如下属性：

```
public class ShowMsgUI : ActionUI {
    public Text msg;
    public InputField msgField;
    ShowMsgInforma psInforma;
    ShowMsg showMsg;
```

| 属性名称 | 属性类型 | 作用 |
|---|---|---|
| msgField | InputField | 输入提示信息文本的输入框 UI 组件 |
| psInforma | ShowMsgInforma | 保存 Action 数据信息的对象 |
| showMsg | ShowMsg | 执行 Action 具体动作的对象 |

```
public override Action<Main> CreateAction()
    {
        action = new ShowMsg ();
        actionInforma = new ShowMsgInforma(true);
        GetStateInfo().actionList.Add(actionInforma);
        actionInforma.name = "ShowMsg";
        return base.CreateAction();
    }

    public override Action<Main> LoadAction (ActionInforma actionInforma)
    {
        psInforma = (ShowMsgInforma)actionInforma;
        this.actionInforma = actionInforma;
        msg.text = psInforma.msg;
        msgField.text = psInforma.msg;
        action = new ShowMsg();
        showMsg = (ShowMsg)action;
        showMsg.msg = psInforma.msg;
        timeInputField.text = showMsg.duringTime.ToString();
        return action;
    }

    void Start()
```

```
    {
        timeInputField.onValueChanged.AddListener(delegate(string a) { ActionTimeChanged(); });
    }
    void ActionTimeChanged()
    {
        if (showMsg != null)
        {
          showMsg.duringTime = float.Parse(timeInputField.text);
          psInforma.durtime = showMsg.duringTime;
        }
    }

    public void UpdateInput(){
        showMsg = (ShowMsg)action;
        try{
            showMsg.msg = msg.text;
            psInforma = (ShowMsgInforma)actionInforma;
            // 将属性值保存
            psInforma.msg=msg.text;
        }catch{
        }
    }
}
```

本脚本的功能由若干个方法完成，下面分别解析这几个方法：

DoAction 方法是一个多态函数，在本类中其作用是：

① 声明一个 ObjMsg 对象，该对象保存需要显示的提示信息文本。通过方法接受的参数 m 获取该 Action 所附加的物体，再通过物体对象的 get 方法获取挂在该物体上的 ObjMsg 对象，并将该对象赋值给之前声明的 ObjMsg 对象 objMsg。

② 判断 objMsg 对象是否为空，若 objMsg 为空则调用物体的 AddComponent 方法将 ObjMsg 脚本添加到该物体上并将 ObjMsg 脚本赋值给 objMsg 变量。

③ 确保 objMsg 对象不为空之后将用户输入的提示信息赋值给 objMsg 的 msg 属性，之后 VR 设备的手柄激光指向该物体时就可以获取到用户输入的提示信息并将其显示出来。

CreateAction 方法在创建 Action 时调用，作用是：

① 将继承自 ActionUI 的 Action 变量实例化为 ShowMsg 对象。

② 将继承自 ActionUI 的 actionInforma 变量实例化为 ShowMsgInforma 对象，并设置 actionInforma 对象的名称为 ShowMsg。

③ 通过 ActionUI 的 GetStateInfo 方法获取当前状态信息对象，将实例化的 actionInforma 变量添加到该对象的 actionlist 列表中。

LoadAction 方法在加载 Action 时调用，作用是：

① 用参数 actionInforma 为 psinforma 赋值，将参数强制转换为 ShowMsgInforma 类型，

以便获取设置该 Action 所需的属性值。

② 实例化 Action 变量，将 Action 变量强制转换为 ShowMsg 类型并赋值给 showMsg 变量，方便之后设置 showMsg 的相关属性。

③ 获取 psInforma 对象保存的提示信息字符串，将其赋值给输入框 UI 对象的 text 属性，实现更新 Action 界面的提示信息。

④ 获取 psInforma 对象保存的提示信息字符串，将其赋值给 showMsg 对象的 msg 变量，之后在执行 Action 动作时可以获取用户输入的提示信息。

UpdateInput 方法的作用是：当 Action 界面的输入框内容发生改变时，将用户输入的提示信息文本赋值给 showMsg 的 msg 变量，同时将提示信息文本保存到 psInforma 对象中。

# 11.3 划动触发器行为

## 11.3.1 Action 功能

该 Action 主要用于触发“物体划动”事件（物体划动事件可以在“状态”右键中 VR 事件里找到）。该事件需要添加该滑动触发 Action，且在碰撞体滑动 Action 物体的触发区域时，才可以响应“物体划动”事件。该 Action 的 UI 界面如图 11-3 所示。

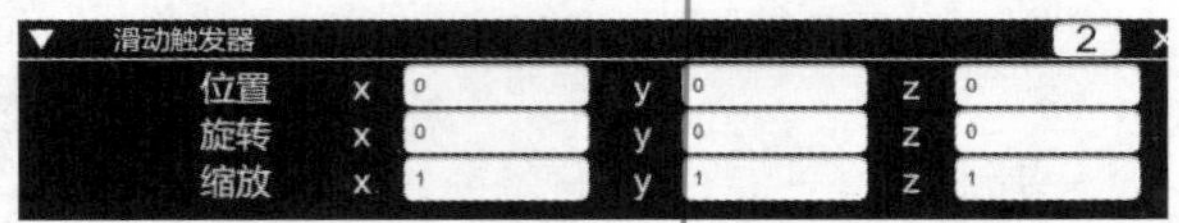


图 11-3　划动触发器 Action 的 UI 界面

## 11.3.2 操作流程

1. ***原理说明***

1）在添加了该 Action 以后，可以在场景中看到，对象物体上出现了 3 个白色立方体，该立方体就是用于显示的触发区域，只有在编辑界面中显示，运行以后立方体会自动隐藏，如图 11-4 所示。

图 11-4　自动添加的白色立方体区域

2）该 Action 响应的事件是“物体划动”事件，可以在图 11-5 所示位置找到。

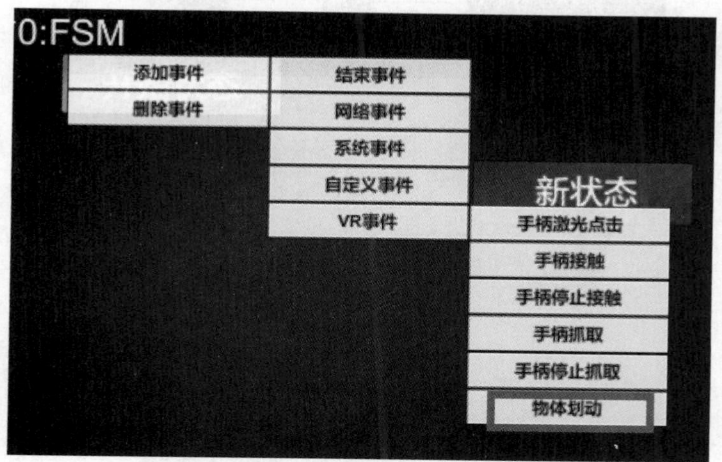


图 11-5　自动添加的白色立方体区域

3）“物体划动”事件的触发条件：场景中的碰撞体依次在一定时间内划过 3 个白色立方体区域才可以触发事件。

2. 示例操作

实现第一人称经过触发区域时，显示对象的介绍内容。具体实现流程如下：

1）给场景中人物添加第一人称，如图 11-6 所示。

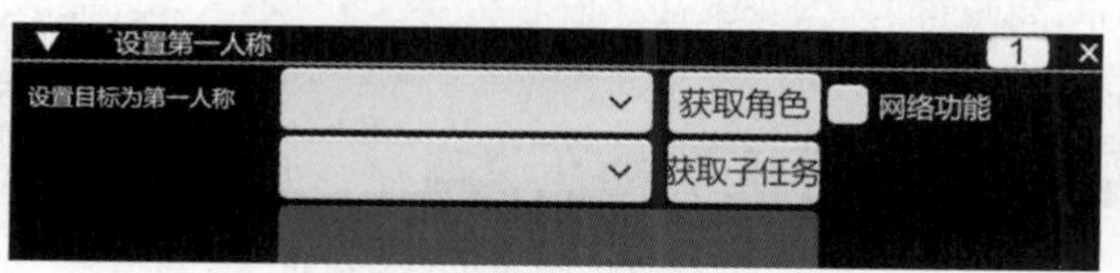


图 11-6　添加第一人称

2）在模型列表中添加任意模型到场景中，如图 11-7 所示。

图 11-7　添加模型到场景中

3）对拖入的模型添加“划动触发器”，设置触发区域的位置如图 11-8 所示。

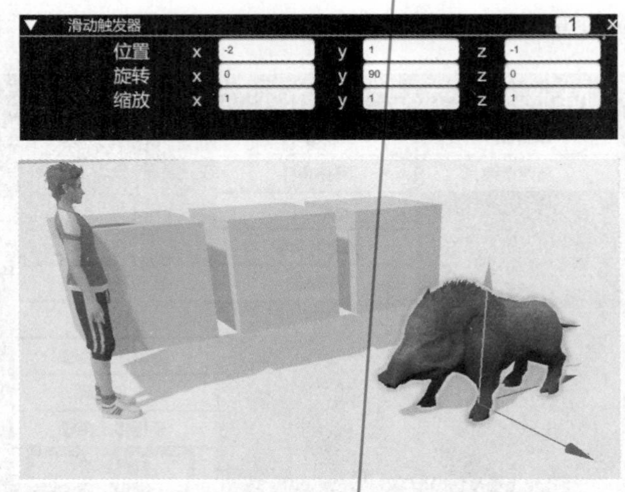


图 11-8　设置触发区域的位置

4）对模型在开始状态中添加“物体划动”事件，添加新状态，在新状态中添加“显示文本信息”的 Action，如图 11-9 所示。

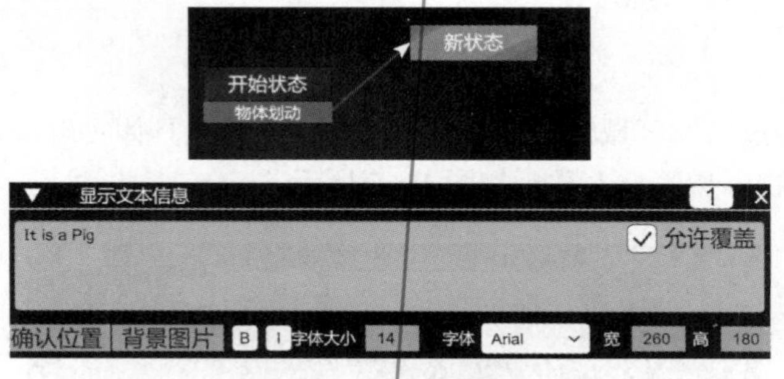


图 11-9　添加新状态

5）此时编辑界面的操作就完成了，然后运行场景。当人物走过模型，即通过划动的触发区域时，就会在 UI 中显示所编辑的文本信息，示例操作完成，如图 11-10 所示。

图 11-10　操作完成

### 11.3.3 脚本解析

该 Action 的功能主要表现在 MotionTriggerUI 类里，MotionTriggerUI 类继承自 ActionUI，主要实现了触发区域的位置、旋转，还有缩放的编辑功能，它包含如下属性：

```
public InputField px,py,pz,rx,ry,rz,sx,sy,sz;
    MotionTrigger motionTrigger;
    MotionTriggerInforma motionInforma;
    GameObject motionSensor;
    bool isLoading;
```

| 属性说明 | 属性类型 | 作用 |
| --- | --- | --- |
| px,py,pz,rx,ry,rz,sx,sy,sz | InputField | 位置、旋转、缩放的属性数值输入框 |
| motionTrigger | MotionTrigger | 对应的 Action |
| motionInforma | MotionTriggerInforma | 对应的 Actioninfo |
| motionSensor | GameObject | 用于实例化触发区域的预设体 |
| isLoading | bool | 是否加载 |

MotionTriggerUI 类的脚本内容如下：

```
public override Action<Main> CreateAction()
    {
            action = new MotionTrigger();
            //          action.isOnce = true;
            actionInforma = new MotionTriggerInforma(true);
            GetStateInfo().actionList.Add(actionInforma);
            actionInforma.name = "MotionTrigger";

            motionSensor = Instantiate<GameObject> (Resources.Load<GameObject> ("MotionArea"),
Manager.Instace.gonggong.transform);
            motionSensor.transform.localPosition = Vector3.zero;
            motionSensor.transform.localScale = Vector3.one;

            return base.CreateAction();
    }

    public override Action<Main> LoadAction(ActionInforma actionInforma)
    {
            motionInforma = (MotionTriggerInforma)actionInforma;
            //actionInforma = a;
            //this.actionInforma = a;
            this.actionInforma = actionInforma;
            action = new MotionTrigger();
            motionTrigger = (MotionTrigger)action;
```

```
            if (motionSensor == null) {
                motionSensor = Instantiate<GameObject> (Resources.Load<GameObject> ("MotionArea"),
Manager.Instace.gonggong.transform);
                motionSensor.transform.localPosition = Vector3.zero;
                motionSensor.transform.localScale = Vector3.one;
            }

            isLoading = true;

            px.text = motionInforma.px.ToString ();
            py.text = motionInforma.py.ToString ();
            pz.text = motionInforma.pz.ToString ();
            rx.text = motionInforma.rx.ToString ();
            ry.text = motionInforma.ry.ToString ();
            rz.text = motionInforma.rz.ToString ();
            sx.text = motionInforma.sx.ToString ();
            sy.text = motionInforma.sy.ToString ();
            sz.text = motionInforma.sz.ToString ();
            motionSensor.transform.localPosition = new Vector3 (motionInforma.px, motionInforma.py,
motionInforma.pz);
            motionSensor.transform.localEulerAngles = new Vector3 (motionInforma.rx, motionInforma.ry,
motionInforma.rz);
            motionSensor.transform.localScale = new Vector3 (motionInforma.sx, motionInforma.sy,
motionInforma.sz);

            isLoading = false;
            //timeInputField.text = motionTrigger.duringTime.ToString();
            return action;
        }

        public void UpdateInput(){
            motionTrigger = (MotionTrigger)action;
            motionInforma = (MotionTriggerInforma)actionInforma;
            print (motionSensor);
            try{
                if(!isLoading){
                    Vector3 position=new Vector3(float.Parse(px.text),float.Parse(py.text),float.Parse(pz.text));
                    Vector3 rotateAngle=new Vector3(float.Parse(rx.text),float.Parse(ry.text),float.Parse(rz.
text));
                    Vector3 Scale=new Vector3(float.Parse(sx.text),float.Parse(sy.text),float.Parse(sz.text));
                    motionSensor.transform.localPosition=position;
                    motionSensor.transform.localEulerAngles=rotateAngle;
```

```
                motionSensor.transform.localScale=Scale;
                motionInforma.px=position.x;
                motionInforma.py=position.y;
                motionInforma.pz=position.z;
                motionInforma.rx=rotateAngle.x;
                motionInforma.ry=rotateAngle.y;
                motionInforma.rz=rotateAngle.z;
                motionInforma.sx=Scale.x;
                motionInforma.sy=Scale.y;
                motionInforma.sz=Scale.z;
            }
        }catch(Exception e){
            print (e);
        }
    }
```

本脚本的功能由若干个方法完成，下面分别解析这几个方法：

1）CreateAction() 方法：用于声明 Action 和 Actioninfo 信息，具体实现如下：

■ 在方法中声明 Action，即 MotionTrigger。

■ 在方法中声明 Actioninfo，即 MotionTriggerInforma。添加 Actioninfo 到 State 状态中，设置 actioninfo 的名称为“MotionTrigger”。

■ 加载触发区域的预设体，设置默认位置和大小属性为 Vector3.zero。

2）LoadAction() 方法：用于加载 Actioninfo 信息，根据 Actioninfo 来设置 UI 控件中的属性和 Action 的属性，具体实现如下：

■ 加载 ActionInfo，即 MotionTriggerInforma。

■ 如果触发区域的预设体 Motionsensor 为空，则实例化名为“MotionArea”的预设体，赋值给 Motionsensor。同时设置其默认位置和大小。

■ 将 motionInforma 中的位置、旋转、缩放相关属性值都赋值到场景 UI 中，即 px、py、pz、rx、ry、rz、sx、sy、sz 赋值到对应 UI 的 Text 中。

■ 根据 Motioninforma 中的位置、旋转、缩放相关属性值来设置实例化后的预设体 Motionsensor 的位置、旋转和缩放属性。

■ 在方法中声明 Action，即 MotionTrigger，用于返回 Action。

3）UpdateInput() 方法：在 Inputfied 中 OnValueChanged() 方法里调用，通过 UI 中的面板属性来更新 Actioninfo 中的信息和 Action 对象物体的相关属性，具体实现如下：

■ 如果加载完成，即 isloading 为 false，则获取 UI 各个 Inputfied 中的属性值到 Vector3 中，得到位置、旋转和缩放的 Vector3 属性位置。

■ 将位置、旋转和缩放的 Vector3 赋值到预设体 Motionsensor 的属性中。

■ 将位置、旋转和缩放的 Vector3 属性值赋值到 Actioninfo，即 MotionTriggerInforma 中的 px、py、pz、rx、ry、rz、sx、sy、sz 各个属性。

# 11.4 VR 按钮行为

## 11.4.1 Action 功能

可以给场景里设置一个 VR 模式下使用的按钮，其 UI 界面如图 11-11 所示。

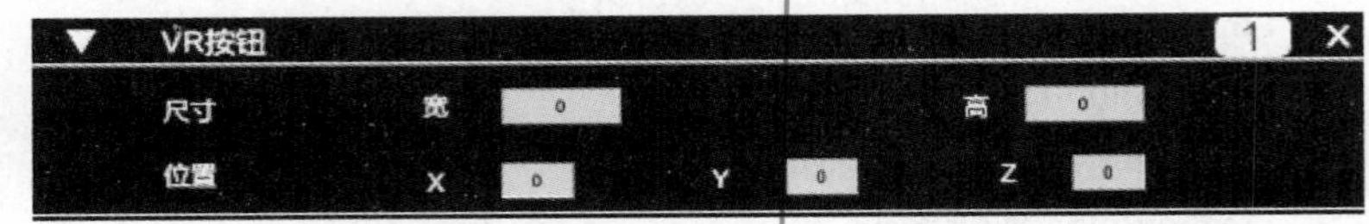


图 11-11 VR 按钮 UI

## 11.4.2 操作流程

分别在宽、高、X、Y、Z 输入框中输入按钮的宽与高，以及基于添加此 Action 的 3D 模型的 position 数据（Vector3 类型数据）中的 x、y、z 的偏移量。

## 11.4.3 脚本解析

1）本 Action 的功能体现在 ParticleControl 类里，该类继承于 Action 类，其主要的功能是可以控制场景内粒子特效的播放状态。它包含如下属性：

```
public class ShowBtn : Action<Main>
{
    public GameObject currentUI;
        public float w, h, x, y, z;
    public int id, tarid;
    public static int globalId=0;
```

| 属性名称 | 属性类型 | 作用 |
|---|---|---|
| currentUI | GameObject | 设置 VR 按钮的 UI 组件 |
| w | float | 设置 VR 按钮的宽度 |
| h | float | 设置 VR 按钮的长度 |
| x | float | 设置 VR 按钮的 x 轴偏移量 |
| y | float | 设置 VR 按钮的 y 轴偏移量 |
| z | float | 设置 VR 按钮的 z 轴偏移量 |
| id | int | 设置 VR 按钮的编号 |
| tarid | int | 设置 VR 按钮的目标标号 |
| globalId | int | 设置 VR 按钮的编号（静态） |

```
    public override void DoAction(Main m)
    {
        Debug.Log(w + ":" + h);
        RectTransform uiTrans = currentUI.GetComponent<RectTransform>();
        uiTrans.GetComponent<BoxCollider>().size = new Vector3(w, h, 5);
```

```
            uiTrans.sizeDelta = new Vector2(w, h);
            Vector3 rootPos = m.gameObject.transform.position;
            currentUI.transform.position = rootPos + new Vector3(x, y, z);
        }
}
```

DoAction 方法是一个多态函数，在本类中其作用是：通过 GameObject 的 GetComponent 方法可以获取到 VR 按钮的 UI 界面所在的三维模型上的 RectTransform 组件。然后通过 GameObject 的 GetComponent 方法可以获取到此三维模型上的 BoxCollider 组件，并给 size 属性赋值宽和高。修改该 UI 界面的宽和高，将绑定到此 Action 的三维模型的位置信息 position 属性（Vector3 类型数据）与偏移量相加，赋值给 UI 界面的位置信息 position 属性。

2）本 ActionUI 的功能体现在 ShowBtnUI 类里，该类继承于 ActionUI 类，其主要的功能是可以将 UI 界面具象化，使用户可以直观地编辑更改其中的功能数据。它包含如下属性：

```
public class ShowBtnUI : ActionUI
{
    public GameObject uiPre;
    public GameObject currentUI;
    public InputField w, h, mx, my, mz;
    public string w1 = "50", h1 = "20", mx1 = "0", my1 = "0", mz1 = "0";
    ShowBtn sb;
  ShowBtnInforma sbi;
```

| 属性名称 | 属性类型 | 作用 |
|---|---|---|
| audioPath | Text | 设置音频文件的文件名 |
| clip | AudioClip | 设置音频片段 |
| audioS | AudioSource | 设置音频组件 |
| loopToggle | Toggle | 设置音频是否循环播放的单选框 |
| volumeSlider | Slider | 设置音频音量的拉动条 |
| path | string | 设置音频文件的路径 |

```
    // Use this for initialization
    void Start () {

    }

    // Update is called once per frame
    void Update () {

    }

    /// <summary>
    /// 设置宽度
    /// </summary>
```

```
/// <param name="W"></param>
public void SetW(InputField W)
{
    if (float.Parse(W.text) <= 0)
    {
        W.text = w1;
    }
    else
    {
        sb.w = float.Parse(W.text);
        sbi.w = float.Parse(W.text);
        w1 = W.text;
    }
}
/// <summary>
/// 设置长度
/// </summary>
/// <param name="H"></param>
public void SetH(InputField H)
{
    if (float.Parse(H.text) <= 0)
    {
        H.text = w1;
    }
    else
    {
        sb.h = float.Parse(H.text);
        sbi.h = float.Parse(H.text);
        h1 = H.text;
    }
}

/// <summary>
/// 设置位置 x
/// </summary>
/// <param name="x"></param>
public void Setx(InputField x)
{
    if (float.Parse(x.text) <= 0)
    {
        x.text = w1;
    }
```

```
        else
        {
            sb.x = float.Parse(x.text);
            sbi.mx = float.Parse(x.text);
            mx1 = x.text;
        }
    }
    /// <summary>
    /// 设置位置 y
    /// </summary>
    /// <param name="y"></param>
    public void Sety(InputField y)
    {
        if (float.Parse(y.text) <= 0)
        {
            y.text = w1;
        }
        else
        {
            sb.y = float.Parse(y.text);
            sbi.my = float.Parse(y.text);
            my1 = y.text;
        }
    }
    /// <summary>
    /// 设置位置 z
    /// </summary>
    /// <param name="z"></param>
    public void Setz(InputField z)
    {
        if (float.Parse(z.text) <= 0)
        {
            z.text = w1;
        }
        else
        {
            sb.z = float.Parse(z.text);
            sbi.mz = float.Parse(z.text);
            mz1 = z.text;
        }
    }
```

```
public override Action<Main> CreateAction()
{
    action = new ShowBtn();
actionInforma = new ShowBtnInforma(false);
    sb = (ShowBtn)action;
    sbi = (ShowBtnInforma)actionInforma;
    print(sbi);
    if (sbi != null)
    {
        sb.w = float.Parse(w.text);
        sb.h = float.Parse(h.text);
        sb.x = float.Parse(mx.text);
        sb.y = float.Parse(my.text);
        sb.z = float.Parse(mz.text);
        sbi.w = float.Parse(w.text);
        sbi.h = float.Parse(h.text);
        sbi.mx = float.Parse(mx.text);
        sbi.my = float.Parse(my.text);
        sbi.mz = float.Parse(mz.text);
        print("yes" + w.text);
    }

    print("no" + w.text);
    GetStateInfo().actionList.Add(actionInforma);
    actionInforma.name = "ShowBtn";

    ShowBtn showbtn = (ShowBtn)action;
    ShowBtn.globalId += 1;
    showbtn.id=ShowBtn.globalId;
    GameObject go= Instantiate<GameObject> (BtnInfo.template, BtnInfo.template.transform.parent);
    print(go.name + "123456789" + BtnInfo.template.transform.parent.name);
    go.GetComponent<BtnInfo> ().SetInfo (ShowBtn.globalId, ShowBtn.globalId.ToString ());
    go.GetComponent<BtnInfo> ().showBtnUI = this;
    go.SetActive (true);
    currentUI = Instantiate<GameObject>(uiPre);
    showbtn.currentUI = currentUI;
    return base.CreateAction();
}

public override Action<Main> LoadAction(ActionInforma actionInforma)
{
    ShowBtnInforma showbtnInforma = (ShowBtnInforma)actionInforma;
```

```
        this.actionInforma = actionInforma;
        action = new ShowBtn();
        ShowBtn showbtn = (ShowBtn)action;
    //  this.actionInforma = actionInforma;
        GameObject go= Instantiate<GameObject> (BtnInfo.template, BtnInfo.template.transform.parent);
        print(go.name + "~~~~~~~~~~" + BtnInfo.template.transform.parent.name);
        go.GetComponent<BtnInfo> ().SetInfo (showbtnInforma.targetID, showbtnInforma.targetID.ToString ());
        go.GetComponent<BtnInfo> ().showBtnUI = this;
        go.SetActive (true);

        currentUI = Instantiate<GameObject>(uiPre);
        showbtn.currentUI = currentUI;
        // 设置 UI 界面属性
        print(w.text + "~~~" + h.text);
        //w.text = showbtnInforma.w.ToString();
        //h.text = showbtnInforma.h.ToString();
        //mx.text = showbtnInforma.mx.ToString();
        //my.text = showbtnInforma.my.ToString();
        //mz.text = showbtnInforma.mz.ToString();
        print(w.text + ":::" + h.text);
        //UpdateInput();
    showbtn.tarid = showbtnInforma.targetID;
        showbtn.w = showbtnInforma.w;
        showbtn.h = showbtnInforma.h;
        showbtn.x = showbtnInforma.mx;
        showbtn.y = showbtnInforma.my;
        showbtn.z = showbtnInforma.mz;
        return action;
    }
    public void SaveTargetID(int targetID){
        ShowBtnInforma showbtnInforma = (ShowBtnInforma)actionInforma;
        showbtnInforma.targetID = targetID;
    }

    public void UpdateInput()
    {
        ShowBtn showbtn = (ShowBtn)action;
        showbtn.w = float.Parse(w.text);
        showbtn.h = float.Parse(h.text);
        showbtn.x = float.Parse(mx.text);
        showbtn.y = float.Parse(my.text);
```

```
            showbtn.z = float.Parse(mz.text);
            // 存储属性代码
            try
            {
                ShowBtnInforma showbtnInforma = (ShowBtnInforma)actionInforma;
                showbtnInforma.w = float.Parse(w.text);
                showbtnInforma.h = float.Parse(h.text);
                showbtnInforma.mx = float.Parse(mx.text);
                showbtnInforma.my = float.Parse(my.text);
                showbtnInforma.mz = float.Parse(mz.text);
            }
            catch { }
        }
}
```

本脚本的功能由若干个方法完成，下面分别解析这几个方法：

1）CreateAction 方法是一个多态函数，在本类中其作用是填写 VR 按钮信息：分别在按钮宽度、按钮高度、按钮 X 轴偏移量、按钮 Y 轴偏移量、按钮 Z 轴偏移量的输入框中输入对应的数据。

2）LoadAction 是信息传递函数，用来在运行时将在 ShowBtnInforma 中储存的 VR 按钮信息传递进 ShowBtn 脚本中，包括按钮宽度、按钮高度、按钮 X 轴偏移量、按钮 Y 轴偏移量、按钮 Z 轴偏移量。实例化 VR 按钮模板，并设置在 panel 的子物体。通过 GameObject 的 GetComponent 方法可以获取到 BtnInfo 脚本，并且调用其中的 SetInfo 函数，并传入目标 ID，将本脚本传递给其中的 showBtnUI 属性。实例化 VR 按钮画布 Canvas, 并将其传递给 ShowBtn 脚本的 currentUI 属性，读取 ShowBtnInforma 中储存的数据并一一赋值给输入框，以及 showBtn 脚本中的对应数据。

3）SetW、SetH、Setx、Sety、Setz 分别是根据使用者在输入框内写入的新数据，更新对应的属性的函数，绑定在各个输入框上，输入信息结束时调用，并将数据显示在文本框上。

4）UpdateInput 是更新所有输入框内的信息的函数，并将按钮宽度、按钮高度、按钮 X 轴偏移量、按钮 Y 轴偏移量、按钮 Z 轴偏移量的信息传入 PlayAudio 和 PlayAudioInforma 脚本中。

5）SaveTargetID 是用来设置 VR 按钮的目标 ID 的函数。

# 消息事件功能

本章包括碰撞器事件行为、触发器事件行为、发送消息行为、加载场景事件、物理设置行为等功能。

## 12.1 碰撞器事件

### 12.1.1 Action 功能

可以设置目标物体在与其他物体发生碰撞时发送一条消息，其 UI 界面如图 12-1 所示。

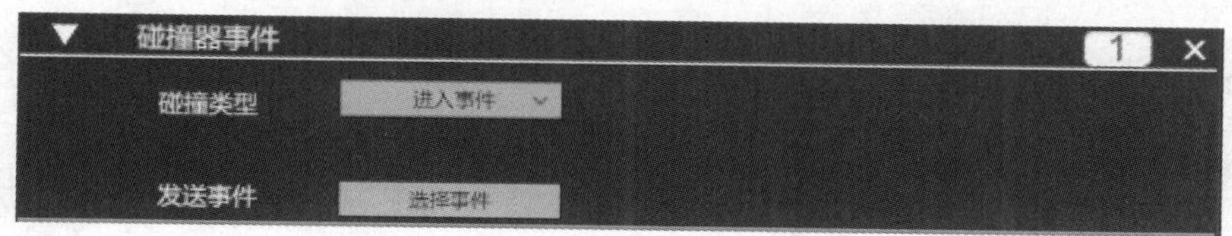


图 12-1 碰撞器 UI

### 12.1.2 操作流程

单击下拉列表，弹出如图 12-2 所示的三个选项，在这里可以选择碰撞类型。其中进入事件是指两个物体在碰到一起的瞬间发送相关消息；停留事件是指两个物体一直碰在一起的过程中持续发送消息；退出事件是指两个物体从碰撞状态下分离的一瞬间发送相关消息。

单击按钮，弹出自定义事件、系统事件和网络事件三个选项，如图 12-3 所示。

图 12-2 选择碰撞类型

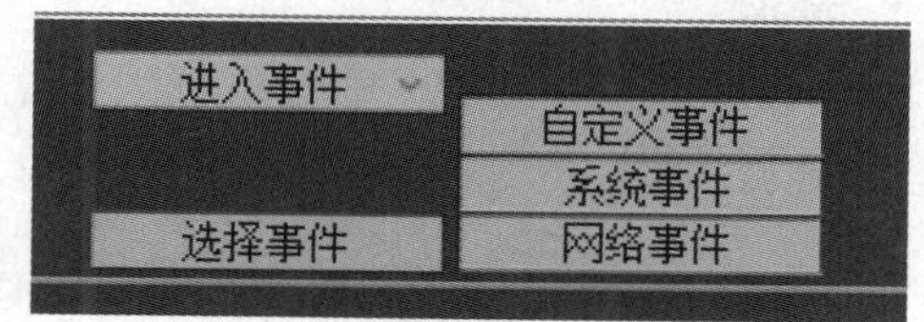


图 12-3 选择事件

鼠标放在自定义事件上弹出图 12-4 所示选项列表。在这个选项列表中可以选择自定义的事件，选择后中的文字会变为所选中的事件名称。

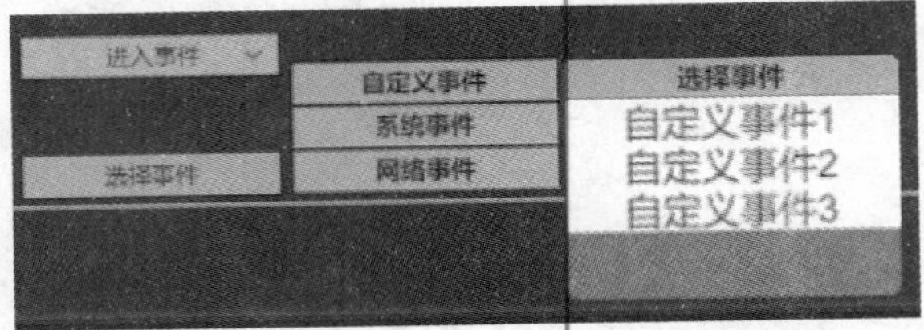

图 12-4　选项列表

## 12.1.3　脚本解析

1. CollisionEvent

本 Action 的功能体现在 CollisionEvent 类里，该类继承于 Action 类，其主要的功能是可以检测碰撞状态并发送事件。它包含如下属性：

public CollisionType colliderType;

| 属性名称 | 属性类型 | 作用 |
|---|---|---|
| colliderType | CollisionType | 选择的碰撞类型 |

```
public override void DoAction(Main m)
  {
     switch (colliderType)
     {
        case CollisionType.OnCollisionEnter:
           if (m.IsEnter)
           {
              even.DoRelateToEvents();
           }
           break;
        case CollisionType.OnCollisionStay:
           if (m.IsStay)
           {
              even.DoRelateToEvents();

           }
           break;
        case CollisionType.OnCollisionExit:
           if (m.isExit)
           {
              even.DoRelateToEvents();
           }
           break;
     }
  }
```

本脚本的功能主要由 DoAction(Main m) 方法完成。

DoAction 是一个多态函数，在本类中其作用是：

首先通过 switch 语句对枚举类型 CollisionType 进行分类判断，将其分为 OnCollision Enter（碰撞开始）、OnCollisionStay（碰撞持续）和 OnCollisionExit（碰撞结束）几种情况来执行。当选择的碰撞类型是 OnCollisionEnter（碰撞开始）时再判断物体是否开始碰撞，若是则发送事件，若不是则继续等待物体开始碰撞条件的达成；当选择的碰撞类型是 OnCollisionStay（碰撞持续）时再判断物体是否在碰撞中，若是则发送事件，若不是则继续等待物体碰撞条件的达成；当选择的碰撞类型是 OnCollisionExit（碰撞结束）时再判断物体是否结束碰撞，若是则发送事件，若不是则继续等待物体碰撞条件的达成。

2. CollisionEventUI

本 Action 的 UI 设置功能主要体现在 CollisionEventUI 类中，该类继承于 ActionUI 类，其主要功能是可以选择碰撞类型以及需要发送的事件。它包含如下属性：

```
public Dropdown dropdown;
    public Text evenText;
    CollisionEvent collisionEvent;
ColliderEventInforma colliderEventInforma;
```

| 属性名称 | 属性类型 | 作用 |
| --- | --- | --- |
| dropdown | Dropdown | 选择碰撞类型的下拉选项 |
| evenText | Text | 显示事件名称的文本 |
| collisionEvent | CollisionEvent | 执行该 Action 的类 |
| colliderEventInforma | ColliderEventInforma | 储存该 Action 数据的类 |

```
void Change(int index)
  {
      colliderEventInforma.colliderNameID = index;
      switch (index)
      {
          case 0:
              collisionEvent.colliderType = CollisionType.OnCollisionEnter;
              break;
          case 1:
              collisionEvent.colliderType = CollisionType.OnCollisionStay;
              break;
          case 2:
              collisionEvent.colliderType = CollisionType.OnCollisionExit;
              break;

      }
  }
```

```
public override Action<Main> CreateAction()
{
    action = new CollisionEvent();
    action.isOnce = false;
    actionInforma = new ColliderEventInforma(false);
    colliderEventInforma = (ColliderEventInforma)actionInforma;
    GetStateInfo().actionList.Add(actionInforma);
    actionInforma.name = "ColliderEvent";
    collisionEvent = (CollisionEvent)action;
    collisionEvent.colliderType = CollisionType.OnCollisionEnter;
    Manager.Instace.gonggong.GetComponent<Collider>().isTrigger = false;
    dropdown.onValueChanged.AddListener(delegate(int a) { Change(dropdown.value); });
    return base.CreateAction();
}

public override Action<Main> LoadAction(ActionInforma actionInforma)
{
    colliderEventInforma = (ColliderEventInforma)actionInforma;
    this.actionInforma = actionInforma;
    action = new CollisionEvent();

    collisionEvent = (CollisionEvent)action;
    collisionEvent.colliderType=(CollisionType)colliderEventInforma.colliderNameID;
    foreach (Events e in Manager.Instace.eventlist)
    {
        if (e.name == colliderEventInforma.eventName)
        {
            collisionEvent.even = e;
            evenText.text = e.name;
        }
    }
    dropdown.value = colliderEventInforma.colliderNameID;
    Manager.Instace.gonggong.GetComponent<Collider>().isTrigger = false;
    dropdown.onValueChanged.AddListener(delegate(int a) { Change(dropdown.value); });
    return action;
}
```

在该脚本中有三个方法：

① void Change(int index)：该方法的作用是负责通过 UI 界面的下拉列表修改碰撞类型，在 UI 界面中的下拉列表中选择进入事件，collisionEvent.colliderType（动作执行脚本中的碰撞类型）将会改为 CollisionType.OnCollisionEnter（碰撞开始时触发）；在 UI 界面中选择停留事件，collisionEvent.colliderType（动作执行脚本中的碰撞类型）将会改为 CollisionType.

OnCollisionStay（碰撞中持续）；在 UI 界面中选择离开事件，collisionEvent.colliderType（动作执行脚本中的碰撞类型）将会改为 CollisionType.OnCollisionExit（碰撞结束时触发）。

② public override Action<Main> CreateAction()：该方法是一个多态函数，在该类中的作用是在创建该动作时创建和绑定该动作相关的脚本和信息。

首先是实例化并获取了相关的 ColliderEventInforma 和 CollisionEvent 脚本，然后设置了该类型动作存储的名字为“ColliderEvent”，再对该动作的一些属性做出了初始化设置，将默认碰撞类型设为进入事件，将与该动作绑定的物体上的 isTriggger 设为 false，最后为 UI 中的下拉列表添加了监听事件，用于监听下拉列表的值的改变。

③ public override Action<Main> LoadAction(ActionInforma actionInforma)：该方法也是一个多态函数，在该类中的作用是读取储存在数据类中的属性并将其同步到执行类和该动作的 UI 界面中。

首先也是实例化并获取相关的 ColliderEventInforma 和 CollisionEvent 脚本，然后遍历事件列表找出同数据类中记录的相同名字的事件并将之赋值给 CollisionEvent 脚本中的 even，并将该事件的名字显示在 UI 界面上，再根据数据类中的碰撞类型修改 UI 界面中的下拉列表中的碰撞类型，最后将绑定该动作的物体的 isTrigger 设为 false，并为 UI 界面中的下拉列表添加了监听事件，用于监听下拉列表的值的改变。

# 12.2　触发器事件行为

## 12.2.1　Action 功能

将该 Action 所附加的物体设置为触发器。触发器是在场景中不可见的一个可进入的立方体区域，当有物体进入、停留或退出触发器时，发送一个指定的事件。利用触发器事件可以实现场景中物体之间的交互。其 UI 界面如图 12-5 所示。

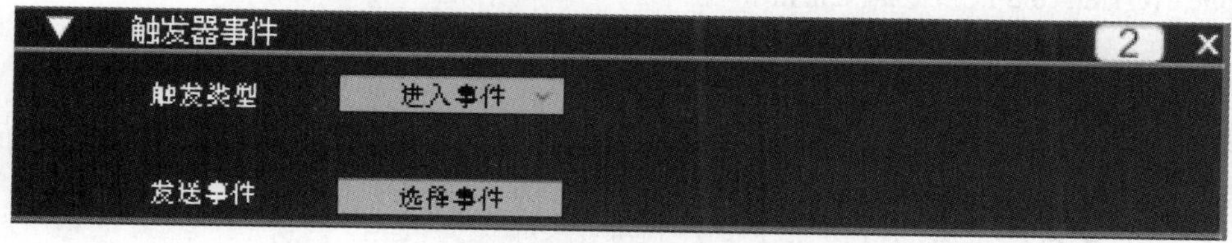


图 12-5　触发器事件 UI

## 12.2.2　操作流程

在动作列表中选择“触发器事件”，将该动作添加到状态中。单击打开折叠后将出现图 12-5 所示界面。在“触发类型”下拉列表中可以选择三种触发类型，对应了触发器的三种交互方式，分别为进入事件、停留事件、退出事件。确定了触发类型后，在“发送事件”列表中选择要发送的自定义事件。默认发送事件列表中没有自定义事件，需要用户自行添加可用事件。添加自定义事件的方法是单击编辑器右下方界面的“事件”选项卡，如图 12-6

所示。

图 12-6　编辑事件 UI

在“事件名称”文本框中输入用户自定义的事件名称，单击“添加”按钮该事件会出现在方法的自定义事件列表中，用户可以添加多个不同的自定义事件来满足不同的设计需求。添加完事件后在发送事件 Action 的界面的三级菜单中可以找到所有用户自定义的事件。

## 12.2.3　脚本解析

本 Action 的功能体现在 TriggerEvent 类里，该类继承于 Action 类，其主要的功能是在运行时判断触发器是否符合指定的触发类型，若符合则调用 even 变量的方法执行 Events 类的一个委托，触发所有指定的自定义事件。它包含如下属性：

```
public class TriggerEvent : Action<Main>{
    public TriggerType triggerType;
```

| 属性名称 | 属性类型 | 作用 |
|---|---|---|
| triggerType | TriggerType | 保存触发类型的枚举变量 |

```
    public override void DoAction(Main m)
    {
        switch (triggerType)
        {
            case TriggerType.OnTriggerEnter:
                if (m.IsEnter)
                {
                    //even.Do();
                    even.DoRelateToEvents();
                }
                break;
            case TriggerType.OnTriggerStay:
                if (m.IsStay)
                {
                    //even.Do();
```

```
                even.DoRelateToEvents();
            }
            break;
        case TriggerType.OnTriggerExit:
            if (m.isExit)
            {
                //even.Do();
                even.DoRelateToEvents();
            }
            break;
        }
    }

    public TriggerEvent()
    {
        isOnce = false;
    }
}
public enum TriggerType
{
    OnTriggerEnter,
    OnTriggerStay,
    OnTriggerExit,
}
```

本 Action 的界面交互实现包含在 TriggerEventUI 类中，该类继承自 ActionUI 类，其主要功能是为用户设置触发类型和所要触发的自定义事件提供操作接口，同时实现 Action 从存档文件中加载时初始化相关的 Action 属性设置。它包含如下属性：

```
public class TriggerEventUI :ActionUI {
    public Dropdown dropdown;
    public Text evenText;
    TriggerEvent te;
    TriggerEventInforma triggerEventInforma;
```

| 属性名称 | 属性类型 | 作用 |
|---|---|---|
| dropdown | DropDown | 设置触发类型 UI 组件 |
| evenText | Text | 显示自定义事件的 UI 组件 |
| te | TriggerEvent | 执行 Action 具体动作的对象 |
| triggerEvenInforma | TriggerEvenInforma | 保存 Action 数据信息的对象 |

```
void Change(int index)
    {
        triggerEventInforma.triggerNameID = index;
```

```
        switch (index)
        {
            case 0:
                te.triggerType = TriggerType.OnTriggerEnter;

                break;
            case 1:
                te.triggerType = TriggerType.OnTriggerStay;
                break;
            case 2:
                te.triggerType = TriggerType.OnTriggerExit;
                break;

        }
    }

    public override Action<Main> CreateAction()
    {
        action = new TriggerEvent();
        action.isOnce = false;
        actionInforma = new TriggerEventInforma(false);
        triggerEventInforma = (TriggerEventInforma)actionInforma;
        GetStateInfo().actionList.Add(actionInforma);
        actionInforma.name = "TriggerEvent";
        te = (TriggerEvent)action;
        te.triggerType = TriggerType.OnTriggerEnter;
        Manager.Instace.gonggong.GetComponent<Collider>().isTrigger = true;
        dropdown.onValueChanged.AddListener(delegate(int a) { Change(dropdown.value); });
        return base.CreateAction();
    }

    public override Action<Main> LoadAction(ActionInforma actionInforma)
    {
        triggerEventInforma = (TriggerEventInforma)actionInforma;
        this.actionInforma = actionInforma;
        action = new TriggerEvent();

        te = (TriggerEvent)action;

        te.triggerType = (TriggerType)triggerEventInforma.triggerNameID;
        foreach (Events e in Manager.Instace.eventlist)
        {
```

```
            if (e.name == triggerEventInforma.eventName)
            {
                te.even = e;
                evenText.text = e.name;
            }
        }
        dropdown.value = triggerEventInforma.triggerNameID;
        Manager.Instace.gonggong.GetComponent<Collider>().isTrigger = true;
        dropdown.onValueChanged.AddListener(delegate(int a) { Change(dropdown.value); });
        return action;
    }
}
```

本脚本的功能由若干个方法完成，下面分别解析这几个方法：

① DoAction 是一个多态函数，在本类中其作用是：

- 首先通过 switch 语句判断用户指定的触发类型，三种触发类型分别对应三种触发自定义事件的方式，分别为当物体进入触发区域时、当物体在触发区域停留和当物体退出触发区域时触发事件。
- 确定了 Action 的触发类型后，通过继承自 Action 的 even 变量调用 Events 类的 DoRelateToEvents 方法，该方法判断 even 变量的委托是否注册过任何方法，如果注册过便执行该委托。

② Change 方法在用户选择了触发类型时调用，在本类中的作用是：

- 将用户选择的下拉列表的选项序号保存到 triggerEventInforma 的 triggerNameID 属性中，方便加载保存文件时初始化对应的 Action 设置。
- 通过 switch 语句判断用户选择的触发类型选项序号，将对应序号的触发类型保存到 te 对象的 triggerType 属性中，之后 te 执行 Action 时将根据此属性的值判断是否响应对应的触发类型。

③ CreateAction 方法在创建 Action 时调用，作用是：

- 将继承自 ActionUI 的 Action 变量实例化为 TriggerEvent 对象并为 te 变量赋值。
- 将继承自 ActionUI 的 actionInforma 变量实例化为 TriggerEventInforma 对象，并设置 actionInforma 对象的名称为 TriggerEvent。
- 通过 ActionUI 的 GetStateInfo 方法获取当前状态信息对象，将实例化的 actionInforma 变量添加到该对象的 actionlist 列表中。
- 将当前设置的物体碰撞体设置为 trigger。
- 为 dropdown 添加监听方法。

④ LoadAction 方法在加载 Action 时调用，作用是：

- 用参数 actionInforma 为 triggerEventInforma 赋值，将参数强转为 TriggerEventInforma 类型，以便获取设置该 Action 所需的属性值。
- 实例化 te 变量，为之后设置 Action 属性值做准备。
- 通过循环判断 manager 对象的 eventlist 事件列表中有没有符合该 Action 设置的事件

名称，若有的话将该事件赋值给 te 变量，并将事件名称 UI 更新。

- 将当前设置的物体碰撞体设置为 trigger。
- 为 dropdown 添加监听方法。

# 12.3 发送消息行为

## 12.3.1 Action 功能

PEVR 场景中各个物体具有多个不同的状态，称为状态机。驱动状态机中不同状态间变化的称为事件。发送消息 Action 的功能是可以发送一个用户自定义的事件来驱动状态的变化，并可以对所有场景中的物体发送消息。利用发送消息 Action，用户不必直接对目标物体进行操作就可以驱动目标物体的状态变化，并且可以方便地驱动多个物体的状态变化，只需让所有目标物体接受指定的消息即可。其 UI 界面如图 12-7 所示。

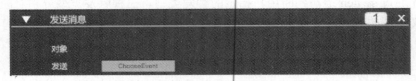

图 12-7 发送消息 UI

## 12.3.2 操作流程

在动作列表中选择“发送消息”，将该动作添加到状态中。单击打开折叠后将出现图 12-7 所示界面。单击“ChooseEvent”按钮后会出现二级菜单，将鼠标移动到自定义事件选项上会出现对应的三级菜单，其中会显示所有可用的事件名。默认情况下三级菜单内没有可用的事件，需要用户自定义需要的事件名。单击编辑器右下方界面的“事件”选项卡，如图 12-8 所示。

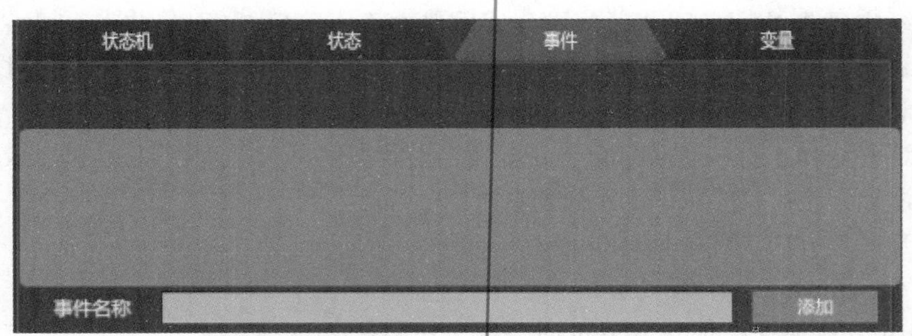


图 12-8 添加事件 UI

在“事件名称”文本框中输入用户自定义的事件名称，单击“添加”按钮，该事件会出现在方法的自定义事件列表中，用户可以添加多个不同的自定义事件来满足不同的设计需求。添加完事件后在发送事件 Action 界面的三级菜单中可以找到所有用户自定义的事件，单击所需的事件名即可在运行时发送该事件。

### 12.3.3 脚本解析

本 Action 的功能体现在 SendEvent 类里，该类继承于 Action 类，其主要的功能是调用 even 变量的方法执行 Events 类的一个委托，向所有注册了该 Action 所指定的事件的状态发送消息，接受到消息的状态将会进入下一个状态。该脚本的代码如下：

```
public class SendEvent : Action<Main>
{
    public override void DoAction(Main m )
    {
        even.DoRelateToEvents();
    }
}
```

本 Action 的界面功能主要集中在 SetPlayerUI 脚本中，该类继承自 ActionUI 类，其主要功能是将用户添加的事件名称列表显示在菜单中，提供给用户选择所要发送的事件名称的操作接口。该脚本还负责在读取文件加载场景时将用户保存的发送消息 Action 的相关设置初始化。但该脚本不负责将相关事件注册到 Manager 类中，这个功能由挂在对应事件 UI 按钮上的脚本实现。SetPlayerUI 脚本包含如下属性：

```
public class SendEventUI :ActionUI {

    public Text evenText;
    SendEvent te;
    ActionInforma sendEventInforma;
```

| 属性名称 | 属性类型 | 作用 |
|---|---|---|
| evenText | Text | 显示发送的事件名的 UI 组件 |
| te | SendEvent | 执行 Action 动作的对象 |
| sendEventInforma | ActionInforma | 保存 Action 属性设置的对象 |

```
public override Action<Main> CreateAction()
    {
        action = new SendEvent();
        actionInforma = new ActionInforma(true);
        sendEventInforma = actionInforma;
        GetStateInfo().actionList.Add(actionInforma);
        actionInforma.name = "OtherActionWithEvent";
        te = (SendEvent)action;
        return base.CreateAction();
    }
```

```
    public override Action<Main> LoadAction(ActionInforma actionInforma)
    {
        sendEventInforma = actionInforma;
        this.actionInforma = actionInforma;
        action = new SendEvent();
        te = (SendEvent)action;
        foreach (Events e in Manager.Instace.eventlist)
        {
            if (e.name == sendEventInforma.eventName)
            {
                te.even = e;
                evenText.text = e.name;
            }
        }
        return base.LoadAction(sendEventInforma);
    }
}
```

本脚本的功能由若干个方法完成，下面分别解析这几个方法：

1）DoAction 是一个多态函数，在本类中其作用是：

- 通过继承自 Action 的 even 变量调用 Events 类的 DoRelateToEvents 方法，该方法判断 even 变量的委托是否注册过任何方法，如果注册过便执行该委托。

2）CreateAction 方法在创建 Action 时调用，作用是：

- 将 setEventInforma 变量实例化并且设置该 Action 运行时只执行一次，设置 actionInforma 对象的名称为 OtherActionWithEvent。
- 将 Action 变量实例化为一个新的 SendEvent 对象。
- 通过 ActionUI 的 GetStateInfo 方法获取当前状态信息对象，将实例化的 actionInforma 变量添加到该对象的 actionlist 列表中。
- 将 Action 变量强制转换为 SendEvent 类型并赋值给 te 变量。

3）LoadAction 方法在加载 Action 时调用，作用是：

- 通过参数为 sendEventInforma 赋值，获取保存的 Action 相关信息。
- 实例化 te 变量，通过循环判断 manager 对象的 eventlist 事件列表中有没有符合该 action 设置的事件名称，若有则将该事件赋值给 te 变量，并将事件名称 UI 更新。

## 12.4 加载场景事件

### 12.4.1 Action 功能

可以在执行该动作时关闭现有场景，打开新场景，其 UI 界面如图 12-9 所示。

图 12-9　加载场景 UI

## 12.4.2　操作流程

勾选 是否VR ，加载的场景会以 VR 的模式运行，若不勾选则会以 PC 的模式运行。在 地址 Enter text... 文本框中输入需要加载场景的文档名，并将该文档放入本软件根目录的 Data 文件夹下才可正常使用。

## 12.4.3　脚本解析

1．LoadScene

本 Action 的主要功能并不在该类里，该类继承于 Action 类，其主要的功能是在运行到该 Action 时调用相应的方法。它包含如下属性：

```
public static string targetPath;
public string filePath;
public bool ISVR;
```

| 属性名称 | 属性类型 | 作用 |
| --- | --- | --- |
| targetPath | string | 静态路径 |
| filePath | string | 需要读取的文档名 |
| ISVR | bool | 是否以 VR 模式打开 |

```
public override void DoAction(Main m)
    {
        Manager.Instace.Save(true);
        targetPath = filePath;
        SceneCtrl.isAction = true;
        LoadManager.Instance.SetIsVR(ISVR);
        SceneCtrl.instance.OpenScene(true);
    }
```

该脚本的功能主要由 DoAction(Main m) 方法完成。

DoAction 方法是一个多态函数，在本类中其作用是：首先调用 Manager 脚本中的方法自动进行存档；然后将文档名赋值给静态路径，再调用 SceneCtrl 脚本将其中的变量 isAction 设为 true；再设置 LoadManager 脚本设置是否以 VR 模式打开；最后调用 SceneCtrl 的方法打开新场景。

2．LoadSceneUI

本 Action 的 UI 设置功能主要体现在 LoadSceneUI 类里，该类继承于 ActionUI 类，其主要功能是可以设定要打开的新场景以及需要确定新打开的场景是否以 VR 模式打开。它包含如下属性：

```
public Toggle ISVR;
public InputField pathField;
LoadScene loadScene;
LoadSceneInforma lsInforma;
```

| 属性名称 | 属性类型 | 作用 |
|---|---|---|
| ISVR | Toggle | 是否以 VR 模式打开的判断选项 |
| pathField | InputField | 新场景保存文档的名字（并添加扩展名“.txt”） |
| loadScene | LoadScene | 执行该 Action 的类 |
| lsInforma | LoadSceneInforma | 储存该 Action 数据的类 |

```
public override Action<Main> CreateAction()
    {
        action = new LoadScene();
        action.isOnce = true;
        actionInforma = new LoadSceneInforma(true);
        lsInforma =(LoadSceneInforma)actionInforma;
        GetStateInfo().actionList.Add(actionInforma);
        actionInforma.name = "LoadScene";
        return base.CreateAction();
    }

    public override Action<Main> LoadAction(ActionInforma actionInforma)
    {
        lsInforma = (LoadSceneInforma)actionInforma;
        this.actionInforma = actionInforma;
        action = new LoadScene();
        loadScene = (LoadScene)action;
        pathField.text = lsInforma.filePath;

        ISVR.isOn = lsInforma.ISVR;
        loadScene.filePath = lsInforma.filePath;
        loadScene.ISVR = lsInforma.ISVR;
        return action;
    }
    public void UpdateInput(){
        loadScene = (LoadScene)action;
        try{
            if (lsInforma==null)
            {
```

```
                lsInforma = (LoadSceneInforma)actionInforma;
            }
            loadScene.filePath=pathField.text;
            lsInforma.filePath=pathField.text;
        }
        catch(System.Exception e)
        {
            Debug.LogError(e);
        }
    }
    public void OnValueChanged()
    {
        loadScene = (LoadScene)action;
        try{
            if (lsInforma==null)
            {
                lsInforma = (LoadSceneInforma)actionInforma;
            }
            loadScene.ISVR=ISVR.isOn;
            lsInforma.ISVR=ISVR.isOn;
        }
        catch (System.Exception e)
        {
            Debug.LogError(e);
        }
    }
```

在该脚本中有四个方法：

1）public override Action<Main> CreateAction()：该方法是一个多态函数，在该类中的作用是在创建该动作时创建和绑定该动作相关的脚本和信息。

2）public override Action<Main> LoadAction(ActionInforma actionInforma)：该方法也是一个多态函数，在该类中的作用是读取储存在数据类中的属性并将其同步到执行类和该动作的 UI 界面中。

在该方法中先获取了 LoadSceneInforma 和 LoadScene 脚本后读取了 LoadSceneInforma 脚本中存储的需要打开的新场景的文件名并将之赋值给 LoadScene 中的文件名变量和 UI 界面上的文件名文本输入框中的值。然后读取了 LoadSceneInforma 中存储的 ISVR 并将之同步赋值给 LoadScene 脚本中的相关变量和 UI 界面。

3）public void UpdateInput()：该方法用于监听 UI 界面中地址输入框的修改。

当 UI 界面中的地址输入框结束输入时会触发该方法。在该方法中获取到修改后的输入内容，并将之赋值给用于储存数据的 LoadSceneInforma 脚本和执行动作的 LoadScene 脚本中。

4）public void OnValueChanged()：该方法用于监听 UI 界面中的“是否 VR”选项的修改。

当 UI 界面中的“是否 VR”选项改变时会触发该方法。在该方法中会获取到“是否 VR”判断选项的值并将之赋值给用于储存数据的 LoadSceneInforma 脚本和执行动作的 LoadScene 脚本中。

3. LoadManager

该脚本主要作用是在加载场景过程中保存记录一些重要的数据，以防止这些重要数据在加载场景时被重置而导致一些问题。它包含如下属性：

```
public static LoadManager Instance;
public bool IsOpenNewScene;
public bool opening;
public bool IsVR;
public bool IsPublish;
private GameObject panel_Loading;
private GameObject loader;
```

| 属性名称 | 属性类型 | 作用 |
|---|---|---|
| Instance | LoadManager | 单例 |
| IsOpenNewScene | bool | 是否打开新场景 |
| opening | bool | 正在打开新场景 |
| IsVR | bool | 打开的场景是不是 VR 模式 |
| IsPublish | bool | 是不是发布后的状态 |
| panel_Loading | GameObject | 加载场景时用于遮盖的界面 |
| loader | GameObject | 管理发布的物体 |

```
/// <summary>
/// 全局只执行一次，保证该脚本不会被删除，不会被重新加载
/// </summary>
static LoadManager()
{
    GameObject go = new GameObject("LoadManager");
    DontDestroyOnLoad(go);
    Instance = go.AddComponent<LoadManager>();
}

void Update () {
    if (IsOpenNewScene==true)
    {
        if (loader==null)
        {
            loader = GameObject.Find("Loader");
        }
        if (loader != null && loader.activeSelf == true)
        {
```

```
            loader.SetActive(false);
            opening = true;
            StartCoroutine(DoWaitOpened());
        }


    }
    if (panel_Loading == null)
    {
        GameObject a = GameObject.Find("Canvas");
        panel_Loading = a.transform.Find("Panel_Loading").gameObject;
    }
    if (panel_Loading != null)
    {
        if (opening == true && panel_Loading.activeSelf == false)
        {
            panel_Loading.SetActive(true);
        }
        if (opening == false && panel_Loading.activeSelf == true)
        {
            panel_Loading.SetActive(false);
        }
    }
}

/// <summary>
/// 等待打开完成的协程
/// </summary>
/// <returns></returns>
public IEnumerator DoWaitOpened()
{
    while (Manager.Instace.ISOpen==false)
    {
        yield return null;
    }
    opening = false;
    if (IsVR==true)
    {
        VRSwitch.Instance.SetVRState(true);
    }
}

/// <summary>
```

```
/// 设置是否打开 VR
/// </summary>
/// <param name="isVr"></param>
public void SetIsVR(bool isVr)
{
    IsVR = isVr;
    }
```

在该脚本中共有四个方法：

1）static LoadManager()：该方法在运行时会被自动调用（即使没有挂载在任何物体上）并且只会被调用一次，所以在该方法中新创建一个空物体并组织该空物体在加载场景过程中被重置，最后再将该脚本挂载到该空物体上并复制给单例。

2）void Update ()：该方法会在每一帧中调用，并进行实时判断。

首先在打开新场景的状态下找到管理发布的物体，判断其是否处于活动状态。如果在活动状态，则证明当前是在发布后的情况下运行，这时将管理发布的物体活动关闭（以防止该物体自动打开场景）。打开新场景过程设为 true 并开启协程等待打开新场景的过程结束。

紧接着是控制在打开新场景过程中用于遮盖的界面的可见情况。首先要在场景中找到该物体，然后判断 opening（正在打开）变量，如果为 true 则将用于遮盖的界面设为可见，反之设为不可见。

3）public IEnumerator DoWaitOpened()：该方法是一个协程，在这里的作用主要是等待新场景打开完成，当打开完成后就可以关闭用于遮盖的界面，再判断新打开的场景是不是用 VR 模式打开，如果是就打开 VR，否则不操作（默认 PC）。

4）public void SetIsVR(bool isVr)：该方法用于判断加载场景动作是否以 VR 模式打开并进行记录，以防止在加载场景过程中被重置。

# 12.5 物理设置行为

## 12.5.1 Action 功能

可以使场景中的三维模型具有物理属性，其 UI 界面如图 12-10 所示。

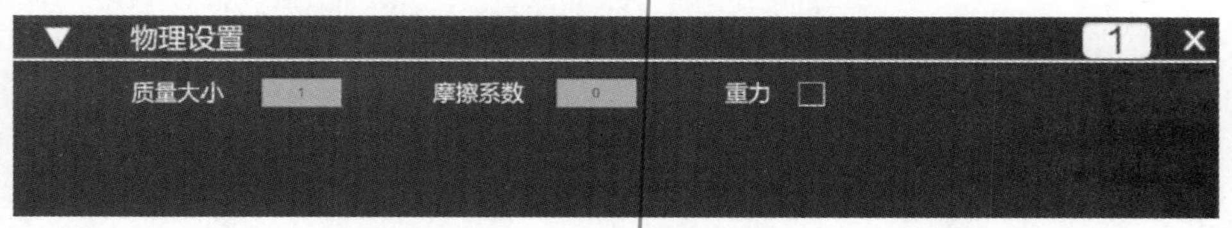


图 12-10　物理设置 UI

## 12.5.2 操作步骤

单击质量大小 1 中的白色方框可以修改目标物体的质量；单击摩擦系数 0 中的白色方

框可以修改目标物体的摩擦系数；单击 重力 □ 中的方框可以设置目标物体是否受重力影响。

## 12.5.3　脚本解析

1. PhysicalSetting

本 Action 功能主要体现在 PhysicalSetting 类中，该类继承于 Action 类，其主要的功能是给目标物体添加物理属性，使物体受物理法则影响。它包含如下属性：

```
public float massNum=1;
public bool isGravity;
public float factor=0;
```

| 属性名称 | 属性类型 | 作用 |
| --- | --- | --- |
| massNum | float | 设置目标物体的质量大小 |
| isGravity | bool | 设置目标物体是否受重力影响 |
| factor | float | 设置目标物体在移动时受到的摩擦阻力的大小 |

```
public override void DoAction(Main m)
    {
        Rigidbody rig=m.gameObject.GetComponent<Rigidbody> ();

        if (rig == null) {
            rig = m.gameObject.AddComponent<Rigidbody> ();
        }
        rig.mass = massNum;
        rig.drag = factor;
        rig.useGravity = isGravity;
        rig.isKinematic = false;
    }
```

本脚本主要由 DoAction(Main m) 方法完成，该方法是一个多态函数，在本类中的作用是：

首先从目标物体上获取 Rigidbody 组件，再判断是否获取到，如果找不到该组件则为目标物体添加该组件，然后修改物体的相关属性，使物体的质量等于用户设定的大小，使物体的摩擦系数等于用户设定的大小，使是否受重力影响的属性等于用户设定的结果。

2. PhysicalSettingUI

本 Action 的 UI 设置功能主要体现在 PhysicalSettingUI 类中，该类继承于 ActionUI 类，其主要功能是让用户可以通过 UI 界面修改物体的质量大小、摩擦系数以及是否受重力影响。

它包含如下属性：

```
public InputField factor,value;
public Toggle isGravity;
```

| 属性名称 | 属性类型 | 作用 |
| --- | --- | --- |
| factor | InputField | UI 界面上的摩擦系数文本输入框 |
| value | InputField | UI 界面上的质量大小文本输入框 |
| isGravity | Toggle | UI 界面上的是否受重力的判断框 |

```
public override Action<Main> CreateAction()
{
    action = new PhysicalSetting ();
    actionInforma = new PhysicalSettingInforma(true);
    GetStateInfo().actionList.Add(actionInforma);
    actionInforma.name = "PhysicalSetting";
    return base.CreateAction();
}

public override Action<Main> LoadAction (ActionInforma actionInforma)
{
    PhysicalSettingInforma psInforma = (PhysicalSettingInforma)actionInforma;
    this.actionInforma = actionInforma;
    value.text = psInforma.massNum.ToString();
    factor.text = psInforma.factor.ToString();
    isGravity.isOn = psInforma.isGravity;
    action = new PhysicalSetting();
    PhysicalSetting ps = (PhysicalSetting)action;
    ps.massNum = psInforma.massNum;
    ps.factor = psInforma.factor;
    ps.isGravity = psInforma.isGravity;
    return action;
}

public void SetMass()
{
    PhysicalSetting ps = (PhysicalSetting)action;
    try
    {
        float va=float.Parse(value.text);
        ps.massNum = va;
        PhysicalSettingInforma psInforma = (PhysicalSettingInforma)actionInforma;
        psInforma.massNum=va;
    }
    catch (Exception e)
    {
```

```
            Debug.LogError(e);
        }
    }

    public void SetFactor()
    {
        PhysicalSetting ps = (PhysicalSetting)action;
        try
        {
            float fa = float.Parse(factor.text);
            ps.factor = fa;
            PhysicalSettingInforma psInforma = (PhysicalSettingInforma)actionInforma;
            psInforma.factor = fa;
        }
        catch(Exception e)
        {
            Debug.LogError(e);
        }
    }

    public void SetUseGravity(bool useGravity){
        try{
            PhysicalSetting ps = (PhysicalSetting)action;
            ps.isGravity = useGravity;
            PhysicalSettingInforma psInforma = (PhysicalSettingInforma)actionInforma;
            psInforma.isGravity=useGravity;
        }catch(Exception e)
        {
            Debug.LogError(e);
        }
}
```

本脚本的功能由多个方法共同完成，下面解析这些方法：

1）public override Action<Main> CreateAction()：该方法是一个多态函数，在该类中的作用是在创建该动作时创建和绑定该动作相关的脚本和属性信息。

实例化并获取了相关的 PhysicalSettingInforma 和 PhysicalSetting 脚本，然后设置了该类型动作存储的名字为“ColliderEvent”。

2）public override Action<Main> LoadAction (ActionInforma actionInforma)：该方法也是一个多态函数，在该类中的作用是读取储存在数据类中的属性，并将其同步到执行类和该动作的 UI 界面中。

首先也是实例化并获取相关的 PhysicalSettingInforma 和 PhysicalSetting 脚本，然后获取 PhysicalSettingInforma 脚本中存储的质量大小的值，并将之赋值给 UI 界面中的质量大小文本输入框和 PhysicalSetting 中的质量大小属性；再获取该脚本中存储的摩擦系数的值，并将之赋值给 UI 界面中的摩擦系数的文本输入框和 PhysicalSetting 中的摩擦系数属性；再获取该脚本中存储的是否受重力影响的值，并将之赋值给 UI 界面中的重力判断框和 PhysicalSetting 中的是否受重力属性。

3）public void SetMass()：该方法的作用是监听 UI 界面中的质量大小的文本输入框中的值的变化。当用户在 UI 界面中修改了质量大小的文本框中的值时，该方法会将修改后的值同步修改到存储数据的脚本 PhysicalSettingInforma 和执行动作的脚本 PhysicalSetting 中。

4）public void SetFactor()：该方法的作用是监听 UI 界面中的摩擦系数的文本输入框中的值的变化。当用户在 UI 界面中修改了摩擦系数的文本框中的值时，该方法会将修改后的值同步修改到存储数据的脚本 PhysicalSettingInforma 和执行动作的脚本 PhysicalSetting 中。

5）public void SetUseGravity(bool useGravity)：该方法的作用是监听 UI 界面中的重力判断框中的值的变化。当用户在 UI 界面中修改了重力判断框中的值时，该方法会将修改后的值同步修改到存储数据的脚本 PhysicalSettingInforma 和执行动作的脚本 PhysicalSetting 中。

# 网 络 功 能

本章包括创建或加入房间的网络行为、设置子任务的网络行为、设置任务的网络行为、设置角色网络行为、选择角色界面等功能。

## 13.1 创建或加入房间的网络行为

### 13.1.1 Action 功能

使用 PEVR 网络功能必须添加的 Action，可以设置所要连接的服务器 IP 地址，运行时向指定 IP 地址发送连接请求，实现客户端和服务器的网络连接。其 UI 界面如图 13-1 所示。

图 13-1 创建或加入房间 UI

### 13.1.2 操作流程

在动作列表中选择“创建或加入房间”动作，单击“添加动作到状态”后在编辑界面右下方会显示创建或加入房间 Action 的 UI 界面。默认 UI 界面是折叠隐藏的，单击 Action 名称打开 UI 界面。需要注意，创建或加入房间 Action 要位于设置第一人称 Action 前面。添加完 Action 后就可以设置连接的服务器 IP 地址，需要输入符合规范的 IPv4 地址，否则将无法正常连接到服务器。

### 13.1.3 脚本解析

本 Action 的功能体现在 CreateRoom 类里，该类继承于 Action 类，其主要的功能是根据用户输入的 IP 地址向目标服务器发送连接请求，为实现 PEVR 各种网络功能做准备，是实现网络同步功能的第一个步骤。该脚本没有需要从外部接收数值的属性。脚本如下：

```
public class CreateRoom :Action<Main>{

    public override void DoAction(Main m)
    {
        Manager.Instace.clientMng.OnInit();
        CreateOrJoinRoomRequest createRoomRequest = m.gameObject.AddComponent<CreateOrJoinRoomRe
quest>();
        createRoomRequest.SendRequest();
    }
}
```

本 Action 的界面交互实现包含在 CreateRoomUI 类中，该类继承自 ActionUI 类，其主要功能是为用户设置目标服务器 IP 地址提供操作接口，同时实现 Action 从存档文件中加载时根据存档中的数据来初始化目标服务器的 IP 地址。它包含如下属性：

```
public class CreateRoomUI :ActionUI {
    CreateRoom createRoom;
    public InputField IpInputField;
```

| 属性名称 | 属性类型 | 作用 |
| --- | --- | --- |
| createRoom | CreateRoom | 执行创建或加入房间 Action 的对象变量 |
| IpInputField | InputField | 接受用户输入 IP 地址的 UI 组件 |

```
    public override Action<Main> CreateAction()
    {
        action = new CreateRoom();
        createRoom = (CreateRoom)action;
        actionInforma = new ActionInforma(true);
        GetStateInfo().actionList.Add(actionInforma);

        actionInforma.name = "CreateRoom";
        createRoom.SetSituation();
        IpInputField.onValueChanged.AddListener(delegate(string s) { IpChange(); });
        return base.CreateAction();
    }

    void IpChange()
    {
        Manager.Instace.clientMng.IP = IpInputField.text;
        actionInforma.ip = IpInputField.text;
    }

    public override Action<Main> LoadAction(ActionInforma actionInforma)
```

```
{
    this.actionInforma = actionInforma;
    action = new CreateRoom();
    createRoom = (CreateRoom)action;
    createRoom.SetSituation();
    IpInputField.text = actionInforma.ip;
    Manager.Instace.clientMng.IP = IpInputField.text;
    IpInputField.onValueChanged.AddListener(delegate(string s) { IpChange(); });
    return base.LoadAction(actionInforma);
}
```

本脚本的功能由若干个方法完成，下面分别解析这几个方法：

1）DoAction 是一个多态函数，在本类中其作用是：

① 首先通过 Manager 类获取 clientMng 对象，clientMng 是一个 ClientManager 实例对象。获取到 clientMng 对象后调用 OnInit 方法，该方法是 ClientManager 类的一个公有方法，调用该方法后会创建一个 Socket 对象，指定 Socket 对象类型为 stream，网络传输协议为 TCP 协议。然后根据用户输入的服务器 IP 地址和一个固定的端口向服务器发起连接请求，若成功连接到服务器，该 Socket 将开始监听从服务器发来的消息，从而客户端可以根据网络消息执行相应功能代码。若连接到服务器失败，将会打印错误信息。

② 在 Action 附加的物体上添加 CreateOrJoinRoomRequest 组件，该组件继承自 BaseRequest 类，这里调用了该组件的 SendRequest 方法，向服务器发送创建或加入房间 Action 执行的相关消息。

2）CreateAction 方法在创建 Action 时调用，作用是：

- 实例化继承自 ActionUI 的 Action 变量，将 Action 变量类型强制转换为 CreateRoom 类型。
- 将继承自 ActionUI 的 actionInforma 变量实例化并且设置该 Action 运行时只执行一次，并设置 actionInforma 对象的名称为 CreateRoom。
- 通过 ActionUI 的 GetStateInfo 方法获取当前状态信息对象，将实例化的 actionInforma 变量添加到该对象的 actionlist 列表中。
- 为服务器 IP 地址输入框组件添加事件监听方法，将 IpChanged 方法添加到输入框的值发生改变事件中，这样当用户输入了 IP 地址后，相关变量也随之更新。

3）LoadAction 方法在加载 Action 时调用，作用是：

- 实例化继承自 ActionUI 的 Action 变量，将 Action 变量类型强制转换为 CreateRoom 类型。
- 更新 actionUI 中显示的服务器 IP 地址和 Socket 对象所要连接的目标服务器 IP 地址。
- 服务器 IP 地址输入框组件添加事件监听方法。

4）IpChanged 方法在 IP 地址输入框的值发生改变时调用，作用是：

- 更新 Socket 对象所要连接的目标服务器 IP 地址。
- 将目前的服务器 IP 地址保存到 actionInforma 对象中。

## 13.2 设置子任务的网络行为

### 13.2.1 Action 功能

使用 PEVR 网络功能设置由角色完成的子任务 Action，可以指定子任务的名称，将子任务注册后可以设置第一人称 Action 中获取该子任务，并选择是否由该角色触发该子任务。需要注意该 Action 仅仅指定了子任务的名称，子任务所要执行的具体动作由用户自行设置。其 UI 界面如图 13-2 所示。

图 13-2 设置子任务 UI

### 13.2.2 操作流程

在动作列表中选择“设置子任务”，单击“添加动作到状态”后再编辑界面右下方会显示设置子任务 Action 的 UI 界面。默认 UI 界面是折叠隐藏的，单击 Action 名称打开 UI 界面。在界面的输入框中输入子任务名称，然后单击注册按钮将子任务名注册到 Manager 类的子任务列表中，方便之后再设置第一人称 Action 获取所有子任务名称。

### 13.2.3 脚本解析

本 Action 的功能体现在 SetCurrentStatePersonId 类里，该类继承于 Action 类，其主要的功能是获取当前 Action 所在的状态并设置该状态的 personId 属性，设置了 personId 后该状态所包含的动作只能被指定 ID 的角色触发，从而实现在网络环境下为角色指定子任务的功能。它包含如下属性：

```
public class SetCurrentStatePersonId : Action<Main> {
    public string personId ;
```

| 属性名称 | 属性类型 | 作用 |
|---|---|---|
| personId | string | 保存触发该 Action 的角色名称 |

```
public override void DoAction(Main m)
    {
        m.m_StateMachine.CurrentState().personId.Add( personId);
    }

    public SetCurrentStatePersonId(string id)
```

```
    {
        personId = id;
    }
}
```

本 Action 的界面交互实现包含在 SetCurrentStatePersonIdUI 类中，该类继承自 ActionUI 类，其主要功能是为用户设置子任务名称提供操作接口，通过监听用户输入事件实现子任务名称的注册，同时实现 Action 从存档文件中加载时初始化子任务名称和触发该 Action 的角色名称。它包含如下属性：

```
public class SetCurrentStatePersonIdUI : ActionUI{
    public InputField taskNameField;
    SetCurrentStatePersonId setCurrentStatePersonId;
    SetCurrentStatePersonIdInforma setCurrentStatePersonIdInforma;
```

| 属性名称 | 属性类型 | 作用 |
|---|---|---|
| taskNameField | InputField | 接受用户输入的子任务名称的 UI 组件 |
| setCurrentStatePersonId | SetCurrentStatePersonId | 执行 Action 动作的对象 |
| setCurrentStatePersonIdInforma | SetCurrentStatePersonIdInforma | 保存 Action 属性设置的对象 |

```
public override Action<Main> CreateAction()
    {
        setCurrentStatePersonId = new SetCurrentStatePersonId("");
        action = setCurrentStatePersonId;
        actionInforma = new SetCurrentStatePersonIdInforma(true);
        setCurrentStatePersonIdInforma = (SetCurrentStatePersonIdInforma)actionInforma;
        actionInforma.name = "SetCurrentStatePersonId";
        GetStateInfo().actionList.Add(actionInforma);
        setCurrentStatePersonId.isOnce = true;
        inputField.onEndEdit.AddListener(delegate(string a) { Listener(); });
        //
        return base.CreateAction();
    }

    public override Action<Main> LoadAction(ActionInforma actionInforma)
    {
        this.actionInforma = (SetCurrentStatePersonIdInforma)actionInforma;
        setCurrentStatePersonIdInforma = (SetCurrentStatePersonIdInforma)this.actionInforma;
        setCurrentStatePersonId = new SetCurrentStatePersonId(setCurrentStatePersonIdInforma.personId);
        action = setCurrentStatePersonId;

        setCurrentStatePersonId.personId = setCurrentStatePersonIdInforma.personId;
        inputField.text = setCurrentStatePersonIdInforma.personId;
        taskNameField.text = setCurrentStatePersonIdInforma.taskName;
```

```
        RegisterAction ();
        //inputField.onEndEdit.AddListener(delegate(string a) { Listener(); });
        return base.LoadAction(actionInforma);
    }

    public void Listener()
    {
        setCurrentStatePersonId.personId = roleList.captionText.text;
        setCurrentStatePersonIdInforma.personId = setCurrentStatePersonId.personId;
    }

    public void SetPersonId(string personName){
        setCurrentStatePersonId.personId = personName;
        setCurrentStatePersonIdInforma.personId = personName;
    }

    public void RegisterAction(){
        if (Manager.Instace.cStatePersonIdDic == null) {
            Manager.Instace.cStatePersonIdDic = new Dictionary<string, SetCurrentStatePersonIdUI> ();
        }
        if (!Manager.Instace.cStatePersonIdDic.ContainsKey (taskNameField.text)) {
            Manager.Instace.cStatePersonIdDic.Add (taskNameField.text, this);
        }
    }
}
```

本脚本的功能由若干个方法完成，下面分别解析这几个方法：

1）DoAction 方法是一个多态函数，在本类中其作用是：

- 通过传入的 Main 类型参数获取状态机对象的当前状态，将用户指定的角色名称添加到当前状态的 personId 列表中。在网络模式下，要触发相应的动作必须先指定触发动作的角色，也就是上面所述的 personId。由于动作可能被多个角色触发，因此采用列表存储角色信息，这样当有角色试图触发动作时系统便会检测该角色是否在 personId 列表中，从而实现由特定角色触发动作功能。

2）SetCurrentStatePersonId 是一个构造方法，在这里的作用是：

- 在初始化设置子任务动作时指定角色名称属性。

3）CreateAction 方法在创建 Action 时调用，作用是：

- 将继承自 ActionUI 的 actionInforma 变量实例化并且设置该 Action 运行时只执行一次，并设置 actionInforma 对象的名称为 SetCurrentStatePersonId。
- 调用 SetCurrentStatePersonId 构造方法定义一个 SetCurrentStatePersonId 对象，并将该对象赋值给 Action 属性。
- 通过 ActionUI 的 GetStateInfo 方法获取当前状态信息对象，将实例化的 actionInforma 变量添加到该对象的 actionlist 列表中。

4）LoadAction 方法在加载 Action 时调用，作用是：

- 用传递到该方法的 actionInforma 参数实例化继承自 ActionUI 的 actionInforma 变量，将 Action 变量类型强制转换为 SetCurrentStatePersonIdInforma 类型，并将该变量赋值给类中声明的 setCurrentStatePersonIdInforma 变量。
- 实例化继承自 ActionUI 的 Action 变量，将 Action 变量类型强制转换为 SetCurrentStatePersonId 类型，并将该变量赋值给类中声明的 setCurrentStatePersonId 变量。

获取保存在 setCurrentStatePersonIdInforma 变量中的 personId 属性，将其赋值给 setCurrentStatePersonId 对象的 personId 属性。

获取保存在 setCurrentStatePersonIdInforma 变量中的 taskName 属性，将其赋值给接受用户输入的输入框 UI 对象 taskNameField 的 value 属性，从而实现加载文件中设置子任务的任务名属性。

调用 RegisterAction 将子任务名注册到 manager 对象中。

5）SetPersonId 方法的作用是：设置 setCurrentStatePersonId 的 personId 属性，并保存到 setCurrentStatePersonIdInforma 中。

6）RegisterAction 方法的作用是：将当前 ActionUI 对象注册到 manager 对象中，方便之后在其他地方设置其属性。

## 13.3　设置任务的网络行为

### 13.3.1　Action 功能

通过设置任务 Action 可以设置有多个角色共同完成的任务，该 Action 可以指定任务名称、任务描述和完成该任务所需的所有角色名称。设置完成后在开始的选择角色界面左边会显示此处设置的任务名称和任务描述，在右边则会显示在 Action 中指定的所有参与此任务的角色列表。其 UI 界面如图 13-3 所示。

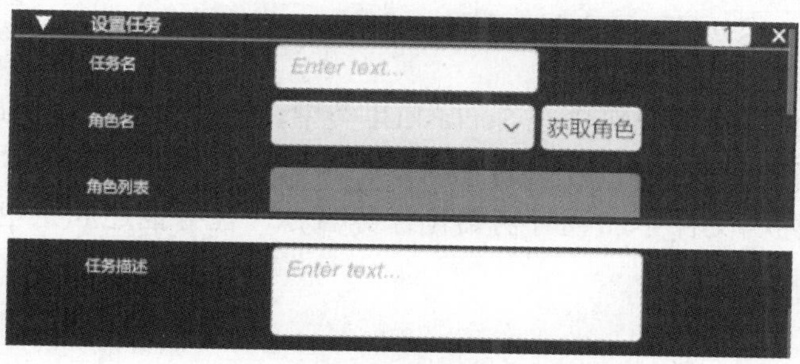


图 13-3　设置任务 UI

### 13.3.2　操作流程

在动作列表中选择“设置任务”，将该动作添加到状态中。单击任务名右侧的输入框可以输入任务名称。单击“获取角色”按钮，此时旁边的下拉列表会显示所有预先设置的角色名称，选择所需的角色名称，选定的角色会在下方的角色列表中显示。获取的角色名称是由用户预先通过设置角色 Action 添加的，如果用户没有添加过设置角色 Action，单击“获取角色”按钮将没有任何效果。单击最下方的“任务描述”输入框输入任务描述，该描述会显示在选择角色界面的任务列表中。

### 13.3.3 脚本解析

本 Action 的功能体现在 SetTask 类里，该类继承于 Action 类，其主要的功能是获取 manager 对象的任务列表变量，通过用户设置的任务名称、任务描述和所有参与任务的角色名称数组实例化一个 Task 对象，将该 Task 对象添加到 manager 对象的任务列表中。它包含如下属性：

```
public class SetTask : Action<Main> {
    public string taskName;
    public string taskDescribe;
    public string[] roles;
```

| 属性名称 | 属性类型 | 作用 |
|---|---|---|
| taskName | string | 保存任务名称 |
| taskDescribe | string | 保存任务描述 |
| roles | string[] | 保存所有角色名称 |

```
public override void DoAction(Main m)
    {
        if (Manager.Instace.tasks == null) {
            Manager.Instace.tasks = new List<Task> ();
        }

        Manager.Instace.tasks.Add (new Task (taskName, taskDescribe, roles));
    }
```

本 Action 的界面交互实现包含在 SetTaskUI 类中，该类继承自 ActionUI 类，其主要功能是为用户设置任务提供操作接口，通过监听用户输入事件实现任务名称、任务描述的设置，同时实现 Action 从存档文件中加载时初始化任务名称、任务描述和角色列表等属性。它包含如下属性：

```
public class SetTaskUI : ActionUI {
    public InputField taskNameField;
    public InputField taskDescribe;
    public Text roleItem;
    public Transform roleContent;
    public Dropdown roleList;
    List<string> roleNames;
```

```
SetTask setTask;
SetTaskInforma setTaskInforma;
```

| 属性名称 | 属性类型 | 作用 |
|---|---|---|
| taskNameField | InputField | 接受用户输入的任务名称的 UI 组件 |
| taskDescribe | InputField | 接受用户输入的任务描述的 UI 组件 |
| roleItem | Text | 角色名称 UI 组件 |
| roleContent | Transform | 存放所有角色名称的父物体 |
| roleList | Dropdown | 显示所有可选角色的下拉列表 |
| setTask | SetTask | 执行 Action 动作的对象 |
| setTaskInforma | SetTaskInforma | 保存 Action 属性设置的对象 |

```
public override Action<Main> CreateAction()
    {
        roleNames = new List<string> ();
        setTask = new SetTask();
        action = setTask;
        actionInforma = new SetTaskInforma(true);
        setTaskInforma = (SetTaskInforma)actionInforma;
        actionInforma.name = "SetTask";
        GetStateInfo().actionList.Add(actionInforma);
        setTask.isOnce = true;
        return base.CreateAction();
    }

    public override Action<Main> LoadAction(ActionInforma actionInforma)
    {
        roleNames = new List<string> ();
        this.actionInforma = (SetTaskInforma)actionInforma;
        setTaskInforma = (SetTaskInforma)this.actionInforma;
        setTask = new SetTask();
        setTask.taskName = setTaskInforma.taskName;
        setTask.taskDescribe = setTaskInforma.taskDescribe;
        foreach (string item in setTaskInforma.roles) {
            roleNames.Add (item);
        }
        setTask.roles = setTaskInforma.roles;
        action = setTask;
        string temp1, temp2;
        temp1=setTaskInforma.taskName;
        temp2=setTaskInforma.taskDescribe;
        string[] temp3 = setTaskInforma.roles;
```

```
        taskNameField.text = temp1;
        taskDescribe.text = temp2;
        foreach (string tName in temp3) {
            roleNames.Add (tName);
            GameObject temp = Instantiate<GameObject> (roleItem.gameObject, roleContent);
            temp.GetComponent<Text> ().text = tName;
            temp.SetActive (true);
        }
        return base.LoadAction(actionInforma);
    }

    public void Listener()
    {

        setTaskInforma.roles = roleNames.ToArray ();
    }

    public void AddRole(Toggle item){
        if (!roleNames.Contains (item.GetComponentInChildren<Text>().text)) {
            roleNames.Add (item.GetComponentInChildren<Text>().text);
            GameObject temp = Instantiate<GameObject> (roleItem.gameObject, roleContent);
            temp.GetComponent<Text> ().text = item.GetComponentInChildren<Text>().text;
            temp.SetActive (true);
            Listener ();
        }
    }

    public void EditTask(){
        setTask.taskName=taskNameField.text;
        setTask.taskDescribe = taskDescribe.text;
        setTask.roles = roleNames.ToArray ();
        setTaskInforma.taskName = taskNameField.text;
        setTaskInforma.taskDescribe = taskDescribe.text;
        setTaskInforma.roles = roleNames.ToArray ();
    }

    public void GetPlayerList()
    {
        roleList.ClearOptions();
        roleList.AddOptions(Manager.Instace.playerNames);
    }
}
```

本脚本的功能由若干个方法完成，下面分别解析这几个方法：

1）DoAction 方法是一个多态函数，在本类中其作用是：

- 通过 Manager 类的静态变量获取 manager 对象的任务列表变量 tasks，判断 tasks 变量是否已经被定义过。若 tasks 变量为空，则通过列表类的构造方法初始化 tasks 变量，以免之后的添加任务操作发生错误。
- 之前用户输入的任务名称、任务描述和任务参与角色都已经保存到 SetTask 对象的对应变量中，通过这些变量定义一个新的 Task 对象，将其添加到 tasks 变量中。

2）CreateAction 方法在创建 Action 时调用，作用是：

- 将 setTaskInforma 变量实例化并且设置该 Action 运行时只执行一次，并设置 actionInforma 对象的名称为 SetTask。
- 定义角色名称列表 roleNames，通过 ActionUI 的 GetStateInfo 方法获取当前状态信息对象，将实例化的 actionInforma 变量添加到该对象的 actionlist 列表中。

3）LoadAction 方法在加载 Action 时调用，作用是：定义角色名称列表 roleNames，实例化 setTaskInforma 变量，并将保存的任务名称、任务描述和角色名称列表传递给 setTask 对象的对应变量中。

将任务名称、任务描述和角色名称列表赋值给显示这些属性的 UI 组件。

4）Listener 方法的作用是：保存角色名称列表到 setTaskInforma 对象中。

5）AddRole 方法的作用是：将用户选择的角色添加到 UI 显示列表和 roleNames 列表变量中。

6）EditTask 方法的作用是：当用户输入了任务属性后保存相关设置到 setTaskInforma 对象中。

7）GetPlayerList 方法的作用是：获取用户在设置角色 Action 中设置的角色列表。

## 13.4　设置角色网络行为

### 13.4.1　Action 功能

PEVR 可以设置由多个角色共同完成的任务，在很多情况下需要指定角色名称。为了避免用户输入角色名称带来不必要的错误，需要在开始设置任务相关的 Action 之前初始化角色列表，在设置任务相关 Action 需要指定角色名称时可以从预先设置好的角色列表中选择需要的角色名称，避免用户误操作。该 Action 的主要作用就是初始化场景中可能用到的角色名称。其 UI 界面如图 13-4 所示。

图 13-4　设置角色网络行为 UI

### 13.4.2 操作流程

在动作列表中选择“设置角色”，将该动作添加到状态中。单击打开折叠后将出现图 13-4 所示界面。单击输入框可以输入角色名称，输入角色名称后单击“添加”按钮可以将当前输入的角色名称添加到角色列表中。之后在需要指定角色名称的 Action 中就可以获取到该 Action 中设置的角色列表。

### 13.4.3 脚本解析

本 Action 的功能主要是在编辑场景时设置所有可能用到的角色名称，不需要在运行时执行额外的动作，因此该 Action 的 SetPlayer 脚本只起到形式上的作用，其中的 DoAction 方法为空，不执行任何操作。

本 Action 的功能主要集中在 SetPlayerUI 脚本中，该类继承自 ActionUI 类，其主要功能是提供给用户添加角色名称列表的操作接口，并将用户添加的角色名称列表传递给 manager 对象，方便其他 Action 在需要时获取所有可用的角色名称。该 Action 仅仅指定了角色的名称，角色各项具体的属性需要用户在其他 Action 中进行设置。该脚本包含如下属性：

```
public class SetPlayerUI : ActionUI {
    public InputField playerNameField;
    public Text textPrefab;
    public Transform content;
    List<string> playerNames;
    SetPlayer setPlayer;
    SetPlayerInforma setPlayerInforma;
```

| 属性名称 | 属性类型 | 作用 |
|---|---|---|
| playerNameField | InputField | 接受用户输入的角色名称的 UI 组件 |
| textPrefab | Text | 显示角色名称的文本预制体 |
| content | Transform | 显示角色列表的父物体 |
| playerNames | List<string> | 角色名称列表 |
| setPlayer | SetPlayer | Action 对象 |
| setPlayerInforma | SetPlayerInforma | 保存 Action 属性设置的对象 |

```
public override Action<Main> CreateAction()
    {
        playerNames = new List<string>();
        setPlayer = new SetPlayer ();
        action = setPlayer;
        actionInforma = new SetPlayerInforma(true);
        setPlayerInforma = (SetPlayerInforma)actionInforma;
        actionInforma.name = "SetPlayer";
```

```
        setPlayer.isOnce = true;
        GetStateInfo().actionList.Add(actionInforma);
        return base.CreateAction();
    }

    public override Action<Main> LoadAction(ActionInforma actionInforma)
    {
        playerNames = new List<string>();

        this.actionInforma = (SetPlayerInforma)actionInforma;
        setPlayerInforma = (SetPlayerInforma)actionInforma;
        setPlayer = new SetPlayer ();
        action = setPlayer;
        if (Manager.Instace.playerNames == null)
        {
            Manager.Instace.tasks = new List<Task>();
        }
        foreach (string pName in setPlayerInforma.playerNames)
        {
            playerNames.Add(pName);
            GameObject temp = Instantiate<GameObject>(textPrefab.gameObject, content);
            temp.GetComponent<Text>().text = pName;
            temp.SetActive(true);
            Manager.Instace.playerNames.Add(pName);
        }
        return base.LoadAction(actionInforma);
    }

    public void AddPlayer()
    {
        if (playerNameField.text != "")
        {
            if (!playerNames.Contains(playerNameField.text))
            {
                playerNames.Add(playerNameField.text);
                GameObject temp = Instantiate<GameObject>(textPrefab.gameObject, content);
                temp.GetComponent<Text>().text = playerNameField.text;
                temp.SetActive(true);
                if (Manager.Instace.playerNames == null)
                {
                    Manager.Instace.playerNames = new List<string>();
                }
```

```
                Manager.Instace.playerNames.Add(playerNameField.text);
                setPlayerInforma.playerNames = playerNames.ToArray();
            }
        }
    }
}
```

本脚本的功能由若干个方法完成，下面分别解析这几个方法：

1）CreateAction 方法在创建 Action 时调用，作用是：

- 将 setTaskInforma 变量实例化并且设置该 Action 运行时只执行一次，并设置 actionInforma 对象的名称为 SetPlayer。
- 定义角色名称列表 playerNames，通过 ActionUI 的 GetStateInfo 方法获取当前状态信息对象，将实例化的 actionInforma 变量添加到该对象的 actionlist 列表中。

2）LoadAction 方法在加载 Action 时调用，作用是：

- 定义角色名称列表 playerNames，将方法的参数 actionInforma 强制转换为 SetPlayerInforma 类型，并赋值给之前声明的 setPlayerInforma 变量。

通过 Manager 类的静态变量获取 manager 对象的 playerNames 列表，若 playerNames 为空则定义一个新的 string 类型列表，放置知否为列表添加元素时发生错误。

获取保存在 setPlayerInforma 变量中的 playerNames 变量，该变量是一个数组，通过循环的方式将角色名称逐一添加到本类的 playerNames 列表和 manager 对象的 playerNames 列表中，并实例化显示角色名称的 UI 物体。

3）AddPlayer 方法的作用是：

- 先判断角色名称输入框中的值是否为空，若不为空则表示当前值可以作为角色名称，进行下一步操作。
- 判断角色名称输入框中的值是否在 playerNames 列表中已经存在，若列表中不存在相同的角色名称则将当前输入框中的值添加到 playerNames 列表中。

## 13.5 选择角色界面

### 13.5.1 Action 功能

使用 PEVR 网络功能必须添加的 Action，在开始运行程序时显示选择角色界面，在选择角色界面中显示任务列表相关信息，选择任务后会出现可选角色列表，用户可以选择其中一个角色进入场景，若角色已被其他客户端选中，则用户无法选择该角色。其 UI 界面如图 13-5 所示。

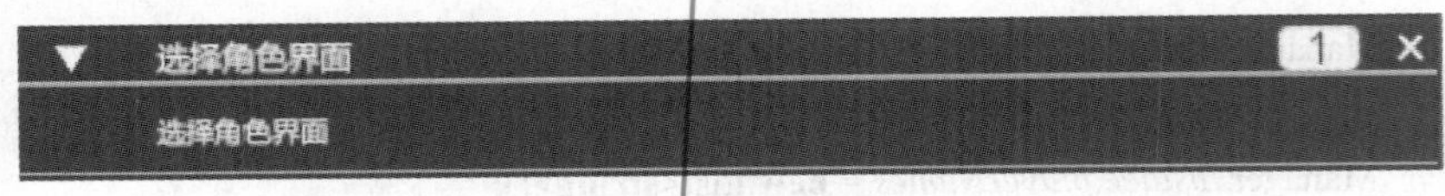


图 13-5　选择角色界面 UI

## 13.5.2　操作流程

在动作列表中选择“选择角色界面”，将该动作添加到状态中。单击打开折叠后将出现图 13-5 所示界面。该 Action 的 UI 界面不需要用户进行任何设置，在进入运行场景时该 Action 自动执行显示选择角色界面相关代码。需要注意一点，在添加 Action 时必须将选择角色界面 Action 放在设置第一人称 Action 的前面，否则可能会出现错误。

## 13.5.3　脚本解析

本 Action 的功能体现在 ChoosePlayer 类里，该类继承于 Action 类，其主要的功能是在进入运行场景时获取选择角色界面的 UI 物体，将该物体激活使角色选择界面显示并使相关代码正常工作。由于该 Action 不需要用户输入任何数据，因此在 ChoosePlayer 脚本中没有保存数据的相关变量，该脚本代码如下所示：

```
public class ChoosePlayer :Action<Main>{

    public override void DoAction(Main m)
    {
        Manager.Instace.roleChoose.gameObject.SetActive(true);
        duringTime = 1f;
    }
    public ChoosePlayer()
    {
        pause = true;
    }
}
```

本 Action 的界面相关代码包含在 ChoosePlayerUI 类中，该类继承自 ActionUI 类，其主要功能是在创建和加载 Action 时执行一些必要的操作。由于该 Action 不需要用户输入任何数据，因此不需要提供 ChoosePlayer 类型的变量，同样因为不需要保存任何数据，所以也没有保存 Action 属性设置的 ActionInforma 类型变量。该脚本代码如下所示：

```
public class ChoosePlayerUI :ActionUI{

    public override Action<Main> CreateAction()
    {
        action = new ChoosePlayer();
        action.isOnce = true;
        actionInforma = new ActionInforma(true);
        GetStateInfo().actionList.Add(actionInforma);
        actionInforma.name = "ChoosePlayer";
        return base.CreateAction();
    }
```

```
        public override Action<Main> LoadAction(ActionInforma actionInforma)
        {
            action = new ChoosePlayer();
            action.isOnce = true;
            this.actionInforma = actionInforma;
            return base.LoadAction(actionInforma);
        }
}
```

本 Action 的功能由若干个方法完成，下面分别解析这几个方法：

1）DoAction 方法是一个多态函数，在本类中其作用是：

通过 Manager 类的静态变量获取该类的实例对象。该对象保存着很多 PEVR 中公用的对象，通过该对象获取控制选择角色界面相关功能的脚本组件 roleChoose。

通过 roleChoose 脚本组件将选择角色界面的场景物体激活，激活物体后选择角色界面将会显示，并且 RoleChoose 脚本会执行相关代码初始化任务列表和角色列表的相关信息，用户选择任务后会更新角色列表显示可选的角色。

将继承自 Action 类的 duringTime 属性设置为 1，该属性控制本 Action 执行时的延迟时间。

2）ChoosePlayer 是该类的构造方法，该方法作用是：初始化该类的 pause 属性，在用该构造方法初始化 ChoosePlayer 对象时将 pause 的值设为 true。该值控制执行完该 Action 后是否暂停执行其他 Action。所以该 Action 必须在设置第一人称 Action 之前添加，显示选择角色界面后暂停了其他 Action 的执行，当用户选择完任务和角色后才继续执行其余的 Action。若设置第一人称 Action 在选择角色界面 Action 之前添加到状态中，则第一人称 Action 会提前执行却没有指定任务和角色名称等属性，从而导致错误。

3）CreateAction 方法在创建 Action 时调用，作用是：

- 将继承自 ActionUI 的 Action 变量实例化为 ChoosePlayer 对象。
- 将 Action 变量的 isOnce 属性值设为 true，指定该 Action 只执行一次。
- 将继承自 ActionUI 的 actionInforma 变量实例化为 ActionInforma 对象，并设置 actionInforma 对象的名称为 ChoosePlayer。
- 通过 ActionUI 的 GetStateInfo 方法获取当前状态信息对象，将实例化的 actionInforma 变量添加到该对象的 actionlist 列表中。

4）LoadAction 方法在加载 Action 时调用，作用是：

- 将继承自 ActionUI 的 Action 变量实例化为 ChoosePlayer 对象。
- 将 Action 变量的 isOnce 属性值设为 true，指定该 Action 只执行一次。
- 将继承自 ActionUI 的 actionInforma 变量实例化为 ActionInforma 对象，并设置 actionInforma 对象的名称为 ChoosePlayer。

# 第 14 章 PEVR 云平台

PEVR 云平台是一个基于 PEVR 平台的三维虚拟现实资源云，该资源云涵盖了众多行业相关的三维模型、视频以及图片素材。PEVR 平台实现业务流程，资源云提供内容素材，在这种模式下，可以真正快速实现“内容素材库 + 业务流程”的完美无缝整合，用户可以非常高效便捷地通过 PEVR 云平台快速开发 VR 应用，因此基于 PEVR 引擎的通用内容开发服务平台的建设有助于推动 VR 产业的发展。

## 14.1 云平台设计准则

云平台设计准则为：

1）云平台网站采用 J2EE 平台技术，整个体系是构件化面向对象的，可做到灵活扩展；网站系统采用三层架构的体系结构，充分考虑系统今后纵向和横向的平滑扩张能力。

2）门户网站界面设计重点突出特色；网站的表现设计特色鲜明、操作便捷。

3）网站后台管理系统具有强大、灵活、安全的分级管理和审核功能，能够实现对网站、页面、栏目、窗口及其他资源的统一管理。

4）文字、图形色彩统一，搭配合理，界面清楚整洁，层次结构清晰。

5）统一首页和其他各级页面的排版风格，具有网站明显的 LOGO 标记。

6）页面富有时代气息和美感，色彩搭配稳重、合理、大气。

7）网站频道、栏目设置体现内容、服务等功能区域的划分，对具有相同性质、类别的频道或栏目进行分类管理，根据产品特点和主要业务范围，建立健全相应的内容与服务等功能区域。

8）在保证美观的同时，尽量简化图形，严格控制首页图片的大小，让用户在尽可能短的时间内浏览网站的首页。

9）该门户支持动画、视频、音频等多媒体表现形式。

云平台部分界面如图 14-1 所示。

图 14-1　云平台部分界面

# 14.2 网站内容管理平台

## 14.2.1 信息采集方案

网站内容管理平台基于 J2EE 构架，具有跨平台、跨数据库、跨操作系统的通用移植性；系统开发采用 xml 标准与 WebService 标准，为信息采集、聚合提供多种信息接口标准，为第三方系统信息导入提供支持；提供组件化的数据接口，保证多平台数据交换与应用整合，为第三方应用系统提供统一用户管理接口。

## 14.2.2 网站信息管理

网站从根本上实现内容管理栏目间的信息共享，具有对大容量、广泛信息源的采集、编辑、制作和发布，支持对历史信息的调入、调出，提供对信息的全流程跟踪管理，能够帮助用户对网站进行整体策划、功能模块的调试安装，为大型信息网站从构建、设计、编辑、审核、生成、维护、管理全过程提供技术支持，且构建一个具有良好集成性能和扩展性能的基础性网络平台。

## 14.2.3 文档发布

提供页面编辑器，提供对信息的简易编辑界面和高级编辑界面，同时支持代码的浏览与编辑；对于各种复杂的文本、表格、图片、动画等内容进行所见即所得的可视化编辑和修改；对文本的格式、字体、颜色、图片格式、大小等提供 Word、Excel 等办公软件级别的编辑功能，提供快速预览功能。

系统为用户提供了信息的标题、副标题、引题、链接标题。

支持 Excel 等多种格式文件的批量导入与导出。

支持信息在不同栏目间的复制、粘贴、剪切、转移、引用。

可对信息是否置顶、是否热点、是否可以评论等进行选择；提供信息审核功能。

对于已经发布出去的信息、内容、页面可以自动同步删除，提供回收站功能，能快速恢复删除信息。

支持权限分配到人及栏目的功能。

支持图片新闻的循环切换播放功能。

支持系统记录操作痕迹，保留操作日志。

支持表格文件的下载、打印功能。

## 14.2.4 视频点播

提供多媒体视频声像动态演示，以动态音、像方式播放信息。

多媒体的信息来源：

1）内部的媒体制作系统采集形成的媒体文件。

2）外部采集的公众媒体文件。

可以在服务器端进行采集和发布的管理，在客户端采用控件下载或内嵌的方式进行媒体文件的播放，包括声音、文字、图像、动画的播放等，使得网站的广告宣传更为有效。

### 14.2.5　文档显示

将发布的信息以列表形式根据用户设置的排序方式显示，用户能根据类别名、标题等搜索符合条件的信息；用户能够把数据在栏目与栏目之间移动；能够对信息进行编辑，对于已经发布出去的信息、内容、页面可以自动同步删除，并能够快速恢复删除的信息；用户能够将全部信息或部分信息导出或打印。

### 14.2.6　文档审核

信息管理员发布的文档，只有在系统管理员或有对文档进行审核权限的人员审核通过之后，才能在网页中显示。

### 14.2.7　评论管理

用户在前台提交的评论信息要经过信息管理员审核之后才能够在前台显示。信息管理员可批量删除或批量审核评论信息。

### 14.2.8　频道管理

具有灵活高效的频道管理功能，频道具有自动扩充性。频道管理可实现栏目的新增、删除、编辑、转移等功能，删除栏目具有验证机制，防止人员误操作；满足网站栏目建设和扩展的需求，能灵活实现栏目和信息的复制、转发、移动、合并等操作。

### 14.2.9　资源管理

支持对图片、Flash、视频、附件等媒体文件进行管理。资源管理支持根据名称、类型、时间等条件进行查询的功能。

### 14.2.10　日志管理

网站提供操作日志管理，包括每个用户操作的每个动作，均可被系统自动记录。对于定义的日志类型，不允许一般用户删除。日志管理可以由具有日志管理操作权限的用户或系统管理员操作。具备时间、操作内容查询功能。

## 14.3　平台管理功能

### 14.3.1　用户划分

用户主要分为：系统管理员、管理员、普通用户。系统管理员对整个系统进行维护，添加用户、添加用户分组以及设置用户分组权限；管理员主要是根据系统管理员分配的权限对系统后台中有权限的模块进行管理，添加有栏目权限的信息；普通用户是最低权限角色，浏览网站公开项目，发布网上申报、网上投诉、建议和咨询信息，可注册成网站会员，包括企业和个人。

### 14.3.2 用户组管理

系统管理员对用户进行分组管理，可以添加、编辑和删除用户分组，每个分组有不同的用户权限。系统管理员可以详细地设置每个分组的权限，最小的权限管理范围为系统的子模块和功能，如可以限制用户的基层数据表查询功能和汇总功能，如果该分组已经被使用，则不能够被删除。

### 14.3.3 用户管理

系统管理员管理用户信息。用户注册成功后，系统默认为外网用户，系统管理员可将用户设置为内网用户，设置用户的分组，这样更有利于系统用户的管理。

### 14.3.4 网站站内导航

具有详尽的网站地图指引用户浏览网站，在各页面固定位置设置风格统一的导航栏，各层级及同级间的网页导航便捷，导航文字准确、直观、易识别。

## 14.4 3D 模型库管理

3D 模型库作为本平台的核心模块，以网页的形式呈现，该网页中以列表的形式显示三维模型。用户可以按照一定的搜索条件进行模型的筛选工作，可以按照类型、面数、布线格式等条件进行搜索。每个模型都有多张图片显示，包括大图片和缩略图若干张，提供下载模型功能。

## 14.5 使用流程

首先用户需要访问 PEVR 云平台，在云平台上完成注册信息后，可以在云平台上下载 PEVR 编辑引擎到用户计算机，之后用户可以打开 PEVR 编辑引擎进行登录操作，即分别录入自己的用户名和密码，提交到平台服务器后，经过验证如果为合法用户，则可以进行三维资源的实时更新。用户可以通过 PEVR 引擎的资源面板访问云平台的三维资源网页，可以设置不同的筛选条件选择用户需要的三维模型进行下载，下载成功后可以直接在 PEVR 编辑引擎的资源面板里实时体现。